不止美食

餐桌上的文化史

周文翰◎著

MORE THAN

COOKING

商务印书馆
The Commercial Press

2020年·北京

图书在版编目（CIP）数据

不止美食：餐桌上的文化史 / 周文翰著. —北京：商务印书馆，2020
ISBN 978-7-100-18045-0

Ⅰ. ①不… Ⅱ. ①周… Ⅲ. ①饮食—文化史—世界 Ⅳ. ① TS971.201

中国版本图书馆 CIP 数据核字（2020）第 017034 号

权利保留，侵权必究。

不止美食：餐桌上的文化史

周文翰　著

商 务 印 书 馆 出 版
（北京王府井大街 36 号　邮政编码 100710）
商 务 印 书 馆 发 行
北 京 新 华 印 刷 有 限 公 司 印 刷
ISBN 978-7-100-18045-0

2020 年 5 月第 1 版　　　　开本 720×1000　1/16
2020 年 5 月北京第 1 次印刷　印张 21¾

定价：128.00 元

目　录

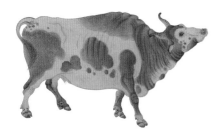

不食，不知

十年前在印度、西班牙和东南亚的漫游永远地改变了我，至少在口味上如此。我从小就特别排斥奶制品，初到意大利时总特意嘱侍者去掉帕尼尼、沙拉中的芝士片，惹来周围人的侧目，后来勉强吃了几次，发现也有好吃的奶酪，此后就一路咀嚼。原来我也讨厌西红柿，在安达卢西亚碰上了诸多西红柿做的小食、菜品，一尝之下几乎个个堪称美味，后来甚至自己在家模仿炮制一二。在印度这个"香料的迷宫"中，更是让我对玛莎拉茶、咖喱饭这类"重口味"吃喝也安之若素了。

我喜欢去那些多种文明层层叠加的地方旅行。比如，去寻找雅利安人、中亚穆斯林部落、近代葡萄牙人在印度大陆留下的遗迹；去探访希腊人、罗马人、摩尔人在伊比利亚半岛的落脚点，研究西班牙人从美洲、亚洲带回了什么动物和植物。在许多城市保存的建筑、绘画乃至饮食中可以体会到文化冲突、融合对生活方式的微妙影响。

当时除了看博物馆、美术馆、教堂、广场、山川、河流之类名胜古迹，还有大片的空白时间需要消磨，就去旅馆附近的公园、菜市场、餐馆流连，当地人吃喝休闲的生动场景激活了我对于各种食物、蔬果、花木的记忆和想象，免不了要和国内的烹调、吃法、说辞对比，我感兴趣的是不同文化背景下的人如何认知他们吃的食物、用的器物、欣赏的花木，有关的知识和文化如何形成，如何在彼此之间传播和互动。

从那时起就常去各地的集市、植物园、动物园、自然博物馆之类的偏门景点参观，去图书馆、书店及在线阅读有关的书籍和论文，去美术馆寻找风俗画、静物画中的影迹，在咖啡馆中写了许多零零散散的漫谈文章，食物、花木、蔬果、园林方面的都有，还曾在《人民文学》《北京晚报》上面发表过一些，算是"文化比较""艺术历史"和"科技新知"结合的"跨界小历史"吧。

这些旅行和写作没有让我变成一个味蕾灵敏的饕餮客，却让我意识到围坐餐桌进食在生活中的重要性：家人一起忙碌、吃喝、聊天，这是一个让我们彼此交流情感和知识的"小场所"，值得我们花费时间悠然以待。以前，我吃饭速度极快，常十分钟吃完就煎熬着看别人动筷子，现在也能够安心坐着，滔滔不绝讲述印度苦瓜和中国苦瓜的区别，意大利山区村民怎样采收板栗，螃蟹为何在宋代成了著名的美食。

吃，从来就不仅仅是填饱肚子那么简单，人们为此进行了选择和权衡，表达出炫耀、分享、独占、臣服等意识，这些都"情有可原"，发生的故事也精彩纷呈。我希望呈现这种复杂性，从饮食史、艺术史、中外交流史、农业史、食品工业史、科技史的多角度追寻每一类食物的来龙去脉，对印度、伊朗、美国、中国、欧洲诸国多元文化中有关的认知进行跨文化比较，试图从全球文化传播和比较的角度理解它们在古今、中外、地域中的意义变迁。

此外，书中的绘画名作、手绘图谱、文物遗迹等图片不仅仅是为了印证文字，亦欲开启"审美地观看和认知"的私心，我相信，这些具体的形色可以刺激出更多的思想、寻找和回忆。

周文翰

《江枫渔火》（局部） 纸本设色 52×31.5cm 2015年 张天幕

蛋：

小东西，大仪式

吃鸡蛋是小事情，方便、快捷，似乎人人都吃，以前世界各地的农家都要养几只鸡，从鸡窝里捡蛋吃解馋，有煮、煎、炒、蒸各种做法，吃着吃着人们就有了各种讲究，比如古罗马人发明了专门用来吃蛋的"蛋杯"，在晚宴上承载鸡蛋，公元79年毁于火山爆发的意大利庞贝古城遗址就曾出土了两千年前的蛋杯实物和马赛克拼贴画。

罗马帝国灭亡以后，罗马贵族的盛大宴会和精致蛋杯都被扫荡一空，北方游牧部族建立的国家似乎遗忘了蛋杯这个小玩意。文艺复兴以后追慕古代文明的欧洲人再次用起了蛋杯，1600年代伊丽莎白女王时期的英国贵族率先采用银制蛋杯，然后其他阶层纷纷效仿，普通人家也用起了木制蛋杯。

早期的富贵人家在宴席上通常会摆上四个、六个或者十二个一组的蛋杯，大小不一，可以放鸡蛋，也可以放鸭蛋、火鸡蛋、天鹅蛋，配套的勺子一般是用动物的角、骨头、象牙做的。那时候讲究煮溏心蛋，

《蛋杯和蛋杯盐罐结合体设计图纸》

纸上墨水　39.4 × 26.7cm

16 世纪

或伊拉斯谟·霍尼克（Erasmus Hornick）

纽约大都会博物馆

《蛋杯》 珐琅彩瓷器 高6.7cm 1760年　　　　《蛋杯》 玻璃 高8.9cm 18世纪
可能是英国布里斯托尔工坊瓷器 纽约大都会博物馆　　可能是英国出产 纽约大都会博物馆

吃的时候把鸡蛋大头朝下放入杯子里，用黄油刀在鸡蛋壳上部敲开个口子，然后撒盐，用小勺子一下一下挖出温润的蛋黄吃，也可以挖出来抹面包。

18世纪早期，贵族们开始定制刻着自己家族盾徽的银质蛋杯，并且制作了和蛋杯配套的银勺子。更奢侈的当然就是权贵们定做的金质蛋杯或者镶金银蛋杯，据说金子可以防止鸡蛋里的硫黄成分腐蚀银器和让鸡蛋变味。进入19世纪，陶瓷蛋杯开始出现，20世纪又出现了电镀镍银蛋杯。蛋杯曾是欧洲常见的旅行纪念品，20世纪初欧美人乘坐铁路、轮船旅行，所到的城市常常可以看到绘制着所在地风景的陶瓷蛋杯出售。

鸡蛋为什么好吃？古人可能不太清楚，现代营养学家分析说鸡蛋中除了可观的蛋白质，还含有呈鲜味的氨基酸成分，加点盐或者少许调料即可让它散发出来，这也许是中外人士爱吃炒鸡蛋、煎鸡蛋之类食物的理由。

中国人没有发明蛋杯那样的具有仪式感的专门工具，但是在吃蛋方面比欧洲的历史更悠久，花样也比欧洲人多。

生物科学家通过分析出土的古代家鸡线粒体 DNA 序列，发现家鸡的直系祖先是目前仍然在东南亚、南亚、华南等地广泛存在的红原鸡，中国黄河中游地区、东南亚、南亚等地的先民曾先后独立将当地的红原鸡驯化成家鸡。河北徐水的南庄头遗址出土了一万零五百年前的家鸡化石，说明生活在那里的部落已经在养殖家鸡。一万年前的中国北方和现在的地貌、气候大为不同，当时那里气候温暖潮湿，有茂密的丛林，因此野生的红原鸡也可以生存，新石器时代早期先民发现可以把它们捉住家养，逐渐培育出家鸡。各地的家鸡曾与当地不同的野生原鸡杂交，如有些家鸡的黄腿就不是继承自红原鸡，而是得自灰原鸡的基因。

以泰国为中心驯化的家鸡则在大约五千年前散布到东南亚岛屿，并被波利尼西亚人带到太平洋群岛中，他们甚至首先将鸡带到了南美——远早于哥伦布踏上美洲大陆的时刻。而南亚驯化的家鸡则在公元前 3000 到前 2000 年的这段时间里到达了西亚和近东地区，并在公元前 8 世纪由腓尼基人引进了欧洲。

黄河中游驯养的家鸡也很早就散布到长江以北各地，江苏邳州市大墩子古文化遗址最下层出土过一只正蹲在方形的筐形鸡窝里下蛋的陶鸡，距今已经有 6000 年历史。这个陶塑说明当时人已经养鸡并且极为重视收成鸡蛋。

商周时期鸡蛋算是平民能吃到的比较好的食物，所以拿来祭祀祖先神灵，《礼记》中记载平民百姓的祭祀礼仪是"春荐韭，夏荐麦，秋荐黍，冬荐稻"。鲜韭菜得搭配鸡蛋，不知道是原样奉上还是把两者加工成某种菜肴进献。

在中国早期历史文献中，先秦时期神话传说的《山海经》中称鸡蛋为"鸡卵"，班固写的《汉书》中称之为"鸡子"，汉代的《括地志》称之为"卵"，说"有虞氏"部落曾经驯化百禽，到"夏后之末世"人们才开始普遍吃鸡蛋。

《老妪煮鸡蛋》　布面油画　100.5×119.5cm　1618年
委拉斯开兹（Diego Velazquez）　爱丁堡苏格兰国家美术馆

这是西班牙绘画大师委拉斯开兹早年创作的风俗画，沸腾的平底锅里正煮着两个黄白分明的鸡蛋，这是普通人的美食。画家此时还没有成为国王雇用的宫廷画师，所以描绘的还是普通人家厨房里的锅碗瓢盆，他喜欢用强烈的明暗对比刻画场景中的人物，从左边进来的强光源照亮了老妪的脸和鸡蛋，她的左手和右手因为光线的不同而具有显著的对比，抱着南瓜进来的男孩因为穿着黑衣服，除了头部和手部以外似乎完全掉入了深深的阴影中。

汉代之后养鸡、吃鸡蛋更为普遍，1500 多年前南北朝时期贾思勰在《齐民要术》中不仅总结了"养鸡""养鹅、鸭"的办法，还介绍了 14 种使用鸡（鸭）蛋作为主辅料的菜肴，包括 12 种烹饪方法，约占该书记录的菜肴总数的二十分之一。可以说，这时候普通人吃鸡蛋的方法已经很丰富了。

单独炮制鸡蛋

大致来说，鸡蛋的吃法可以分为两路：一路是"就蛋论蛋"，研究如何把蛋当作唯一的材料进行煮、蒸、烤、炒、腌等；另一路就是摸索鸡蛋和其他食材的搭配做法，鸡蛋或作主角，或是配角，或者点缀。

煮鸡蛋可谓自古以来最简单的吃法，贵族们为了彰显身份，还会让厨师在煮熟的鸡蛋上雕刻花纹，把烧火的木柴雕刻花纹，即《管子》中记载的"雕卵然后瀹（yuè）之，雕橑然后爨（cuàn）之"。马王堆汉墓出土的竹简上有"卵熇"两字，"熇"（hè）意为猛火，这可能是炒鸡蛋的最早记载。五代十国时期后唐《云仙散录》记载有一种"糖鸡卵"，或许是煮熟以后再以糖渍。明清时候家常做法更为丰富，如《金瓶梅》中就有摊蛋、煨蛋、洒蛋、糟蛋、蒸蛋、煮蛋、饡（zàn）蛋等。

炒鸡蛋则是中国人吃了近两千年的食物。最早明确记载"炒鸡蛋"的是《齐民要术》中的"炒鸡子法"："打破（鸡蛋），着铜铛中，搅令黄白相杂。细擘葱白，下盐米、浑豉，麻油炒之，甚香美。"[1]这算是豆豉炒鸡蛋，估计味道比较浓厚。

新鲜鸡蛋放久了会变质，因此人们就琢磨怎么长期保存，发明了各种腌蛋方法，如咸鸡蛋、咸鸭蛋、松花蛋等好多地方都有，做法略有差别。腌咸蛋最早的记载见

---

① 贾思勰. 齐民要术今释 [M]. 石声汉，校释. 北京：中华书局，2009：587.

于《齐民要术》。历代人总结的腌制咸鸭蛋的方法有多种，如黄泥法、饱和盐水法、面糊腌制法、高度白酒腌制法等。

松花蛋又称皮蛋、变蛋，因为制作需要用一层石灰包裹，有些地方称为"灰包蛋"。它可能是由北魏《齐民要术》记载的制咸鸭蛋的黄泥法衍化而来，有人偶然用石灰泥包裹鸭蛋，其中的碱性物质会慢慢渗透进蛋壳里，与蛋白质分解成的氨基酸化合生成氨基酸盐。这些氨基酸盐不溶于蛋白，就结晶成为一定的几何形状，常形如松花，所以也叫松花蛋。它特殊的味道也引来了部分人的喜爱，逐渐就流传开来。最早记载皮蛋的是明孝宗十七年（1504）成书的《竹屿山房杂部》。

江南地区养鸭子比养鸡的还多，在江南吃鸭蛋更常见。元代《农桑衣食撮要》里记载："水乡居者宜养之，雌鸭无雄，若足其豆麦，肥饱则生卵，可以供厨。甚济食用，又可以腌藏。"江南很多地方有在端午节吃鸭蛋的习俗，清代画家郑板桥在《忆江南端阳节》写道："端阳节，点缀十红佳。萝卜枇杷咸鸭蛋，虾儿苋菜石榴花，火腿说金华。"这时候高邮咸鸭蛋已经是江南名产，同时期的美食家和畅销书作家袁枚在《随园食单》里就说道："腌蛋以高邮为佳，颜色细而油多……总宜切开带壳，黄白兼用；不可存黄去白，使味不全，油亦走散。"

鸡蛋比较常见，自然便宜，可皇宫里的鸡蛋似乎就沾染了贵气，演绎出一系列故事和谈资。光绪年间的进士何德刚写的《春明梦录》提到一则传闻，一次内务府的太监给光绪皇帝报吃喝账目，说一个鸡蛋要花三两银子——市集上不过几枚制钱而已。后来光绪见到翁同龢（hé），问翁老师早晨都吃什么饭。翁同龢说每天早晨三个鸡蛋，光绪连连感慨："老师您这一顿早饭就得九两银子，吃得起吗？"

后来这段笔记似乎被三度"再创作"，《官场现形记》的作者李元伯在《南亭笔记》里写了上面的故事，并把结尾改写成光绪与老师翁同龢闲谈时问他："鸡蛋这么贵的东西您也常吃吗？"翁同龢深知宫廷的各种套路，不便破坏人家财路，只好推脱说自己家中重要节庆才偶然吃用鸡蛋，平常吃不起。《清稗类钞》则把

《破鸡蛋》　布面油画　73×94cm　1756年　让－巴蒂斯特·格勒兹（Jean-Baptiste Greuze）
纽约大都会博物馆

这幅描绘的是在一个小酒馆，女侍者不小心打碎了篮子里的鸡蛋，老妇女打算斥责她，而一个年轻男子正在阻止她。在一些欧洲风俗画中，破碎的鸡蛋象征着女孩失去童贞。

故事挪到了光绪的爷爷辈祖先道光皇帝身上，道光问大臣外面鸡蛋多少钱，这个大臣不愿得罪宫廷中人，推脱说："臣少患气病，生平未尝食鸡卵，故不知其价。"《春冰室野乘》又改成发生在乾隆皇帝身上。

这些小说意在刻画皇帝在深宫中不知外界实情、太监奴仆欺上瞒下、大臣转圜应付的官场风气。皇宫里的鸡蛋比外面贵想必不是空穴来风，经手的内务府、太监难免要扣下一些小油水，但是把小小的鸡蛋价格翻几百倍蒙骗皇帝就显得有点不明智，光绪时期内务府每年开支在白银百万两以上，饮食大约只占十分之一，可占便宜的地方多着呢。小说家们把宫廷中鸡蛋的价格编撰得如此夸张，可能是因为它的"小"而"贵"，有戏剧性，可以让人有深刻的印象，就好像后世的人爱说达·芬奇学画的时候如何努力画鸡蛋素描这样的小东西，也是为了映衬他长大后画出的那些皇皇名作。

用鸡蛋做菜

最早用鸡蛋做菜肴的记载见于西汉恒宽的《盐铁论·散不足》，当时市集上卖的应时菜肴之一叫作"韭卵"，后世推测可能是韭菜炒鸡蛋。唐宋以来菜式更多，在权贵宴席中的名称也越来越雅，如唐代韦巨源宴请皇帝的《烧尾宴食单》中记载的"遍地锦装鳖"可能是羊油、鸭蛋清烹甲鱼，"汤洛绣丸"可能是用肉末裹鸡蛋花，"御黄王母饭"是用肉、鸡蛋、油脂调佐料的盖浇饭，"凤凰胎"是把鸡蛋液倒入鱼胰脏里、缝好蒸成的鸡蛋羹。

也有简单方便的做法，比如蛋炒饭现在各地常见。现代许多人给它找了各种高大上的"历史渊源""名人渊源"。有人说，隋代谢讽所著的《食经》记载的隋越国公杨素爱吃的"碎金饭"可能就是鸡蛋炒米饭，说是把软硬适度、颗粒松散的熟米以蛋炒之，使粒粒米饭皆裹上蛋液，炒好后的饭如碎金闪烁，因此得名。也有人说，隋炀帝巡游扬州时将这道首都美食传入扬州，可这终究都是后世编撰的说法而已。在近代厨师的回忆中，它真正的起源却是扬州下里巴人的应急饭。

扬州虽然在清代因为盐业富庶甲天下，可周围农民依旧清苦，据说他们多在农忙时吃砂锅焖成的白米饭，偶然来客人才会把做好的米饭拿几个鸡蛋炒一炒，配自家腌制的萝卜干之类咸菜吃，算是招待人的好饭菜。晚清时李魁年与李少卿在扬州开设"菜根香饭店"，开始的主顾多是人力车夫和运河船工等劳动大众，他们就主打蛋炒饭，算是便民快餐之一，结果受到欢迎，附近的普通市民也来尝鲜。此后在蛋炒饭基础上，菜根香饭店尝试往饭里加上各种配料，推出单炒的"水晶炒饭"、加虾仁的"虾仁炒饭"、加肉丝的"肉丝炒饭"，以及配料众多的"什锦炒饭"，附近餐馆、人家也开始效仿，成就了所谓的"扬州炒饭"，逐渐就名声在外了。

至于广东流行的"扬州炒饭"的原型是"葱油炒饭"，这是扬州餐馆、厨师的常见做法，据说福建汀州人伊秉绶（shòu）乾隆末年曾担任扬州知府，他喜欢这种饭，府中厨师还根据他的口味加上虾仁、叉烧同炒，后发展成为华南流行的"扬州炒饭"。不仅如此，如今流传于粤港一带的"伊府面"据说也是他家厨子发明的，可谓清末的方便面食。

如今还常见用鸡蛋作为各种蛋糕、甜点的配料。曾在朋友家里吃过烤的"葡式蛋挞"，是用黄油和面制作淡黄色的千层酥皮，然后把淡奶油、鸡蛋黄、牛奶等混合放在中心烤制，当上面的白糖过度受热后有点焦就可以出炉。其实用奶油、牛奶、糖、鸡蛋制作的焦糖布丁之类甜食，17 世纪就已经见于法国人写的食谱，英国在这之前也有类似的食物。20 世纪 20 年代欧洲的蛋挞做法已经传入广东，后来在港澳地区颇为流行。

在葡萄牙，据说是 18 世纪里斯本热洛尼莫修道院的修女发明了这种烤得略焦的蛋挞。1837 年里斯本贝林区有家甜点店最早在街道上出售，当时俗称贝林挞（葡文为 Pastéis de Belém），1989 年一对英国甜点师夫妇从葡萄牙学艺后在澳门开店，改用英式奶黄馅，让色泽更为诱人，同时减少了糖的用量，一时吸引了好多甜点爱好者，成为澳门著名的小吃，才有了"葡式蛋挞"这名号。至于它在内地的出名，则是后来肯德基推出了一系列蛋挞产品，让它为大众所知。

鸡：

从叫花鸡到左宗棠鸡

　　在孟买吃过印式鸡肉烤饭（英文名为 Hyderabadi Dum Biryani），这算是印度人的大餐，在节庆、婚礼上常见。可能是从西亚阿拉伯地区传来的做法，是用密封瓦罐把鸡肉、香料和米饭烤制而成，讲究的是，用印度出产的巴斯马蒂香米，煮熟以后会变长一倍，外观透明，带有一股浓郁的香气，这种米因为黏性低，只能用勺子舀起来吃。印度北方邦出土陶器中的炭化谷粒证实了巴斯马蒂香稻的种植可能溯源至公元前8000 年前。中国人多数习惯的是蒸熟后黏在一起的糯米饭，对这种稍硬朗的口味不大容易接受。我倒是无所谓。我头疼的是印度人爱放的咖喱，里面的黄油和各种浓重香料常常让我闻之生畏。

　　印度是世界上最早驯化、养殖家鸡的地区之一，因此对鸡的吃法研究了几千年，比如他们的马萨拉咖喱鸡就是把鸡肉用酸奶和香料腌制后烤熟，再浇上咖喱肉汁。这也是受到阿拉伯烹饪影响在 16 至 18 世纪出现的菜肴。20 世纪 70 年代初期，英国格拉斯哥的

《喂鸡》　布面油画　91×71.5 cm　1885 年

沃尔特·奥斯伯尼（Walter Frederick Osborne）

一家印度风味餐馆引进和改良了做法，很快就在英伦各地流行开来，成为所谓的"英国名菜"。

比起各种含有咖喱的菜，我更喜欢后来在西班牙吃到的鸡肉饭。鸡肉饭其实是阿拉伯人的烹饪方法，公元八九世纪阿拉伯人将东方的稻米、火药、橙子和烹饪做法传入西班牙南部地区，瓦伦西亚（Valencia）地区就有人种植水稻，并学习用大米、鸡肉和蔬菜烹饪菜肉饭，后来人们又在此基础上，用各种不同的食材做成各式海鲜饭。

古代的鸡

人类养鸡、吃鸡的历史都称得上悠久。科学家分析 DNA 遗传证据发现，主要分布于印度东北部、东南亚、中国西南部的红原鸡是家鸡的直系祖先。红原鸡体形娇小、羽毛鲜艳、翅大善飞，这里的人在七千至一万年前驯化养殖它们，并使之与其他野生鸡类交配才诞生了家鸡。之后，家鸡随着各种贸易、军事、人口迁徙分散到世界各地。考古学家发掘的出土文物和鸡骨化石表明，家鸡可能早在四千年前就从印度西海岸的港口罗塔尔到达了美索不达米亚，当地出土的楔形文字曾有"麦路哈的鸟"的字样，也许说的就是印度河谷某处传入的鸡，这时候它还是皇家养殖和食用的珍稀肉食。之后才由陆路传到埃及、希腊等地。3000 多年前的古埃及王室陵墓有以鸡为主角的装饰品，大约又过了 1000 年，鸡才成为普通埃及人养殖和买卖的常见家禽。

约公元前 1500 年，雅利安人进入印度大陆统治了那里以后，新的宗教文化排斥吃肉，尤其是牛肉，传统上印度的婆罗门等上层人士也拒绝吃鸡肉。他们认为鸡什么都吃，属于不洁之物，一个婆罗门如果不慎碰到了鸡，需要沐浴进行净化，而下层民众和众多的穆斯林对此并无禁忌，到穆斯林餐馆中可以品尝到鸡肉做的

《红原鸡》 图谱　威廉·法夸尔博物志图集　1819—1823
华人佚名画家　新加坡国家博物馆

各种菜式。

地中海北岸出土过公元前 800 年左右的鸡骨化石，可见那时候已经有人养殖。希腊人把鸡称为"波斯人的鸟"，或许是因为鸡是从波斯人那里引进的。他们喜欢吃鸡肉、鸡蛋，并在铅笔、陶器、雕刻中描绘各种鸡的姿态。希腊人还对公鸡进行阉割，据说阉鸡的滋味更为肥嫩。

鸡肉、鸡蛋也是古罗马人经常食用的食物，诸如煎蛋卷、填馅烤鸡都是他们爱吃的，还曾流行吃捣碎的鸡脑。为了让鸡肉更为肥美，罗马人还尝试用各种奢华的方法喂养，比如用浸过红酒的小麦面包以及小茴香、大麦和蜥蜴肉搅拌当饲

《厨娘》 油画 1559 年
彼得·艾尔特森 (Pieter Aertsen)
布鲁塞尔比利时皇家美术馆

料喂鸡，可能当时已经出现了专门的养鸡农场。当时的宴会上常常会端上来各种鸡肉美食，以至于为防止浪费，公元前 161 年罗马共和国颁布法令规定每张餐桌每顿最多只能端上一只鸡，而且是未经过度饲养的鸡。

可是当北方的半游牧蛮族击败罗马帝国以后，养鸡、吃鸡的风气都极为低落，中世纪初期欧洲各地鹅、鹧鸪等家禽比鸡更为常见。当时只有富人才能吃鸡肉、猪肉和乳制品，穷苦的农民会散养一些鸡，他们通常吃的是黑面包，偶尔吃一两只鸡蛋，等鸡无法生蛋了才会宰杀。

后来经济逐渐发展，农业和商业发达以后欧洲人的生活水准才有了起色，越来越多的家禽和蛋类摆上了富有人家的餐桌，鸡肉再度成为宴会上的美味，如意大利作家薄伽丘在《十日谈》里写到的，肥嫩的阉鸡是富商款待客人的主菜、农庄主酬谢朋友的贵重礼物。

鸡体形小、养殖成本低，看似好养，每个农家都可以在庭院附近散养，可是它们容易患病，在野外也常遭遇老鹰、风雨的威胁，成活率并不高，所以农民要吃鸡也并不容易。1589 年登基的法国国王亨利四世曾表示，"我希望我的国家里没有一个农民穷到每个星期天锅里都没有一只鸡"[①]，虽然农民未必能家家如此，但是至少许多城镇中已经形成了周日吃鸡的习惯，炖鸡成为法国家庭周日晚餐和节日庆典的主菜。至于法国东部布雷斯地区出产的"布雷斯鸡"的出名，则是 18 世纪以后"法国烹饪"被发明出来以后才被大书特书的，巴黎人推崇它们口感滑嫩鲜美。

大部分鸡生出来的蛋都是土红色或者白色，但是南美洲智利、秘鲁海岸沿线的马普切人饲养的一种叫作"阿劳坎"（英文名为 Araucana）的家鸡与众不同，它们耳朵膨胀，没有引人注目的长尾巴，并且下的蛋是蓝色绿松石颜色

---

① 伊恩·克罗夫顿. 我们曾吃过一切 [M]. 北京：清华大学出版社，2017：74.

的。更重要的是，一般认为家鸡是 1493 年哥伦布发现美洲后才从旧大陆传入美洲的，可是 1532 年西班牙探险家弗朗西斯科·皮萨罗在南美洲就注意到秘鲁土著养了很多鸡。鸡在印加人的饮食中占有重要地位，并且在宗教仪式和神话传说中也有关于鸡的很多说法。因此一些历史学家推测可能在哥伦布抵达美洲之前，太平洋中的波利尼西亚岛民可能早已经到过美洲，并把家鸡传入了南美洲的一些部落。

2007 年，美国《国家科学院学报》发表论文指出智利一处考古遗址出土的 14 世纪的鸡骨遗骸就是阿劳坎鸡的，说明至少在欧洲人到达前一百多年南美洲已经有家鸡了。但是 2014 年同一份杂志上有学者质疑前述研究，认为波利尼西亚鸡和阿劳坎鸡之间并没有直接的遗传关系，阿劳坎鸡可能是 15 世纪后的欧洲殖民者带来的家鸡与当地某种鸡杂交形成的，它们的基因中有一种逆转录病毒，导致蛋壳中的胆汁色素会逐渐堆积，使它们的卵变成奇特的蓝色。

现代化养殖的鸡

早在埃及的托勒密王朝时期，埃及人就发明了原始的孵蛋器——使用茅草或者毛发做成的圆形的窝，有助于给鸡蛋保温，从而加快鸡蛋的孵化和培育更多的小鸡。这项技术也曾经被罗马人使用，可是当罗马帝国灭亡后就失传了。直到 18 世纪初，欧洲人听说埃及一个村庄中传承了这项秘而不宣的技术，村子里竟然养殖了 3 万只鸡，这是当时欧洲人难以想象的规模，统治佛罗伦萨地区的托斯卡纳大公靠行贿或强迫手段获取了这项技术，这也引起邻国的关注。一位法国科学家经研究后在 1749 年出版著作，提出可以用羊毛做窝或者人工升温的方法温暖鸡蛋孵化小鸡，这使得养鸡业有了更大发展，一年四季都可以孵化小鸡，人们也可以一年四季吃到鸡肉①。

到 19 世纪中期为止，鸡肉还出自农民在庭院中的小规模散养，因为病害较多，一直缺乏大规模养殖。真正改变养鸡业的是美国的食品产业和城市人口的巨大消费需求，19 世纪末 20 世纪初他们率先从家庭农场副业转变为大规模工业化饲养。据统计，1880 年全美国有 1.02 亿只鸡，十年后就增加到 2.58 亿只，1891 年，康奈尔大学成为第一家提供家禽饲养课程的农业大学。

20 世纪初期，美国人消耗量最大的是牛肉、猪肉，而不是鸡肉，那时候鸡肉主要还是小农场养殖和农民散养，生产效率并不高。科学家发现鸡和人一样，需要通过晒太阳来合成维生素 D，缺乏维生素 D 会造成代谢障碍和佝偻病，但是户外养鸡面临天气、疾病的困扰，所以人们就在鸡饲料中加入鱼肝油等，搭建大型棚舍，通过控制温度、饲料和照明模拟环境效果来养鸡，这样就出现了养殖 25 万只鸡的大型农场。

1928 年总统大选期间，共和党候选人胡佛在演说中宣称，如果他当选总统将采取措施让美国人"每家锅里有一只嫩鸡，车房中有两辆车"，这和之前亨利四世、后来赫鲁晓夫的"土豆牛肉"的说法有异曲同工之妙。不幸的是，胡佛当选总统不久就遭遇了 1929 年的经济危机，数百万养鸡的小农场陆续倒闭，大萧条中许多人吃不起肉，只好用午餐肉代替纯肉火腿。

到 1933 年民主党的罗斯福就任总统后，政府给家禽饲养农场发放短期贷款，鼓励农民专门从事养鸡事业，这以后美国的禽蛋产量逐渐增加，还出现了大规模的农场。"二战"时候养殖时间长的牛肉、猪肉供不应求，而生产效率高的鸡肉就成为人们食用的主要肉类，鸡肉从此真的变成了每家都可以经常吃的日常食品。许多人也用烤鸡取代了传统的节日庆典——火鸡大餐。

---

① 玛格丽特·维萨. 一切取决于晚餐：平凡食物背后的奇闻轶事美食 [M]. 北京：电子工业出版社，2015：120.

之后的麦当劳连锁餐厅更是大规模消耗鸡肉，也让养殖场的规模更大、效率更高。为什么快餐店中最常见到鸡肉？因为鸡肉是价格便宜的蛋白质。鸡肉为什么便宜？因为对养殖场来说通过养鸡把谷物饲料转化为蛋白质的效率最高，美国学术机构研究发现活鸡每增重 1 磅只需不到 2 磅饲料；相比之下，生产 1 磅牛肉需要耗费 7 磅饲料，生产 1 磅猪肉需要耗费超过 3 磅饲料。而且鸡既可以用于肉食，还能下蛋，综合经济产出更多。在机械化的现代农场中，鸡笼底部略微倾斜，鸡生下来的蛋会自动滚落到下面的传送带上，输送到厂房中自动进行清洗、分级和包装，然后运输到各个地方的超市中出售。

20 世纪 90 年代，美国人消耗的鸡肉量超过了牛肉，他们每年吃掉超过 90 亿只鸡。2010 年以后中国成为了世界第二大鸡肉生产国，2015 年巴西又超越中国成为了世界第二大鸡肉生产国，而且他们的人均鸡肉消费量已经接近发达国家，达到每人 43.25 千克。巴西有众多大型农场产出玉米等饲料，现在是全球最大的鸡肉出口国，2016 年出口超过 400 万吨鸡肉，中国是主要的鸡肉进口国之一。一大原因是鸡肉比牛肉更便宜，所以在发展中国家的肉食消费中增加更快。中国内地的人均鸡肉消费量也在增加，从 1961 年的每人 0.74 千克增加到 2014 年的每人 11 千克，但是仍然远远无法和欧美发达国家相比。

中国历史上的鸡

"马、牛、羊、鸡、犬、豕"，是中国人通常所说的六畜。比起主要当工具使用的马、牛、犬和大量产毛的羊，鸡、豕是单纯用来吃的。

中国西南部驯化的家鸡很快传到南北各地，考古学家在河北武安县磁山、河南新郑裴李岗、云南、甘肃、辽宁等新石器时代遗址中发掘出鸡骨以及陶鸡工艺品，表明六七千年前广大地区已经普遍饲养家鸡。距今三千多年前殷墟出土的甲骨文中，鸡的象形文字是"奚"，由"爪"和"系"二字上下相叠而成，象征鸡爪用绳子拴着，以防逃逸，那时候的养殖情况可见一斑。

殷周时代，鸡已经是农家普遍豢养的家禽。周代王室祭祀常常用到鸡血，设有官职"鸡人"掌管给祭祀仪式供应鸡牲、甄别祭品，另外还要守夜报时，警醒百官。《越绝书》说，东周时吴国国王夫差在江苏吴县筑三个周围十多里的城，专门养鸡，越王勾践在锡南山辟有"鸡山"，大量养鸡。《吕氏春秋》里提到过齐王食鸡"必食其蹠数十（或为"千"）而后足"，是最早的一位凤爪爱好者。

秦汉时长江下游已经出产鸭种和鸡种，养殖是一大产业，汉人元理为其友人陈广汉计算家产，其中有"鸡将五万雏"。刘向著的《列仙传》中记载道，河南偃师农民祝家祖孙数代人养鸡百余年，"卖鸡及子得千万钱"，时人尊称他为祝鸡翁，甚至把他当作"神仙"。汉代古墓的随葬品中有大量的陶鸡和鸡舍模型，表明人们已经开始采用圈养法，这可以让它们的生长和产蛋相对规律化。

吃鸡最简单的方法不外煮、烤、炒，做成菜的最早记载是在唐代，大臣请唐中宗的宴席上有道菜名为"仙人脔"，据说就是乳鸡，具体做法不详。精细的做法到宋代才多起来。《东京梦华录》记载，北宋首都汴梁的鸡肉食品包括夏月麻腐鸡皮、鸡头穰沙塘、炙鸡、炒鸡兔、汤鸡、麻饮鸡皮等，当时已经有"食店""肉行""饼店""鱼行"等专门或综合的店铺，鸡肉虽然常见，但似乎并不如羊肉、猪肉、鱼肉流行。

到南宋时期，江南养鸡的人多，鸡肉估计在市民阶层中比较流行。《梦粱录》记载，首都临安（今杭州）的鸡肉菜品颇多，如鸡丝签、鸡元鱼、鸡脆丝、笋鸡鹅、奈香新法鸡、酒蒸鸡、五味鸡、夏月麻腐鸡皮、鸡头穰沙塘等，当时人们似乎也重视小鸡的美味，有麻饮小鸡头、汁小鸡、小鸡元鱼羹、小鸡二色莲子羹、小鸡假花红清羹、撺小鸡、燠小鸡、五味炙小鸡、小鸡假炙鸭、红小鸡、脯小鸡等菜品，还有些是做好的熟食在食肆饭馆叫卖，如炙鸡、八焙鸡、红鸡、脯鸡等。

《斗彩鸡缸杯》　瓷器　高 4cm　口径 8.3cm　足径 3.7cm
明代成化年间　1465—1487　台北故宫博物院

　　洪迈所著《夷坚丙志》记载，临安有家名为"升阳楼"的饭馆有人专卖"燂鸡"——做法是把鸡放在草里泥封，埋在灰火中煨熟。这似乎就是后来杭州、常熟等地著名的"叫花鸡"的做法。"燂"这种烹饪方式在秦汉魏晋南北朝时期都还比较常见，贾思勰在《齐民要术》里解释为"草里泥封，塘灰中燂之"，可能这种做法因为要和泥，显得肮脏麻烦，后世不再常用，只有一些穷苦的流浪"叫花子"才会把偷来的鸡裹上泥，用烧热的灰土焗熟吃，人们就称之为"叫花鸡"，后来有些饭馆就专门以此法制作特色食品。至于后来民间传说乾隆皇帝下江南时微服私访吃"叫花鸡"之类的故事都是后世衍生出来的，为"托名权威"的编撰而已。按照这类传说，诸如乾隆皇帝下江南、慈禧太后避难西安等都是一路吃吃喝喝，频频为各地美食点赞的广告之旅。

《子母鸡图》 绢本设色
279×80.5cm
明代 明宣宗
台北故宫博物院

明代时的煎、熬、酥等是比较常见的鸡肉加工方式。美食家袁枚的《随园食单》提到讲究鲜美的江南菜式，包括白片鸡、鸡松、生炮鸡、鸡粥、蒸小鸡、酱鸡、鸡丁、假野鸡卷、黄芽菜炒鸡、栗子炒鸡、卤鸡、蒋鸡、糖鸡、野鸡、赤炖肉鸡、蘑菇煨鸡等。曹雪芹写的全景小说《红楼梦》中提到有关鸡肉的吃食有油鸡髓笋、虾丸鸡皮汤、酸笋鸡皮汤、鸡油卷儿、虾丸鸡皮汤等。其中让刘姥姥惊讶的茄鲞用到了很多鸡肉做配料，"（茄子）切成碎钉子，用鸡油炸了；再用鸡肉脯子并香菌、新蘑、笋菇、五香豆腐干子、各色干果子俱切成钉子；拿鸡汤煨干，拿香油一收，外加糟油一拌，盛在磁罐子里封严。要吃时拿出来，用炒的鸡爪一拌就是"。

如今这类繁复的做法不再流行，餐馆中最常见的鸡肉菜式应该是各种炖鸡和宫保鸡丁。传说原籍贵州的丁宝桢一向喜欢吃辣椒与猪肉、鸡肉爆炒的菜肴，咸丰年间担任山东巡抚时命家厨制作"酱爆鸡丁"等菜；1876 年调任四川总督后他让家厨用花生米、干辣椒炒嫩鸡肉丁，不仅自己喜爱，还受到宾客的推崇，逐渐被其他厨师和餐馆模仿，成为了清末出现的名菜之一。他有荣衔"太子少保"，人称"丁宫保"，所以这道菜就被称为"宫保鸡丁"了。

19 世纪美国人印象中中国菜的典型是所谓"杂碎"（Chop Suey），据说这是当时珠三角穷苦人吃的下饭菜，就是把猪肉丝、鸡肉丝或动物内脏混合豆芽、洋葱、芹菜、竹笋和荸荠块炒熟了吃。19 世纪这些地方的人被招到美国修筑铁路，也有人在洗衣房工作或者开餐馆，1850 年旧金山出现了第一家中餐馆，他们把本地的食物加工做法和饮食风格带到了美国，当时的一些白人对中餐的做法感到难以理解，在他们眼中华人的形象是吃着各种古怪东西的外来者："他们尾随着我们勤劳工作的人民，窃取他们的生意，降低了劳动力的价格，然后坐下来去吃米饭和长了芽的土豆，就像在饥饿地啃食一块意大利白面包。"[1]

中国人常常把肉类和蔬菜切成小块、小丁炒，这让习惯了吃整块牛排、鸡肉的他们感到稀奇。19 世纪 80 年代就有纽约记者描述中国餐馆中"杂碎"这种菜，已经有极少数纽约人率先品尝了这种食物。1893 年记者艾伦·福尔曼声称："炒杂碎之于中国佬，就好比什锦菜之于西班牙人，或猪肉与大豆之于我们波西米亚人。"1896 年李鸿章访问美国引起美国公众的极大关注，媒体甚至报道了他的菜谱，他下榻纽约华尔道夫酒店时吃了随行的厨子做的米饭、燕窝汤、油焖杂碎、鸡汤、猪肉香肠、鱼翅汤等菜品，《纽约晨报》在周日增刊中整版刊登了这些菜，特别是炒杂碎的做法——它刊登的是纽约华人餐馆的常见杂碎的配料和做法，与李鸿章这样的高官吃的炒菜的做法、食材估计有重大差别。从此，各地华人餐馆顺势打出"李鸿章杂碎"这道菜，它是 19 世纪末 20 世纪初最为美国人所知的中国菜。

---

[1] 杰弗里·M.皮尔彻. 世界历史上的食物 [M]. 北京：商务印书馆，2015：97.

梁启超于 1903 年赴美洲游历考察美国政治社会情况时所撰的《新大陆游记》中说，纽约的"杂碎馆有三四百家"，除了"李鸿章杂碎"外，他们还出售"李鸿章汤面""李鸿章炒饭"，都想让自己的菜沾名人的光。

类似的故事在 20 世纪后期再次上演，这次被拉出来的是和李鸿章在政坛较劲的另一位晚清名将左宗棠。湖南厨师彭长贵 12 岁起就下厨学艺，1933 年时到讲究美食的谭延闿家厨中跟随名厨曹荩臣学习，后在长沙、台北等地开设餐馆，曾为蒋介石、蒋经国等制备家宴。1952 年台湾当局设宴款待美国太平洋第七舰队司令雷德福时彭长贵掌厨，他把大块鸡肉捶松油炸后用西式甜酱调味，当时这道菜颇受客人赞赏。20 世纪 70 年代，一日蒋经国办公到深夜后带随从到彭长贵开设的彭园餐厅用餐，彭长贵将鸡腿去骨，以酱油、太白粉腌制，连皮切丁切块，再下锅油炸至"外干内嫩"，然后另起锅加葱泥、姜泥、蒜泥、酱油、醋、干辣椒等调味料，下腿肉一起拌炒，最后勾芡并淋麻油，即成一道新菜。爱吃辣的蒋经国尝后询问菜名，彭长贵随口说是家乡名人、清末湘军名将左宗棠当年爱吃的一道炒鸡块，从此"左宗棠鸡"才首次出现在台北。

1973 年彭长贵移民到纽约曼哈顿开设彭园餐厅，菜单上有这道菜。贝聿铭曾请基辛格吃这道"左宗棠鸡"，后者大为赞赏，此后数次去这里吃饭，引起美国媒体的关注，并在报道中提及"左宗棠鸡"，此后美国很多中餐馆的菜单上都出现了"左宗棠鸡"。很多美国中餐馆为了适应美国人的口味，做的"左宗棠鸡"是甜味的，这已经与彭长贵的湘菜做法不同。

有意思的是，20 世纪 90 年代这道美国流行的"左宗棠鸡"传回内地以后，不知其来源的人真的开始编撰左宗棠当年如何爱吃这种炒鸡肉的"故事"，这是个有趣的现象。诸如"左宗棠鸡""宫保鸡丁"，乃至要把自己的来源与皇帝关联起来的"叫花鸡"的种种传说都透露出饮食文化发展中的一大特点，人们愿意把自己吃的菜和皇帝、高官、文人、名妓等等有高知名度的人物关联起来，这会赋予食物在可口之外更为广大深刻的"文化意义"和"传奇色彩"，让吃饭这项活动变得"高大上"起来。

火鸡

许多美国人在感恩节、圣诞节吃烤火鸡，火鸡似乎可以说是感恩节的主要"吉祥物"。这种食物的特点是足够大块头，适合家人们一起分食，满怀期待烤火鸡不仅仅代表着"吃"，也是一家人的休闲娱乐活动。感恩节、圣诞节的大餐通常是和家人一起吃，类似中国的春节、中秋节聚餐，这让进食和情感、文化有了密切的关联。

再往前追溯，中世纪的时候英格兰的富贵人家在圣诞节常吃猪肉和禽肉，一度流行过吃野猪头。权贵富豪们更是喜欢各种肉食丰盛的大餐，如1213年英格兰国王约翰的圣诞晚宴耗费了二十四大桶红酒、两百头猪、一千只鸡，用了五十磅蜡烛、两磅昂贵的藏红花、一百磅杏仁，还专门发送订单要坎特伯雷的市政官再提供一万条腌鳗鱼。1289年赫里福德主教的圣诞宴会招待四十一位客人，用了三头牛、四头猪、六十只禽类、八只鹈鹕和两只鹅，享用了四十加仑的红酒和三加仑白葡萄酒。得到国王允许的话还可以吃点天鹅肉——因为国王宣布野生的鸽子和天鹅属于王室财产，未经允许不得食用。

当时比较富裕的人家在圣诞节会吃烧鹅。为了保证这一点，英格兰教会甚至在13世纪末要求圣诞期间的烧鹅只能卖7便士，这相当于当时一个壮劳力一天的工资。而穷人在这天只能猎取一些鹌鹑之类的小鸟烤着吃。

在欧洲人抵达美洲之前，美洲原产的野生火鸡约在公元前已经被印第安人驯化，它和羊驼一样是印第安人主要吃的肉类。哥伦布发现新大陆后，火鸡被西班牙探险者在1511年捕捉带回西班牙，到16世纪中期火鸡已经在西欧各地乃至北欧都有养殖，英格兰人特别爱吃火鸡肉，到1573年时，有人就把烤火鸡当作圣诞大餐的主菜之一。

《火鸡装饰的派》 木板油画 75×132 cm 1627 年
彼得·克莱兹（Pieter Claesz） 阿姆斯特丹荷兰国家博物馆

《公鸡和火鸡决斗》 布面油画 88.5×118.5 cm 1650—1657
弗朗斯·斯奈德斯（Frans Snyders） 圣彼得堡国立艾米塔什博物馆

16 世纪的时候，葡萄牙商人常从西班牙殖民者占领的秘鲁购买火鸡运销到安特卫普等地，同时他们也从西非进口珍珠鸡卖到欧洲。为了自己的商业利益，葡萄牙人对火鸡的来源保密，所以开始欧洲人常常混淆火鸡、珍珠鸡，关于它的来源也有不同说法①，如 1542 年拉伯雷写的《巨人传》中就提到了火鸡这种"印度（当时指美洲）的母鸡"。

到北美洲定居的新移民见到印第安人吃火鸡，才跟着开始食用和养殖火鸡。过圣诞节的时候，新移民还没有养殖足够多的鹅，就捕捉野火鸡或者购买现成的火鸡吃。新英格兰各州圣诞吃火鸡的记载最早出现在 1534 年，当时的北美洲人烟稀少，新移民唾手可得的美食很多，如龙虾、鹅、鸭子、海豹、美洲鳗和鳕鱼等在各地多有分布。

近一个世纪后，大批来自英国的移民抵达朴里茅斯山下的地区， 1621 年他们与万帕诺亚格印第安人（Wampanoag Indians）在秋天收获后共同庆祝头一个感恩节——这源于英格兰庆祝秋季丰收的传统庆典——时吃的东西，据考证有鹿肉和野鸟，似乎并没有提到火鸡。考虑到英国移民原来就喜欢在圣诞节、收获节吃烤鹅之类的禽肉，他们大概是看到山区火鸡众多，比鹅更容易捕猎，味道也还不错，就用烤火鸡代替烤鹅作为节庆的主要菜肴。

感恩节成为美国的"传统节日"则是 1863 年才被立法通过，通过众多的大众媒体、教育体系的传播，被人们郑重对待并传承下来，感恩节必吃的烤火鸡也就成为了美国最具代表性的"传统大菜"。时过境迁，美国人现在可以随时在超市中买到火鸡，很多人不吃牛羊这类"红肉"，改吃火鸡、鸡等禽肉和鱼肉，算是一种可替代性肉类食品。

---

① 任韶堂. 食物语言学 [M]. 上海：上海文艺出版社，2017：94-95.

鸭：

卤鸭脖的麻辣逆袭

　　欧洲人，尤其是法国人常吃鸭，常见的是香焗鸭胸、油封鸭腿、鸭肝酱之类，一般来说法国人不吃鸭掌、鸭头、内脏和血。不过有一道传统大菜"血鸭"是个例外，据说这是鲁昂的地方菜，17 世纪时候就有记载，厨师要先把鸭子绞杀以避免流失鸭血，然后整只烤成四五成熟，这时候就把鸭胸、鸭腿切下来，剩下的骨头、肝、心等放入特制的器皿内搅动，挤出血水，再把血水和高汤、干邑、香料等煮成汁，浇在烤熟的鸭胸上拌着吃。血汁作为一种提味的酱汁，这在法国菜里算是比较重口味的，如今餐馆中已经很少见，即便要做也会进行改良，味道已经清淡许多。

　　相比之下，中国人吃鸭血的花样就多了，最为人所知的是南京等地的鸭血粉丝汤，广西、湖南的鸭血糕、炒鸭血之类的食物。广西全州有道叫作醋血鸭的菜，杀嫩鸭的时候特意用盆保留鸭血，为了防止鸭血凝固，会在里面加入少许水淀粉、米醋搅拌，然后热油炒切好的鸭肉块，再加点水、嫩姜、苦瓜或辣椒焖

《地里的鸭群》 布面油画
69×99.5cm
20 世纪初
亚历山大 · 科斯特 (Alexander Koester)

A KŒSTER

至七成熟，待鸭皮有些脆的时候将调好的鸭血倒入锅中，快速翻炒 5 分钟左右即可。

说起人类吃鸭子的历史，浙江河姆渡、福建武平等地出土的新石器陶鸭有五千年的历史，江苏句容、河北平泉、河南郑州的考古遗址都曾出土过四千年前的铜鸭尊乃至鸭蛋，或许那时候人们已经驯化养殖鸭子了。据《吴地记》记载，"吴王（夫差）筑城，城以养鸭，周数百里"，如果真是如此，那春秋战国时期就有大规模的养殖业了。

当代分子生物学家分析世界各地的家鸭和野鸭 DNA 发现，约 4000 年前东南亚人首先把本地的绿头鸭驯化成了家鸭，并传播到周边区域[1]。因为绿头鸭容易被驯化成家鸭，后来埃及、罗马、中国等地民众都曾把当地的绿头鸭驯化成家鸭。中南美洲印第安人则将当地的疣鼻栖鸭驯化为现在称为番鸭的品种，这也是他们唯一饲养的家禽。番鸭与家鸭在动物学上同科不同属，体形更为壮硕，不像家鸭那样爱公母配对活动，而是一公多母成群栖息。地理大发现以后，番鸭被西班牙和葡萄牙殖民者带到欧洲、亚洲各地，早在清代就被在东南亚经商、打工的华人传入福建等地，《本草纲目拾遗》《福建通志》等都有记载，如今在南方有较大规模的养殖。

制约古代养鸭业发展的一大因素是如何孵蛋，尽管有极少数家鸭会自己孵蛋，但更多的家鸭很早就不会自己孵蛋育雏了。古人对此也有研究，比如让鸡当妈妈给鸭子孵卵，东汉时候应劭的《风俗通》中就有"鸡伏鸭卵，雏成入水"的说法。后来古人研究发现可以人工孵化，13 世纪宋人赵希鹄在《调燮（xiè）类编》中对此有文字记载，说是用牛粪覆盖鸭蛋保持温度可以孵化出鸭子，这一发现极大促进了养鸭业的发展，宋代以后各种鸭子菜式的增多肯定与养殖规模扩大有关。

---

[1]　Cherry P., Morris T.R. *Domestic Duck Production: Science and Practice* (Paperback ed). CAB International. Wallingford, Oxford shire, UK: 2008.

《鸭形器俑》 陶制
高 7.8cm　公元前 5 世纪晚期
希腊阿提卡出土
纽约大都会博物馆

　　尤其是江南地区，养鸭是一大产业，唐代诗人白居易描写浙江绍兴"产业论蚕蚁，孳生计鸭群"，可见那时候已经有很多人以此为生。南宋诗人陆游眼中家乡绍兴的养鸭业规模更大，已经是"陂放万头鸭，园覆千畦姜"。绍兴麻鸭至今还是著名品种，以产蛋率高著称。其他地方如巢湖、高邮、金定也有很早的养殖历史和本地的鸭品种。

　　中国人养鸭吃肉的历史这样悠久，对什么好吃自然有经验。公元 6 世纪北魏人贾思勰所著《齐民要术·养鹅鸭》中总结："供厨者，子鹅百日以外，子鸭六七十日，佳。"说的是做菜最好用六七十天大的嫩鸭，当时的主要做法是"炙"，也就是烧烤，

《鱼和鸭》 马赛克拼贴 36×38cm 庞贝遗址出土 公元 79 年之前

那不勒斯国家考古博物馆

可以整只烤，也可以切碎、切块烤；南朝人写的《食珍录》提到南方同样流行"炙鸭"。贾思勰还提到当时有咸鸭蛋、叫"鸭臛"的鸭肉羹，后者"用小鸭六头、羊肉二斤、大鸭五头、葱三升、芋二十株、橘皮三叶、木兰五寸、生姜十两、豉汁五合、米一升，口调其味，得臛一斗，先以八升酒煮鸭也"。吴均写的《齐春秋》中提到陈、齐两军在南京幕府山地区对战时，陈文帝遣送米三千石、鸭千头到军中，炊米煮鸭做成鸭肉饭，陈军大吃之后进攻齐军获得胜利。

《食珍录》还提到有一道叫"浑羊设"的昂贵美食，"置鹅于羊中，内实粳、肉、五味，全熟之"，吃的主要是鹅肉和里面的米、肉。后世也有类似的食物，如南通的"八宝鸭子"是把鸭子去毛后在肚子下面开个小孔，取出内脏洗干净，再把糯米、肉丁、竹笋丁、香菇丁和生姜、葱等配料塞进去，把小口缝起来，入水用文火煨到烂熟。

唐代"炙鸭"还是主流的吃法，《朝野佥载》中记载，武则天的男宠张易之命人将鹅、鸭关在铁笼里，生炭火烘烤四周，鸭子受热就会不停喝放在边上用蜂蜜、白酒和盐等调合而成的汁，等到鸭子的羽毛烧光、皮肉烤熟就可以吃了。这故事似乎有点虚妄，活鸭子被烤恐怕内脏味道浓厚，未必好吃。

北宋首都开封的饭馆中有卖鹅鸭排蒸、入炉细项莲花鸭签、鹅鸭签、爊（āo）鸭、煎鸭子等菜品[①]，到南宋时临安餐馆中的鸭菜自然更多，有小鸡假炙鸭、假鸭、野味鸭盘兔糊、脯鸭、八糙鹅鸭等。烤鸭已经是临安（杭州）"食市"中的常见品种。元朝灭亡南宋后，元将伯颜曾将临安城里的百工技艺徙至大都（北京），烤鸭的技术可能就在这一时期传到了北京，元代人写的《饮膳正要》中有"烧鸭"的记载。

---

① 孟元老 . 东京梦华录笺注（上下）：中国古代都城资料选刊丛书 [M]. 伊永文，笺注 . 北京：中华书局，2006：363 .

当然，吃鸭子最多、方法最多的还是明清时期的江南地区，南京更是被誉为"金陵鸭肴甲天下"。明代吏部左侍郎顾元起所著的《客座赘语》中提到南京特产之一是用特制料汁腌渍、然后烤制的板鸭，有以此出名的专门店铺。清代的《金陵物产风土志》记载道，"鸭非金陵所产也，率于邵泊、高邮间取之。么凫稚鹜，千百成群，渡江而南，阑池塘以蓄之，约以十旬，肥美可食。杀而去其毛，生鬻诸市，谓之水晶鸭。又火炙皮，红而不焦，谓之烤鸭。涂酱于肤，煮使味透，谓之酱鸭。而皆不及盐水鸭之为上品也，淡而旨，肥而不浓。至东则盐渍日久，呼为板鸭，远方人喜购之，以为馈献"。八月桂花飘香的时节鸭子最为肥美，据传此时制作的盐水鸭会带有桂花的香气，美其名曰"桂花鸭"，在《红楼梦》里也出场过的。

《红楼梦》还提到贾宝玉喝酒时爱吃"糟鹅掌鸭信"，这也是有根据的。在江宁织造任上的曹寅就爱吃鹅掌，有"百嗜不如双趾掌"的诗句，当时江南做鸭舌的方法多种多样，袁栋《书隐丛说》一书记载的就有琵琶鸭舌、烩鸭舌掌、瓢儿鸭舌、糟鸭舌等。糟鸭舌是清代时候江南流行的小食，是把鸭舌头先用作料腌好入味，然后卤制，文火慢炖至酥烂，再放入酒糟缸中焖一日，用这种方法做出来的鸭舌肉质软烂、味道鲜美。

住在南京的美食家袁牧在《随园食单》中记录了板鸭、挂炉烤鸭的制作方法。清末昆山周市镇太和馆、邱德斋等野味店以爆野鸭著称。吴少堂在清光绪四年（1878）开办的太和馆以"爆"野禽著称。"爆"是煨煮的意思，先用丁香、玉桂、山茶、白芷、玉果、茴香、桂皮、甘草等十多味中药配以黄酒、葱姜等七种调料制成老汤，将鸭子烧煮浸泡而成。

著名的北京烤鸭的做法源头是南方，15世纪明成祖从南京迁都北京后，吃烤鸭的爱好也被一些江南人带入北京。明朝嘉靖年间（1522—1566）已经有人在北京开烤鸭店，烤制的方法最初也多是南京（金陵）传来的焖炉烤制法，故

《溪芦野鸭图》（《历代名笔集胜册》册页之一） 绢本设色 26.4×27cm
宋代黄筌（传）故宫博物院

称南炉鸭。至今还保存字号的"全聚德"的创始人杨全仁早先是个经营生鸡、生鸭生意的小商贩，同治三年（1864）设全聚德，把焖炉改为挂炉，特点之一是不给鸭子开膛。只在鸭子身上开个小洞把内脏拿出来，然后往鸭肚子里面灌开水，再把小洞系上挂在火上烤，这方法既不让鸭子因被烤而失水，又可以让鸭子的皮胀开不被烤软，烤出的鸭子皮脆肉嫩。同时以枣木、梨木等果木为燃料，鸭子入炉后要用挑杆有规律地调换鸭子的位置，以使鸭子受热均匀，周身都能烤到。烤出的鸭子外观光润，皮层酥脆，带有一股果木的清香，很快名噪京华。

就像古埃及人、罗马人、法国人为了吃肥美的鹅肉、鹅肝、鸭肝而人工填喂鹅、鸭，中国人为吃肥嫩的烤鸭也人工填喂鸭子，等雏鸭长到四五十天后就强迫它们多吃，让它们再吃二十天左右就变得肥美。

以前人们以为北京周边养殖的"北京鸭"是明代时候从南方传入的品种，但

《玉鸭》 玉雕 4.5×8.5×2.8cm 宋至元 10—17 世纪
台北故宫博物院

是当代科学家研究发现，北京鸭与南方的几种家鸭驯化过程不同，可能古人把北方野生的绿头鸭驯化成了家鸭[①]。史书记载，辽代时辽国帝王常在北京地区游猎，捕获的鹅鸭有专人管理，尤其在偶然捕获到纯白毛色的鸭子时会作为吉祥之物放养于园林湖泽间。或许从那时候北京民众已经驯养了北方的绿头鸭。

---

① 曲鲁江，刘伟，侯卓成等. 利用微卫星和线粒体标记分析北京鸭的起源与驯化 [J]. 中国科学，2008（12）：1164-1165.

随着元明时候定都北京，通过运河每年从南方运往北方的大米数量达数百万石，大量粮米会洒落在河中和码头上，这也让运河沿岸的农民纷纷养起鸭来，北京农家养的小白眼鸭也就得以扩大规模，有一部分人还迁到北京西郊玉泉山一带放养鸭子，多年优胜劣汰后选育出生长快、肉质好的"北京鸭"——这是 19 世纪外国人对它的称呼。19 世纪北京鸭被引入英国、美国、日本等地，和当地品种的鸭杂交培育出了更多优质的家鸭品种，比如英国的"樱桃谷鸭"就是如此，又传回国内成了中国人也养殖的品种。

烤鸭、盐水鸭都算是传统美食，麻辣、香辣的卤鸭脖子、鸭掌则是当代兴盛的一大"吃现象"。卤鸭脖子、鸭掌在重庆、四川有比较长的历史，但仅仅是地方土产。20 世纪 90 年代初，武汉精武路上有家川菜饭馆生意火爆，为避免食客等待主菜的时间太长，川籍师傅就用家乡做法卤制猪尾巴、鸭颈等作为凉菜出售，不料很多人爱吃，就成为常备菜，周边的餐馆也纷纷跟进，这几样凉菜成为了武汉餐馆著名的主打小菜。汉口精武路上的小饭馆纷纷打出售卖鸭脖子的名号，还研发出不同的卤料、卤汁，主要都用到八角、桂皮、香叶、辣椒、花椒、丁香等调料和中药材。

2000 年后，鸭脖子从武汉、重庆、成都等地走向全国，成为南北流行的小吃，还出现了专门生产鸭脖包装食品的公司，除鸭脖子外，鸭头、鸭肠、鸭胗、鸭翅、鸭掌、鸭肝等都可以卤制，在大中城市都可以买到。它的流行有两个大背景，一个是川菜的麻辣口味已经随着火锅传遍了全国，成为大家接受的流行风格之一；其次就是鸭脖子等卤制品都是分散小件食品，个人、群体都可根据需要随意搭配，方便、快速而且价格低廉，特别适合当零食、宵夜或者简单的小聚食物。

20 世纪 80 年代以来，养鸭业的繁荣不仅仅因为人们爱吃鸭肉、鸭蛋，还因为人们爱穿羽绒服，中国是世界上最大的鸭绒出产国，养的鸭子占世界总量的七成左右，大量的养殖场保证了各种鸭类食品的充足供应。

鹅：

虐心的传说和现实

鹅，鹅，鹅

曲项向天歌

白毛浮绿水

红掌拨清波

这可能是最著名的儿童启蒙诗歌之一，形象、好记，但我小时候生活在西北苦寒之地，无缘一见清波荡漾的场景，也没见识过鹅掌、鹅肝之类的美食，是看书、看图片、看电视里的画面认知鹅的。

后来去欧洲真尝到了法式鹅肝，学人家切出一片肝酱放在面包上吃，除了觉得入口稍显肥腻也没什么特别的印象，还好奇为什么法国人要推崇这玩意。看书上说四千年前的埃及人最早吃鹅肉，他们发现野鹅在迁徙之前会吃下大量食物以备长途飞行，这段时间捕获的野鹅味道最为鲜美、肝脏肥大，于是他们想到可以给家鸭强行喂食使鸭子变得更加肥美好吃，他们还喜欢在小罐中储存鹅油和用油腌制的鹅肉。

《抽彩》（奖品是鹅）　油画　1837 年　威廉·西德尼·芒特（William Sidney Mount）　大都会博物馆

　　古希腊人、古罗马人从埃及人那里学会了养鹅吃鹅，并刻意催肥以便品尝美味的鹅肝，常用鹅肝配着无花果一块吃，这种吃法也随着罗马人征服欧洲的步伐传入西欧、中欧各地。中世纪的时候，法国西北的阿尔萨斯省与西南部的乡村人家养鹅，除了直接吃鹅肉，还制作鹅肝、鹅肉酱搭配面包食用，算是一种乡村美食，逐渐在各地传扬。等到路易十六时期鹅肝进入宫廷，国王对此评价甚高，于是在权贵中流行起来，之后在法国各地也大为流行。

《王羲之观鹅图》　纸本设色　23.2×92.7cm　元代　钱选　纽约大都会博物馆

现在法国人做鹅肝酱的讲究挺多，用的鹅是法国本土的三个品种——斯特拉斯堡鹅、朗德鹅和图卢兹鹅，先在户外自然环境中放养大约十二周，然后移到凉爽的室内空间，使用特别调制的玉米浆等进行每天三次、为期四周的强迫喂食，将鹅的胃完全撑满，为了让鹅吃下过多的食物，工人会放音乐以舒缓它们的情绪，吃得多了它们的肝就被催肥催大，要比正常鹅肝肿大 6 ～ 10 倍，其实就是活鹅体内的"脂肪肝"。在法国既可以买生鹅肝、煮熟的鲜鹅肝吃，也可以购买保存期限更长的罐头鹅肝。相比之下，鸭子比鹅的饲养效率高，生产量较大，所以鸭肝价格较低，在法国鸭肝制品的消费量已经远远地超过鹅肝。此外还有用类似加工手法制作的鸡肝、猪肝或多种肝混合做成的酱。

　　与法国人对鹅肝热衷相映成趣，中国人爱吃的鹅掌一度也是奢侈品。鹅掌在唐代走上了贵族餐桌，唐中宗时韦巨源升官后循例举行"烧尾宴"宴请皇帝，其中有一道称为"八仙盘"的菜，是把鹅剔骨后切作八份装盘，据推测应该是鹅的头、脖、脯、翅、掌、腿、肫、肝。

　　五代时僧人谦光爱吃鹅掌，盼望"愿鹅生四掌"。宋代时鹅掌也是比较珍贵的美食，黄庭坚的《次韵子瞻春菜》中有"白鹅截掌鳖解甲"的说法，葛长庚更是把鹅掌与驼峰并提，有"驼峰鹅掌出庖烹"一说。南宋大臣张俊在杭州宴请宋高宗的宴席上有"鹅肫掌汤齑""肫掌签"（或许是将鹅掌、鸭掌之类切碎，再用蛋皮、米面皮等卷起来蒸或油炸）等，可见当时人相当推崇鹅掌。明代著名画家、文学家唐伯虎在《江南四季歌》中也把鹅掌列为美食之一："寸韭饼，千金果，鳌群鹅掌山羊脯。"

康熙帝宠信的江南织造曹寅长期在南京任职，吃过的鹅掌估计不少，写有"百嗜不如双趾掌"的诗句，他的后人曹雪芹在《红楼梦》中写道，贾府的吃食经常有鹅肉，连做菜都用鹅油。贾宝玉爱吃的下酒小菜之一是"糟鹅掌鸭信"，糟制菜在明清常见，是把鹅掌、鸭舌先用作料腌制，然后卤制，文火慢炖至酥烂，再放入酒糟缸中焖一日，用这种方法做出来的糟肉软烂鲜美，是各阶层都喜欢的日常食品。

不过到了如今，鹅掌已经远远不如鸡爪流行，被人喻为凤爪的鸡脚因为养鸡产业规模巨大、有充足的供应，之前江南、四川等地厨师把烹制鸭掌的方法运用到鸡爪上，制作出各种口味的泡椒凤爪、卤鸡爪、蒸鸡爪，一度风靡全国。

关于吃鹅掌之风最传奇的记录是，据张鷟（zhuó）《朝野佥载》卷二记载，武则天的宠臣张易之让人制造一个大铁笼，把鹅、鸭放在铁笼里，四周摆上调料"五味汁"，然后在铁笼下面点燃炭火，鹅、鸭干渴了就会自己喝调料汁，来回走动，这样过一会儿鸭掌、鹅掌熟透了就可以吃。这故事似乎过于夸张，但至少说明当时人已经重视吃鹅掌了。有意思的是，后来明代人写的笔记小说中记载明朝太监也有类似的炮烙鹅掌，钱泳在《履园丛话》、袁枚在《随园食单》、李渔在《闲情偶寄》都有记载类似的故事，似乎都是从一个源头不断改编而来。晚清的《清稗类钞》也记载了上海人叶映榴好食鹅掌，烹饪时将肥鹅放入铁楞网笼，铁楞下放炭火烤炙，鹅在笼中又热又渴，边喝酱油和醋边号叫挣扎，直至死亡，此时"掌大如扇，味美无伦"，吃起来异常肥美，是天下至味，而皮肉反而变臭，要全部丢弃，这种残忍又奢侈的做法听起来就让人咋舌。

家鹅的祖先是野雁，中国各地的鹅种除伊犁鹅外都起源于鸿雁，大约在三四千年前人们已经开始驯养，目前的主要品种有狮头鹅、太湖鹅等。而伊犁鹅和欧洲

《玉鹅》　玉雕　4.4×5.9×1.9cm　宋代　960—1279　台北故宫博物院

鹅种都起源于灰雁（*Anser anser*），据《塔城县志》记载，清朝乾隆三十一年（1766），当地就有人养鹅，已有两百多年的驯养历史。

辽宁东沟后洼遗址出土过滑石做的鹅雕，已经有五千年以上的历史，但是还无法判断是否已经开始人工养殖；安阳殷墟妇好墓中出土过三千年前的一只玉鹅，后人猜测或许是南方的部落进贡的。鹅是水边的生物，所以江南、华南养得多，吃的历史应该很悠久。但是上古时那里的文字不发达，没有得到记录和传播。关于鹅作为吃食的记录最早来自文化发达的中原地区。春秋时期的《左传》第一次提到了"鹅"这个字，《周礼》记载的王室饮食规范有"牛宜稌，羊宜黍，豕宜稷，犬宜粱，雁宜麦，鱼宜苽"的说法，吃雁肉（可能是野雁、家鹅或家鸭之类）

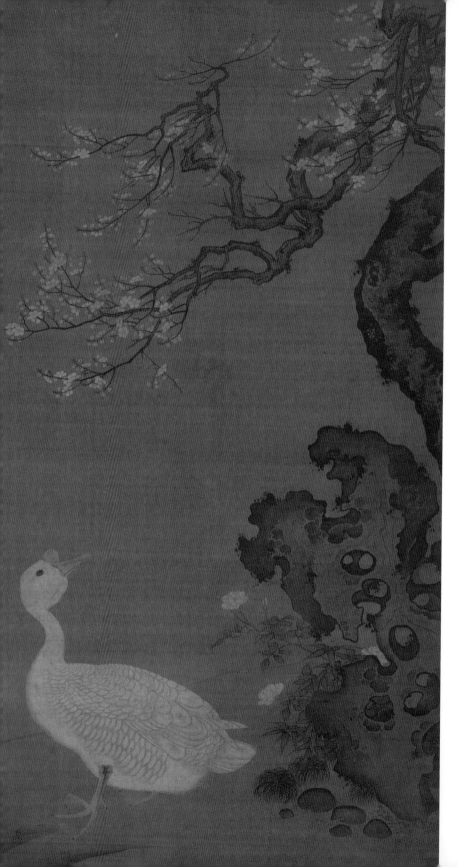

狮头鹅　绢本设色
明代
吕纪
辽宁省博物馆

要配以麦饭。《管子》里有"鹅、鹜之舍"的记录，可见春秋战国时期中原地区已经开始人工养鹅了。

南方养鹅的地方很多，鹅湖、鹅山、鹅岭、鹅城之类地名各地常见。在中国文化中，鹅出风头在东晋时期。南北朝时北方士族过江，对江南的风物有了新鲜直接的认识和记录。东晋的世家子弟、书法家王羲之欣赏鹅不疾不徐的姿态，喜欢养鹅、赏鹅，《晋书·王羲之传》记载道，会稽有个孤居的婆婆养的一只鹅善鸣，王羲之出钱想买，人家不卖，王羲之就约朋友一起来看这只特别的鹅，婆婆听说有贵人要来家里做客，家里没什么好招待贵客的，就宰了这只鹅款待客人，让无缘一听的王羲之遗憾不已。还传说有一次他和儿子王献之乘船游历绍兴山水，只见岸边有一群悠然的白鹅，看得出神，向道士询问要买下这批鹅，道士也是个文人，把鹅送给他，换得王右军书写的道家《黄庭经》。王氏家族的人多信奉道教，倒真是常和道士打交道。

北魏贾思勰在《齐民要术》里介绍了养鹅、鸭的方法和做法，还指出当时人讲究吃刚过百天的嫩鹅。当时的吃法主要是炙，也就是烧烤。《齐民要术》卷九中，记述有"捣炙""衔炙""腩炙""啖炙""筒炙""范炙"等多种炙鹅的烹饪方法。这些炙法与后世的整只烧鹅不同，而是事先把鹅肉剁碎，加各种调料渍泡，然后将鹅肉串穿在竹扦上或粘在竹筒上炙烤。炙烤时，往往在鹅肉串上涂鸡蛋清或鸡蛋黄。但是似乎也有烤整只鹅的，如史书记载南齐武陵昭王萧晔喜欢一边烤鹅一边乘刚熟就割下来吃，讲求鲜美之味。

唐代常见烧鹅、蒸鹅，韦巨源请唐中宗吃的宴席有一道菜"八仙盘"，据说就是把烧鹅或烧鸭剔成头、脖、翅、足等八部分，分别放在八个有仙人图像的盘子里。唐代《卢氏杂说》还提到当时胡人颇多的军队将领宴会流行一种叫"浑羊殁忽"的菜，是把鹅去毛，去内脏，用酒腌制后再往肚子里塞上肉、糯米饭和调料，放在整羊肚子里缝合起来烤，烤熟之后拿走羊肉，只吃鹅肉和它里面的肉、饭。这可能是游牧部落传入的一种大餐，他们常常吃羊不觉得珍惜，反倒把鸡、鹅之类当作美食。

宋代关于鹅的做法更多，如《东京梦华录》写道，北宋首都开封夜市上有卖鹅肉包子，熟食店出售鹅鸭排蒸、鹅鸭签。到南宋时候因为江南人养的鹅多，临安有专门出售家禽的行会"鸡鹅行"，吴自牧在《梦粱录》中记载，临安早市上有"羊鹅事件"（杂碎），酒楼中有关鹅的菜蔚为大观，有绿笋鸡鹅、鹅粉签、五味杏酪鹅、绣吹鹅、间笋蒸鹅、鹅排吹羊大骨等菜品，小贩还在饭馆集市叫卖八糙鹅鸭、白炸春鹅、炙鹅、糟鹅事件、鲜鹅等熟食。周密写的《武林旧事》的"蒸作从食"条目有"鹅项""鹅弹"，估计是蒸的小吃，是鹅肉或者模仿鹅的形状的面食。

明清时南北方人吃鹅都更为普遍，烧鹅是许多宴席待客的头道主菜，《金瓶梅》中记载了水晶鹅、小割烧鹅、糟鹅胗掌等美食，还有"玫瑰鹅油烫面蒸饼"。明代饮食大全《竹屿山房杂部》中提到了烧鹅，把收拾干净的肥鹅，用盐、酒、香料等混合搓揉入味，然后架到炉中烧烤，微熟后取出淋浇香油，再放回炉中继续烧烤，直至熟透。明初韩奕撰著的饮食专书《易牙遗意》中提到杏花鹅，"鹅一只，不碎，先以盐腌过，置汤锣内蒸熟，以鸭蛋三五枚洒在内，候熟，杏腻浇供，名杏花鹅，又名杏酪鹅"。鹅肉腌后呈赤色，似胭脂，所以在《红楼梦》里这道菜被叫作"胭脂鹅"。

有意思的是，明代曾有"御史不许食鹅"的禁令，这对熟悉鹅肉的南方官员来说有点强人所难。上有政策，下有对策，王世贞回忆说他父亲请客时就上过一道鹅，为了避嫌会让厨师去掉鹅头鹅尾，换上鸡头鸡尾。

华南的"鹅"进入文化史稍晚，如广东惠州古称"鹅城"，北宋绍圣年间苏轼在惠州所作的《上梁文》中称"鹅城万室，错居二水之间"。南宋王象之所撰的《舆地纪胜》中写道："仙人乘木鹅至此，古称鹅岭，在罗浮西北（"西北"应是"东南"之误），即惠阳也。"传说"仙人乘木鹅至此"是因为南北朝时候的名人谢灵运曾流徙广州，有一天夜梦罗浮，明旦感而作《罗浮山赋》，其中最后几句曰：

"发潜梦于永夜，若怨波而乘桴；越扶屿之细涨，上增龙之合流；鼓兰枻而水宿，杖桂策以山游。"估计他曾乘船到从广州出发游罗浮，再溯龙江而上到古惠州一游，到过鹅岭游玩，风度翩翩被当地人当作美谈。

烧鹅也是广东人爱吃的菜肴。据说广东新会古井镇出产的烧鹅历史最为悠久，至今当地还有"古井烧鹅"为品牌的食肆。明代时候，南京有用长叉穿起来在火炉中烤的"金陵烧鸭"，清代北京出现了使用挂钩在敞炉烤制的北京烤鸭，广东新会的一个厨师受到启发就采用上述两种方法烧制当地的鹅，发现效果不佳，就摸索用当地装酒的土窑（大酒埕）做烧烤炉，创制了焖炉烧鹅的形式，这可以保持炉温的均匀稳定，烧鹅外皮着色均匀美观，发明了广东烧鹅。清末光绪年间新会烧鹅已经闻名华南，南海人胡子晋的《羊城竹枝词》中有云："卦炉烤鸭美而香，却胜烧鹅说古冈。燕瘦环肥各佳好，君休偏重便宜坊。"古冈即新会，他认为新会烧鹅可以和北京便宜坊的著名烤鸭媲美。

新会烧鹅一般都是选用中小个的鹅，去翼、脚、内脏，吹气，涂五香料，缝肚，滚水烫皮，过冷水，糖水匀皮，晾风而后腌制，最后挂在烤炉里或明火上转动烤成，讲究鹅皮酥脆、鹅油香润、鹅肉肥甘。广东的烧鹅常常以"深井烧鹅"命名，可能是因为早先是在地上挖一个井形的坑，周围用砖砌上，底下点柴火，上面横着铁钩，吊着鹅在井坑中烧烤。后来烧鹅的设备从土烤炉进化成瓦缸制烧烤炉、不锈钢烧烤炉等，辅料也丰富多彩，除了烧制鹅之外，还可以烧鸭、鸡、叉烧等。

鸽：

从天上降到肠胃

在西班牙萨拉曼卡吃过烤乳鸽，好吃，做法堪称繁杂，据说要将整只乳鸽清理内脏后用盐和胡椒腌制，放在加热的橄榄油和猪油中煎至金黄色，然后加入切成碎末的洋葱、大蒜和切成小块的蘑菇再煎几分钟，撒点面粉，淋上白兰地，高汤煮一会儿捞出，然后把核桃仁、蒜煎面包片、藏红花在研钵中捣碎并填充在鸽子腹中，放入烤箱小火烤几分钟即可。

西班牙人吃鸽肉的历史在欧洲算是早的，公元 60 年就有记载，尤其是萨拉曼卡以北的特拉坎波斯（西班牙文为 Tierra de Campos）山区更是如此，当地有悠久的养鸽、吃鸽的历史。当时统治欧洲南部的古罗马人爱吃各种野味家禽，他们喜欢把鸽子、鹌鹑、斑鸠或者其他任何鸟类的内脏掏出剁碎，混合上薄荷、欧芹、大蒜、橄榄油、芫荽等香料，再加上浓缩的葡萄汁，一起塞回鸟腹，最后再往里面填上两个熟透的李子或者无花果，用小火慢慢烤熟，上桌的时候用玫瑰花瓣装饰。至今意大利一些地方的人仍有吃鸽肉的传统。

《情书》水彩画
1885 年
玛丽·斯帕尔塔利·斯蒂曼（Marie Spartali Stillman）
特拉华艺术博物馆

和西班牙接壤的法国南部的人也以爱吃鸽肉著称，尤其是普罗旺斯、比利牛斯乡间的人，田间地头至今还能看到中世纪遗留下来的砖石鸽舍，一般有六七米高，分成上、中、下三个部分，最上面是鸽子出入的窗口；中间则是一个个方形、圆柱形的格子巢，供它们住宿和繁衍；最下面的空地则可以收集鸽子屎，这是当时葡萄酒庄、农庄主喜欢的肥料。当然，养鸽人还可以架起梯子，从巢里收获鸽蛋，在法国南部，鸽子一年四季都可以提供肉食和鸽蛋，养殖起来也没有养猪、羊那么要求高，所以许多庄园主都开辟了或大或小的鸽舍养鸽子，除了自己吃，还把多余的卖到城镇中去赚钱。中世纪的时候，欧洲大小城镇的肉铺中经常能见到斑鸠、鸽子。但是近代以后饮食结构的变化、禁忌文化的形成让大多数人都不再吃鸽子，不管是野生的还是家养的。

现如今在中国南北各地的餐馆中常见鸽肉，可是在二十年前，我长大的西北小城里只有几个人养鸽子，更没人吃过鸽子肉，我知道鸽子可以吃还是通过香港电影。那里面的男女常常宵夜去吃吊烧烤乳鸽这类食物，我们只能看着小小的屏幕猜想这是什么美味。后来上大学了才在广东餐馆第一次吃烧鸽，果然酥脆离骨、油嫩鲜腴。广东人爱吃鸽肉，那里也是鸽子养殖、消费的最大地区，一省就占了国内肉鸽市场的50%，每年要吃掉上亿只乳鸽。

其实吃鸽子在古代并不流行，广东人吃烤乳鸽是晚清民国才成风气。从生物学的角度来讲，"鸽"是鸽形目鸠鸽科数百种长相近似的鸟类的统称，通常人们说的"鸽子"仅仅指驯化的家鸽，还可根据用途分成信鸽、赛鸽、肉鸽等。鸽子喜欢吃石子，这与它特殊的消化系统有关，必须不时地吞食石子帮助消化。

2013年中外科学家通过研究各地鸽子的基因证明，主要的家鸽品种均起源于中东地区，家鸽的主要祖先是生活在从亚洲南部到欧洲南部、非洲北部广泛地域的岩鸽（拉丁文名为 *Columba livia*，也称为原鸽）。据考古发现早在5000年前，在美索不达米亚地区，也就是今天的伊拉克、伊朗一带，已经有了人和鸽子接触的记录。公元前 3000 年的美索不达米亚已经有鸽子的图像，苏美尔人首先开始驯养白鸽和其他野生鸽子，鸽子受到了广泛的尊敬并被奉若神明，被视为天神的宠物。在古巴比伦，鸽子是法力无边的爱与丰饶之女神伊斯塔身边的神鸟，在生活中则把少女称为"爱情之鸽"。

岩鸽是一种喜欢群居的留鸟，雌雄一经配对之后便终生不分离。对每只鸽子来讲，它出生的地方可能就是一辈子生活的地方，出外觅食后有强烈的本能尽快返回自己的"家乡"。这种归巢性强的特点久而久之被人类所认识，于是人们就有意识地把鸽子作为家禽饲养。还利用它认巢的本能，把鸽子从甲地带到乙地，并使之飞归甲地，顺路让鸽子在回巢的时候传递信息。现代科学研究显示，鸽子能够利用很多因素为自己导航，如环境、气味、天体、地球磁场、陆地上的标志性地形和建筑等。并不是所有的鸽子都会送信，只有经过训练的信鸽才可以做到，而且也只能从一个陌生地方往自己之前久居的地方送信，无法随时随地在任意两地之间传递信息。

4000 年前埃及人就养信鸽，埃及的渔民出海捕鱼多带有鸽子，用鸽子给陆上的亲人送信，传递求救信号和渔汛消息。公元前 1000 年，埃及人已开始举行公开的鸽子竞赛，贵族们以养鸽为乐，甚至用鸽子作为陪葬品。最早使用信鸽建立大规模通信网络，始于公元前 5 世纪的叙利亚和波斯。

2000 年前的古罗马时代，恺撒大帝在征服高卢的战争中多次使用鸽子传递军情。公元前 43 年，罗马将领赫蒂厄斯和布鲁特斯在围攻穆蒂纳（摩德纳）时也使用鸽子进行通信联络。罗马人在体育竞赛过程中或结束时，通常放飞鸽子以示庆典和宣布胜利。奥维德（公元前 43—公元 17 年）记载有个叫陶罗斯瑟内斯的人，把一只鸽子染成紫色后放出，让它飞回家乡，向那里的父亲报信，告知他自己在奥林匹克运动会上赢得了胜利。因此，现代奥运会开幕的时候放白鸽部分原因是向古代致敬。

《一只手放在鸽子上》 石灰石雕像残片
13×8.3×12.1cm
公元前3—公元前1世纪 塞浦路斯出土
纽约大都会博物馆

中东地区的鸽子随着雅利安人东进传播到印度地区，3600年前印度的权贵阶层极爱养鸽，他们在宫廷内饲养的鸽子多达两万余只。12世纪，统治中东地区的苏丹·诺雷丁·穆罕默德在首都巴格达和帝国主要城镇之间建立起一张信鸽通信网，形成一个著名的邮政系统。当时的商业船队也常将鸽子放置在船上帮助传达信息。至19世纪初叶，人类对鸽子的利用最为广泛。1810年，普鲁士军队进攻法国巴黎时，法国人利用鸽子作为通信系统在两个月内传递了近10万件信件。直到第一次世界大战，信鸽还被许多国家用来传递军事信息。

16世纪至19世纪，鸽子的文化寓意出现了一次重要转变。《圣经》上提到大洪水过后，挪亚方舟停靠在亚拉腊山边，诺亚把一只鸽子放出去探察地上的水退了没有。由于遍地是水，鸽子找不到落脚之处，又飞回方舟。七天之后，诺亚又把

《墓碑上的女孩与鸽子雕刻》 大理石雕刻
80.6×37×10.2cm
公元前 450—公元前 440 年
希腊帕罗斯墓葬 纽约大都会博物馆

鸽子放出去，黄昏时分，鸽子嘴里衔着橄榄叶飞了回来，诺亚由此判断水已经消退，这预示着平安和希望。16 世纪，一些基督徒把鸽子当作生灵的化身；17 世纪，鸽子正式开始充当和平使者的文化象征，征战频繁的德意志城市祈望和平，多个地方都发行过刻有鸽子口衔橄榄枝图案和"圣鸽保佑和平"文字的纪念币，德国作家席勒把宗教意义上的和平延伸到社会政治领域，鼓励人们为了和平而战斗。

　　1950 年的"冷战"气氛中，在苏联的支持下世界各地的左派组织在华沙召开了世界和平大会，著名艺术家毕加索应邀为此创作了一幅宣传绘画，这位当时的法国共产党员挥笔画了一只衔着橄榄枝的飞鸽，智利的左派诗人聂鲁达把它叫作"和平鸽"，在世界各地得到大量的出版宣传，由此鸽子才被"冷战"双方公认为和平的象征。

家鸽似乎是从印度首先传入相邻的四川、湖南等地，《越绝书》记载有"蜀有苍鸽，状如春华"，长沙马王堆汉墓出土的《相马经》提到鸽子的眼睛各有差异。秦汉时期，宫廷和民间都醉心于各种鸽子的饲养与管理，据四川芦山县汉墓出土陶镂房上的鸽棚推断，最迟在公元206年民间已有养鸽之风。

中国人很可能在秦末楚汉战争中和张骞出使西域的时候就已经用鸽子传递信息了。唐宋时期，信鸽已经非常普遍，唐朝宰相张九龄在岭南家乡时曾养群鸽，并用鸽与家人传递书信，这可能是受到外国商人的影响，当时广州等地的波斯商人远航时会带着鸽子传递信息。公元1042年，西夏李元昊伏击宋军时在埋伏圈中放置了银泥盒子，宋军捡拾以后戴着哨子的信鸽飞上云霄，听到哨声的西夏伏兵大举围攻击败了宋军。

宋代还出现了赏鸽的风气，杭州一带有人以养鸽为乐，在鸽腿上系上风铃，数百只群起群飞，望之若锦、风力振铃，铿如云间之珮。这种玩鸽风气在明清时期颇为盛行，明末镇江推官张万钟著有《鸽经》，包括"论鸽、花色、飞放、翻跳、典故、赋诗"等六章，乃世界第一部养鸽专著。明代中叶，人们已用鸽子竞赛取乐，并组织了相应的"放鸽之会"，清初屈大均所著《广东新语》中记载广东"佛山飞鸽会"每年五六月的比赛：首赛清远东林寺，次赛飞来寺，再赛英德横万驿，与现代的赛鸽模式类似，获胜者有奖金鼓励。当时北京等地达官显贵、八旗子弟、贩夫走卒中都有人以豢鸽、放飞、听哨为乐，少则畜养一二十只，多至数百只。另外还有人以赛鸽为乐，或许这时候有些被淘汰的赛鸽或者伤残的品种就已经被端上餐桌了吧。

中国古代鸽子主要被用于通信、观赏，养殖也少，所以少有人食。清代满汉全席中仅有"挂炉鸽"一道与鸽子有关的菜，《随园食单》也只有"煨鸽"而已，"鸽与火腿同煨，不用亦可，唯茴香、桂皮万不可少"，似乎也并不特别推崇。还有人提到有把燕窝、鸽子同炖的"鸳鸯燕"，这显然是借重燕窝的盛名。晚清

《群鸟图》（猫头鹰、鸽子、金丝雀、孔雀和其他鸟类）　油画
1626—1679　简·凡·凯塞尔工作室（Studio of Jan van Kessel I）

士人孙扆客游兰州时在酒楼吃了一道"鸽子鱼"，觉得腴美非常，细问店家，说是有鸽群飞越黄河时气力不支坠河而死，有人驾船捕捞出来卖给兰州的酒肆做菜，引来食客争入酒肆尝鲜为快。有意思的是，兰州为什么鸽子多？梁恭辰在《北东园笔录初编》中记载说是乾隆时期为经营新疆，每年数百万饷银在兰州的甘肃藩司库房中转，大概因为少有人打搅和附近食物较多，陆续有数千鸽子落户在房檐上，当地人传说这是"守库神鸽"。兰州餐馆中出售的应该就是这些吃粮食的鸽子，显然是有人专门捕捉，而以鸽子飞黄河力竭为托词蒙蒙那些没有养鸽经验的少年子弟吧。

金盆浴鴿圖

（右侧手写题跋，竖排，略）

题识：予好鸽，养之数十年，蓄佳种二百头。放之空中，铃声琅琅。时京中群尚紫色。紫色正、喙短眼金、眼皮白、嘴色具阴阳者往往出数十金求之而莫可多得。予有紫色者逾百，人遂诧为搜罗宏富。实则予知鸽种之善变，利其变而配耦之，故独多也。予曾为文记之，已梓行。此帧拟黄要叔。黄氏此图，有徽宗题字。南渡后入贾氏悦生堂，明时入严分宜家，两辱权相。今在南海李氏家。此鸽俗名老虎帽。盆则陈弢盦所藏史颂簋，簋文奇伟，字尤典丽。并记之。辛巳二月百花生日，非闇试槎河山庄墨。

《金盆浴鸽图》 纸本设色
110×50cm
1941 年
于非闇

　　女真贵族在东北秋狩时讲究打"祝鸠"（野鸽子）以为祥瑞，然后剁碎做成肉糜，用油炒饭，再用白菜包起来吃。后来入主中原后"祝鸠菜包"就成为御膳，农历七月初五日这天，秋狩郊天祭辰上的白菜包算是飨（xiǎng）饩（xì）的配馐（xiū）。晚清时慈禧太后讲究饮馔，冬季的时候北方多大白菜，御膳房就把家鸽剁碎炒成肉松代替"祝鸠"，用鸡蛋炒饭混合做成白菜包，成为晚清宫廷冬季常吃的一道菜。

　　1900年八国联军进京前慈禧仓皇逃到西安，大臣岑春煊扈从护驾时曾被赏赐吃过同样的白菜鸽松包，后来他到广东担任两广总督时命厨子仿制这道白菜包，可是广东不出产大白菜，北方运来的也时常断货，厨师急中生智改用生菜代替白菜，生菜叶子没有白菜那样硕大，所以省略鸡蛋炒饭，只用生菜包炒鸽松，由此创制了岭南名肴"生菜鸽松"。上有所好，下必甚之，从此岭南官场、商场吃鸽肉更是成风。

　　"生菜鸽松"这段故事是美食家唐鲁孙听来的，其实粤人爱吃野味早有渊源，比如西汉古墓中就出土了吃烤禾花雀的文物，吃鸽子的历史大概要比岑春煊更早。至少晚清各种油淋乳鸽、炖鸽汤等就在岭南餐馆、宴会上流行起来。广东早有烧鹅的做法，有人如法炮制，就有了吊烧乳鸽，把出生十几二十天的鲜嫩乳鸽烧制好，吃的时候把鸽子斩件成块，依照头、身、翅、腿的顺序摆放，任凭食客大吃。还有用乳鸽炖汤、煲粥的，各有滋味，甚至形成了"鹁鸽专拣旺处飞""一鸽胜九鸡"等吉祥、滋补的说法。

猪：

罗马和长安的大餐

　　我在西班牙旅行时吃过著名的烤乳猪，这算是昂贵的大菜，要和友朋凑在一起吃才负担得起。这是西班牙中部的传统菜式，选出生三周、三四斤重的猪崽，以牛油、迷迭香、蒜蓉涂抹好后放入焗炉焗数小时而成，入炉前厨师会往烤乳猪嘴里再塞西红柿之类的东西以防烤制的时候变形，上桌前换成新鲜的西红柿、青椒之类作为装饰，非常脆嫩。还在安达卢西亚南部吃过猪耳朵，许多小酒馆里当下酒小菜，据说是先用水煮熟，然后油炸后拌上酱料、橄榄油即可。当然，它们著名的猪肉火腿我也吃过，切成薄片配面包吃口感还不错。

　　这些菜在中国都有对应的食物，比如中国也有烤乳猪、酱猪耳朵、金华火腿，加工方式不同，风味各异。当然中国地大人多，给人的印象是养的猪多，吃的猪肉也多，以致 19 世纪初英国作家查尔斯·兰姆（Charles Lamb）还曾写过一篇散文《论烤猪》，说是中国一家养猪的农民偶然家中失火后才发现了烤猪这道美味，这当然是作家的想象。

《猪肉摊》 油画 毕沙罗（Camille Pissarro） 1893 年 泰特博物馆

《肉铺》油画
16 世纪 80 年代早期
安尼巴尔·卡拉奇（Annibale Carracci）
金贝尔美术馆

两千年前，烤猪在欧亚大陆两端的古罗马和西汉都是大餐。两千多年前广州已有烧烤乳猪的习俗。1983 年发掘出土的广州西汉南越王墓中有一个 4 平方米的小间，堆放着 130 件炊具和容器，其中包括大小两件烤炉，还配备了烤炙用的铁钎、铁钩、长叉、悬炉的铁链等。其中一个小烤炉两侧近足处铸有两只小猪，猪嘴朝天、中空，是用于插放烧烤工具的。一起出土的还有两百多只切掉头和爪的禾花雀，证明当时人用这个烤炉烧制各种烤肉。可见今天华南人爱吃烤乳猪、禾花雀之类食品是有历史渊源的。

在中原地区，烤乳猪也是著名的美食，在西周的时候是"八珍"之一，那时称为"炮豚"，西汉时期桓宽在《盐铁论》中提到的民间佳肴之一就是烤乳猪。汉景帝阳陵东侧 13 号从葬坑出土了大量彩绘陶乳猪，证实汉代皇帝也喜欢食用小乳猪，并希望在阴间继续享受。

猪肉在欧洲

家猪是从野猪驯化而来，全世界各地的家猪样貌差异较大。2003 年以来分子生物学家把现存的多种野猪、家猪和考古遗址出土的猪骨与牙齿中提取的 DNA 进行分析，发现家猪是在多个地区被独立驯化的。一万一千年前，近东地区的人把当地的野猪驯化成为家猪，土耳其安纳托利亚东南部的卡扬遗址出土过距今约九千年的家猪遗骨。约七千五百年前，近东的家猪传入欧洲中部，当地的农民一边驯养这种远来的杂食动物，一边驯化本地的野猪，并取得了成功，之后两千年逐渐取代了"进口"的近东猪品种。

猪肉在古埃及早期极为流行，可能因为养猪场一般比较脏乱或者其他宗教观念原因，到古埃及中后期逐渐退出了上层人的餐桌，只在普通人中流行，主要是采用炖或者烤的方式吃。①

古埃及人的这种认识对其他文化也产生了或大或小的影响。大约 2000 年前，罗马人驯化了意大利半岛的野猪，这也是古罗马上上下下最常吃的肉食，一头猪的所有部分都可以做菜，有的人还嗜好吃猪的乳房、子宫、耳朵等特殊部位。老普林尼在《自然史》（又译为《博物志》）中记载美食家阿比鸠斯模仿获取鹅肝的做法增大母猪的肝脏，"用无花果干把它们塞饱，等到它们足够肥之后，就用混有蜂蜜的葡萄酒把它们淋湿，然后马上宰杀"②。

古罗马最著名的大餐是填馅烤乳猪：把小猪的内脏掏空后塞满香料、鸡蛋、水果和各种香肠，然后在表面反复涂抹鱼酱后用炭火烤熟，整只以站姿上菜，切开烤猪的时候香肠像动物内脏一样溢出，这种烹饪方法被戏称为"特洛伊木马猪"。佩特洛尼乌斯（Petronius）在小说《斯蒂里孔》中描述道，出身奴隶的新贵特里马尔奇奥喜欢举办盛大的宴会，一次有个冒失的厨师把一整头烤猪端上桌子，厨师划开猪肚子的时候里面填的一串串的香肠、血糕喷涌而出，掉落各处，让客人感到作呕③。古罗马人爱吃各种香肠，一般灌香肠的材料是猪肉和牛肉。不过

① 贡特尔·希斯菲尔德. 欧洲饮食文化史：从石器时代至今的饮食史 [M]. 桂林：广西师范大学出版社，2006：34.

② 伊恩·克罗夫顿. 我们曾吃过一切 [M]. 北京：清华大学出版社，2017：24.

③ 杰弗里·M. 皮尔彻. 世界历史上的食物 [M]. 北京：商务印书馆，2015：13.

《静物》（猪蹄、火腿、蔬菜、水果等食物）木板油画　71.5×104 cm　1608—1647
雅各布·冯·赫斯东（Jacob Van Hulsdonck）

因为常见也就不为权贵富豪重视，他们推崇的奢侈品是野兔、斑鸠、孔雀和天鹅等野味。

　　进入中世纪后，猪肉依然是欧洲大多数地方的常见肉食，因为农民养猪的成本较低，用饭菜渣就可以，所以很多城镇能看到跑出来的家猪在道路上乱逛。当时人们也如中国人一般几乎吃动物的每个部分，如内脏、耳朵、舌头、尾巴、油脂、血等，还用肠子、膀胱和胃当肠衣制作各种香肠或包裹其他食物。如法国北部阿登地区有一种特鲁瓦辣熏肠是将猪肉切成条状，卷起来塞入猪的结肠内，所以这种香肠有着结肠特有的腐坏气味。英格兰西南部的德文郡和康沃尔郡有一种香肠叫"猪油布丁"（Hog's Pudding），是把猪油和燕麦粉、牛脂以及大麦粉搅拌混合成馅料，加小茴香和大蒜调味做成香肠，因为油脂成分高，据说烘焙的时候需要格外小心以防爆炸喷溅出来。

北美的第一头猪是由西班牙探险家于 1539 年带去的。到 18 世纪，中国华南的家猪传入英国、法国、美国等地，杂交出许多优良的新品种。19 世纪的时候美国经济蓬勃发展，人们对猪肉的消费也不断增长。1830 年左右，辛辛那提建立了最早的肉类加工厂，用工业化的流程大量屠宰生猪，制成火腿、培根肉等，然后打包用驳船运到东部的城市出售。开始这些工厂仅仅在冬天生产，二十年后铁路的发达和冰块的应用让这些工厂可以全年运转。美国内战时期，中部一些州大量使用玉米喂养肥猪，芝加哥也取代辛辛那提成为了肉类加工之都，被称为"猪肉城"（Porkopolis）①。

就像中国一些地方的人爱吃"猪油拌饭"，英国等地的农民也常常把猪油抹在面包上进食，到 19 世纪初黄油才取代了它的位置。

猪肉在亚洲

中原古人约在九千年前驯化了本地的野猪，河南贾湖遗址出土了距今 8500 年的家猪骨骼，长江中下游地区也在这前后驯化了当地的野猪。东南亚的家猪则是在湄公河流域驯化成功，南亚、意大利半岛、新几内亚半岛也分别独立驯化过本地的野猪。

近代人用自己的方式选育，使之更符合自己的需求，不断杂交培育出十多种家猪品种，世界上的猪总量超过十亿只，全世界每年消耗猪肉多达 850 亿吨，比牛肉和鸡肉要多出近三分之一，其中一半以上都来自中国境内。它们大多数都身

---

① 杰弗里·M.皮尔彻.世界历史上的食物 [M].北京：商务印书馆，2015：67.

体肥壮，四肢短小，鼻子口吻较长，性情温驯，适应环境能力强，繁殖速度快。一头猪出生后 5 ~ 12 个月便可交配，妊娠期约 4 个月，平均寿命可达 20 年。猪是一种社会性行为的动物。以公猪为主导，母猪围绕其左右，并和自己的幼崽生活在一起，通过咕噜声、吱吱声及嗅觉来发出讯号进行交流。

养猪是庞大的产业，猪皮可以制成高品质皮革，猪鬃被制成各种刷子，从猪皮中提取的明胶可以用来制作口香糖和提拉米苏，而猪肉里的脂肪则被用于制作抗皱霜和洗发水，猪骨头还可以用于制作胶水，从猪鬃中提取的蛋白质可以让面包更加松软，猪的骨头粉还可以用于制作瓷器。猪还能够产生人用胰岛素，也可以为人类心脏提供置换瓣膜。猪的各部分还能够用于制作啤酒、柠檬水、车漆以及刹车盘，还能用于子弹的涂层。

中东很多地方曾在一万年前就开始养猪，甚至比养牛还要早。但是逐渐地，牛、羊越养越多，成为乳、肉的供应者和劳动工具，猪却不受待见。人类学家提出这与定居农业发展后当地人口增加以及气候变化导致的环境改变有关，牛羊的适应能力更强，猪怕热、怕缺水、怕晒——猪全身仅有几条汗腺，几乎不会出汗，在炎炎烈日下只能通过不断喘气来控制体温，在干燥和半干燥地区炎热、干旱气候下要顺利繁育并不容易。此外，游牧部落经常迁移，赶着牛羊成群移动比较方便，它们也容易适应雨雪、寒暑等各种气候环境。而猪怕热又怕冷，它体内缺乏棕色脂肪，棕色脂肪能够帮助大多数哺乳动物将自身能量转化成热量以维持体温，而两千多万年前猪的祖先就在进化中失去了产生这一脂肪的相关基因。

也有一些地方因为宗教文化、环境气候等原因不吃猪肉，对于犹太教、早期基督教等禁忌猪肉的原因后世学者有不同的推测。有人类学家认为禁止食用的动物是在当时人看来和通常种类特征不符、反常的动物，比如当时人们认为陆生动物应该用四个蹄子走路，而蛇却爬行，就显得反常，有四脚的裂蹄但不反刍的猪、骆驼也是如此①。也有人猜测原因可能和疫病有关，比如未煮熟的猪肉常含旋毛虫病等，吃了容易得病，甚至曾经因此暴发瘟疫造成死亡，本地人就开始忌讳吃猪肉，后来被宗教领袖采纳，成了宗教禁忌，古代以色列人的上帝禁止民众吃猪肉，甚至不能碰活猪或死猪。《利未记》中记载，"猪，因为蹄分两瓣，却不倒嚼（反刍），就与你们不洁净。这些兽的肉，你们不可吃，死的你们不可摸，都与你们不洁净"。基督教也接受了这一理念，早期基督教也不主张吃猪肉，后来才改变了看法。

猪肉在中国

商周时代中国人就懂得驯养马、牛、羊、猪、狗、鸡等"六牲"获得肉食，但它们在食物系统中有着不同的地位，周代的祭祀仪式中"天子食太牢，牛羊豕三牲俱全，诸侯食牛，卿食羊，大夫食豕，士食鱼炙，庶人食菜"。在《楚辞》的"大招"和"招魂"篇里分别呈现了两桌异常丰盛的菜单，如八宝饭、煨牛腱子肉、吴越羹汤、清炖甲鱼、炮羔羊、醋烹鹅、烤鸡、羊汤、炸麻花、烧鹌鹑、炖狗肉……在菜单的排名中牛肉是排在第一位的，其重要性不言而喻。

猪肉虽然在正式宴会中的地位不比牛、羊，但却是贵族能够常吃、一般平民也能在冬季吃到的肉。《诗经》中说农户在冬天把一岁的小猪自己杀了吃，而把养了两三岁的肥猪献给诸侯吃。《论语》中记载，孔夫子说提着十条肉干（一束脩）拜师的人都可以得到自己亲自传授的机会，可见那时候猪肉干是通行的礼物。

南北朝贾思勰在《齐民要术》中说选正在吃乳的小猪，杀后洗净，除去五脏，用茅草塞满肚腹，用一根柞木棒架到火上，缓火遥炙，以酒涂乳猪之表皮，最后乳猪表面变成琥珀色便可饱餐，他形容烤乳猪"色同琥珀，又类真金，入口则消，

① 菲利普·费尔南多－阿梅斯托. 文明的口味 [M]. 广州：新世纪出版社，2013：42.

《猪头形杯子》 陶制
高 12.4 cm
公元前 1000—公元元年
亚平宁半岛伊特鲁里亚文化
纽约大都会博物馆

《玉猪》 玉雕
10.6×3.1×2.8 cm
汉代 公元前 206—公元 220 年
台北故宫博物院

壮若凌雪，含浆膏润，特异凡常也"。烤乳猪在历代都是珍馐美味，到清朝初期更成为"满汉全席"的主打菜。后来的烧鹅、烤鸭，也都是由此衍生出来的。

唐宋时期羊肉相对供应量多一些，鸡、鸭、鹅当时不算"肉"，但是平民百姓有养殖，也能在年节吃到。富贵人家自然可以经常吃家猪，不觉得稀奇，反倒把野猪肉当美味，如《太平广记》记载画家陈闳应诏绘制唐玄宗"射猪鹿兔"的场景，另一位叫韦无忝的则画了玄宗"一箭中两野猪"的英姿。唐玄宗还曾把自己打的野猪肉赏赐给安禄山吃。

宋代时人们吃猪肉更为普遍，当时没有冰箱、冰柜可以保存生鲜肉食，多数都是吃腌腊食品。如宋代司膳内人在《玉食批》中记录道，绍兴二十一年（1151）十月，高宗皇帝赵构临幸清河郡王张俊府第，一百多名官员吃了两百多道菜，御筵上的腊脯食品就有线肉条子（酱肉）、皂角脡子（熏腊肉）、云梦犯（bā）儿肉腊（酱肉干）、酒醋肉（酱肉）等几种猪肉做的腊肉。"云梦犯儿肉腊"可能是湖北云梦县农民养殖的家猪腌制的美味，"犯"指两岁的猪。

这次宴席上还有两道菜和猪肉有关：一道叫"荔枝白腰子"，据考证就是清代《调鼎集》里记载的"蛋白炒荔枝腰"，即把猪腰剖开，剔去散发腥味的筋，在表面用刀划成纵横深纹再切条，和蛋清一起炒，腰片受热后自然卷起，表面呈一粒粒形似荔枝表皮的颗粒。估计当时猪腰已经被当作补肾壮阳之物，自然会受到重视。还有一道是"鲜虾蹄子脍"，应该是把生的鲜河虾、猪蹄子切成薄片或丝，或者捣成肉糜之类蘸着调料吃。上层人物讲究吃猪蹄子、内脏之类边角料是从唐代开始的。唐代医药学家孙思邈发现动物内脏和人类内脏有相似之处，形成了"以形补形""吃啥补啥"的补益思想，于是人们开始吃动物的眼睛、内脏、足掌，以为这些有益于食客自己的眼睛、内脏和足掌。

上述腌腊食品很可能是张家从临安街道上的食品店买来的，因为当时猪肉在汴梁、临安这种大城市是各阶层可以常吃的平价肉食，《东京梦华录》中写道，每天有上万头猪被贩子们从四乡收购送入汴梁，做成肉食出现在食肆中。南宋首都临安也是如此，《梦粱录·卷十六·分茶酒店》中提到"杭城内外，肉铺不知其几，皆装饰肉案，动器新丽。每日各铺悬挂成边猪，不下十余边。如冬年两节，各铺日卖数十边。案前操刀者五七人，主顾从便索唤切。且如猪肉名件，或细抹落索儿精、钝刀丁头肉、条撺精、窜燥子肉、烧猪煎肝肉、膂肉、蔗肉。骨头亦有数名件，曰双条骨、三层骨、浮筋骨、脊龈骨、球杖骨、苏骨、寸金骨、棒子、蹄子、脑头大骨等"。

既然是各层民众吃的东西，烹调上就不是很讲究，爱吃炖肉的苏东坡自己就说"（猪肉）富家不肯吃，贫家不解煮"，他就自己研究发明了小火慢炖的"东坡肉"，算是让猪肉往美食的方向走了一小步。《荆楚岁时记》说宋代年夜饭还吃"扣肉"，把肥瘦相间的五花肉煮至半熟，再炸至金黄，切三四寸长薄片，放酱、醋、豆豉、桂皮、葱蒜等腌制，摆放进大碗，上屉蒸透就成了鲜亮软润、浓香四溢的扣肉。

有意思的是，与宋南北对峙的北方辽金两朝牛羊众多，少有猪肉，"物以稀为贵"，就以吃猪肉为美事，"非大宴不设"。

汉族把猪肉当主力肉类的历史其实不长，明清时候才出现农民几乎家家养猪的情况。尤其是明末清初人口剧增，美洲高产作物玉米、红薯、马铃薯被引入后贫瘠之地产出大增，可以给猪吃这些低纤维含量的富余食物，而牛羊需要食用高纤维草料，养殖的话必须地方大，割草劳动量也大，不如养猪省力。在将植物转化为肉的效率和速度方面，猪能将饲料之中 35% 的能量转化为肉。而羊只能转化13%，牛仅有 6.5%。一只小猪吃 3 ~ 5 磅食物就能长出 1 磅肉，而牛需要 10 磅饲料。一头母牛 9 个月才能生 1 只小牛，猪只需要 4 个月就能生好几只。显然，养猪的效率更高。

清代猪肉成为大部分汉族的主要肉食。美食家袁枚《随园食单》中将猪单独列为《特牲单》："猪用最多，可称'广大教主'。"与猪肉相关的菜多达 43 道，牛、羊等则归为《杂牲单》，"非南人家常时有之物"。尽管如此，多数人家也就养两三头猪而已，还未必都能顺利长大，人们到春节、婚丧节庆才会杀猪，祭神明祖先、款待客人之后才轮到自己家人一饱口福。民国时候，湖南人包惠僧回忆说，民谣里的"乡下人好辛苦，吃了年饭望端午"，意思就是一年只有两次吃猪肉的机会。许多地方都是杀猪当天先吃不易保存的猪杂、心肝脾肺肾之类，连脏腑中间软软的隔膜脂肪组织也要割下来，炸得脆脆的吃掉，这是贫乏时代的特产，如今天天吃肉的人大概很难接受这类满是油脂的吃食。

因为猪肉是第一大肉食品种，所以在中国的食品消费中地位显赫。20 世纪 50 年代计划经济体制确立后，猪肉统购统销，各地饮食业实行凭票用餐，食油、禽、蛋、肉等严格限量供应。城里人每人每月基本配备是粮食 24 斤、4 两菜油、半斤肉。猪肉价格都是政府规定好的，只能拿肉票去国营商店这个"正规渠道"买，虽然只有几毛钱，但不容易买到，只有大厂矿或者干部才能经常弄到肉票，几毛钱就可以从国营供销社、食品店买到肉，而在黑市上也有私人商户出售的猪肉，价格要高好几倍。那时候公务宴、国营企业等拿工资的人可以一周吃一两次肉，农民还是到年底才能吃肉。

1984—1992 年，城市经济实行双轨制，既可以使用粮票、肉票，又放开部分商品经济。当时猪肉按票购买每斤 8 毛，黑市 1.5 ~ 3 块，高峰期达到 5 块。这时候养猪和种粮是农民的主要收入来源，修房、娶亲都靠这方面的买卖，所以很多农民自己养几头猪都卖给商贩。这以后随着改革开放，猪肉价格才放开，人们可以自由地买卖猪肉了。

牛：

牛排给人的错觉

在不少中国人印象中欧美人爱吃牛排，而且好像自古以来如此。这是影视剧给人的错觉。实际上，欧洲和美国大多数人能常吃牛肉的日子也就一两百年的历史。

例如在英国，14世纪以前不列颠诸岛上的农民与中国农民一样，主要吃谷物食品，吃又粗又黑的面包、大麦糊糊之类碳水化合物，还有简单酿制的淡啤酒和少量豌豆、巢菜、蚕豆、洋葱头等，偶尔才吃吃鸡肉、腌猪肉、香肠和奶酪。在肉产品消费中，首推猪肉，其次是牛排和羊排，牛羊通常在不能提供拉力、牛奶和羊毛之后才被宰杀摆上餐桌。进入15世纪，随着经济的发展，英国农民吃的肉食才逐渐增加，品种也逐渐丰富起来。肉类、家禽和蛋类越来越多地被摆上了农民的餐桌。到18世纪中叶，英格兰农民每天都能吃足够的白面包及腌猪肉、牛奶和茶。在星期天，人们通常会吃鲜猪肉。到了19世纪，英国人才可以常常吃牛肉，美国也是如此，19世纪城市消费和养殖业大发展以后人们才常常吃牛肉。

《女子在牲口棚挤奶》　油画　杰拉德·特·博尔奇（Gerard ter Borch）　1652—1654

洛杉矶盖蒂博物馆

在中国，常见的家畜包括黄牛、水牛和主要由藏族饲养的牦牛。黄牛的数量最多，分为普通牛和瘤牛两个种。普通牛约在一万一千年前在新月沃土首先被驯化，传入欧洲中北部、意大利半岛后，当地人曾用它与当地野牛杂交或者把当地野牛驯化成牲畜，七千年前已经传到爱尔兰地区。新月沃地的牛约在 5000 年前随着部落迁徙或者草原之路的贸易传入中亚、中国西北部，瘤牛则是七千五百年前在印度河河谷地区被驯化后传播到东南亚、中国南部，普通牛和瘤牛的杂交品种则长期在河南等中原地区繁殖发展。

在南亚、东南亚、中国华南地区，常见的水牛比黄牛更适合在水网密集、气候潮热的地区生活，是这些地区的主要农用动力之一以及肉、皮、奶制品生产的重要来源。近年分子生物学家研究推测，可能是五千年前印度次大陆的部落率先把亚洲野水牛驯化成为江河型水牛，稍后中国长江流域或华南的部落把野水牛率先驯化成沼泽型水牛，然后传到台湾地区、菲律宾等地，并在泰国与印度等地将传入的江河型水牛杂交出东南亚沼泽型水牛。有意思的是，东亚、东南亚的沼泽型水牛日均产奶量只有约 2 公斤，南亚的江河型水牛日均产奶则可达 6 公斤，这似乎是两个地区对于奶制品需求不同而出现的分化，而近代培育出来的专门产奶的荷兰黑白奶牛（欧洲黄牛品种）的日产奶量可达 10 公斤以上。另外非洲人也把当地的野牛驯化成非洲水牛，并在公元 5 至 7 世纪之间传入意大利等地，形成了地中海类水牛，至今意大利人还用这种水牛的奶制作马苏里奶酪。

家养牦牛是中国古羌人（即现代藏族人的祖先）在距今大约 5000—10000 年前由野牦牛驯化而来的。野牦牛曾在欧亚大陆广泛存在，在晚更新世还曾跨越白令海峡陆桥进入美洲，至今还在美国有大量野牦牛存在，具有庞大的体形和厚重的长毛。藏族先民把它驯化为家畜，既当作运输和劳作工具，也是奶、肉、毛、角等的主要来源。

无论黄牛还是水牛，在农耕时代都是重要的生产资料，人们轻易不会宰杀牛吃肉。只有重大祭祀仪式、节庆宴会上，王室诸侯才有资格杀牛祭神和吃肉。周代的祭祀礼仪规定，"天子九鼎，诸侯七、大夫五、元士三"，一般来说，天子九鼎，第一鼎盛纯色牛的牛肉羹，称"太牢"；另外八个鼎分别盛羊、豕（猪）、鱼、脂、肠胃、肪、鲜鱼、鲜腊；诸侯用七鼎，也称"大牢"，减少鲜鱼、鲜腊二味，只能吃杂色的肥牛；卿大夫用五鼎，称"少牢"，鼎盛羊、豕、鱼、腊、肤；士用三鼎，盛豕、鱼、腊，也有只用一鼎盛猪肉的。当然，处理得当的牛肉是美味，战国时的楚人屈原曾在《楚辞·招魂》中感叹肥牛的蹄筋又软又香，"肥牛之腱，臑若芳些"。

汉代以后多个朝代严禁杀牛，尤其是年轻健壮的牛，汉律甚至规定"犯禁者诛"；唐宋时期，牛不管老弱病残都在禁杀之列，只有老死、病死的牛可以剥皮售卖或者自己吃用。所以从汉代到宋代都很少见到吃牛肉的记载，估计大家都是默不作声偷偷吃而已。敢公开吃牛肉的都是权贵，如三国时的魏国皇室成员曹植在《箜篌引》中写到，"中厨办丰膳，烹羊宰肥牛"。

当然，有吃牛羊肉传统的北方游牧部族并无这种禁忌，比如北魏时期《齐民要术》中所记述的"捧炙"就是北方游牧民族的吃法。选用牛脊肉或小牛的脚肉为原料边烤边食，在肉色刚从红色变白时就用刀割下来吃，剩下的继续烤，以肉质鲜嫩、"含浆滑美"著称，"若四面俱熟然后割，则涩恶不中食也"（《炙法第八十》）。

唐代高官韦巨源在唐中宗景龙三年（709）官拜尚书左仆射时，为敬奉中宗而举办的"烧尾宴"中有一道菜"五牲盘"可能用到了牛肉，据推测是用羊、猪、牛、熊、鹿这五种动物肉细切成丝，直接生吃或者稍加腌制后生吃，算是一种"脍"。

元代时，因为蒙古人是游牧部族，他们不忌讳也不禁止吃牛肉，乌思慧所著的《饮膳正要》中就介绍了牛肉、牛髓、牛酥、牛酪、牛乳腐之类的滋补吃食。尤其是回族，更是经常吃牛羊肉，凡是回族聚集的地方都会有相应的熟食店或

《五牛图卷》　纸本设色　韩滉　五代　故宫博物院

者餐馆出售牛肉或相关菜肴。元末人施耐庵写的《水浒传》中多处提到人们吃熟牛肉下酒，武松被发配途中在孙二娘的店里也曾吃"牛肉"。尽管当时朝廷对吃牛肉的管制放松了，可是大部分人可能并不常吃牛肉，只有这类"法外之徒"才会如此明目张胆地大口喝酒、大块吃牛肉，显示了对社会传统习俗的偏离和不屑一顾。

等到了明代，政府又恢复了禁止吃牛的法规，如《金瓶梅》这样爱写吃喝场景的书里就没有出现过牛肉一词。可个别地方还是保留着吃牛肉的习俗，如山西平遥及附近地方养牛耕地的人很多，老牛和病死、意外亡故的牛或许也不少，在明代就有人通过腌制、卤煮等方式加工牛肉，清朝嘉庆年间，有个叫雷全宁的人在文庙街开设了"兴盛雷"屠宰场，把老牛肉盐腌后再煮熟，加工成"五香牛肉"，方便保存和随时取用。随着平遥金融业和晋商的发达，他们爱吃的腌制牛肉也随着商路传到北方很多大城市，20 世纪 30 年代已远销北京、天津、西安等地。一度还有地方官员看不惯当地人杀牛吃肉，光绪八年的《平遥县志》中记载道：同治三年，平遥知县王佩钰曾"严行禁革"，但这时候民间的商业力量已经大为发展，禁令并没有阻止平遥牛肉加工产业的兴盛。

清代满人入主中原后也不禁止人们吃牛肉。如顺治、康熙年间，宣武门一带有个姓宛的回民推车在街上叫卖牛羊肉，他的儿子后来在车上安置了烤肉炙子，卖起了烤牛肉，孙子辈用积累的银钱购置铺面，于清康熙二十五年（1686）开了"烤肉宛"，经营烤牛肉和牛羊肉包子，算是北京至今还存在名号的历史最悠久的餐馆之一。估计当时牛街等回族聚集的地方有不少卖牛羊肉的店铺，如月盛斋等。

几乎同时也诞生了牛肉面这种如今极为流行的中式快餐食品。据史料记载，河南省怀庆府（今河南博爱县）在清代已经出现"清化小车牛肉老汤面"这种吃食，估计也和回民有关。所谓老汤，就是把上一次煮牛肉时煮成胶状的肉冻、油脂等保存下来，加入新煮的一锅牛肉，增加汤的油脂和味道浓郁程度。嘉庆年间（1799年），东乡族回民马六七从清化陈维精处学成这种做法，到兰州开设面馆，逐渐出现了各种小面馆和走街串巷的热锅牛肉面摊。

考虑到吃辣椒是清末才在西北流行起来，牛肉面中加入油泼辣椒这种做法估计也是比较晚出现的，那以后形成了以"一清（汤）、二白（萝卜）、三红（辣子）、四绿（香菜蒜苗）、五黄（面条黄亮）"为特色的面食。在西北，这种面食开始主

要是回族聚集区的人在吃，20世纪90年代以后才流行于南北各地，属于价格便宜而风味突出的中式快餐。这种面的出名还在于极富有表演色彩，拉面师傅用手把面团扯开，拉成各种形状让人眼花缭乱，有宽达二指的"大宽"、宽二指的"二宽"、形如草叶的"韭叶"、细如丝线的"一窝丝"、呈三棱条状的"荞麦棱"等，可随爱好自行选择。

台湾地区流行的"红烧牛肉面"也有故事可说，这是1949年后移居台北的外省人的创造。有人考证说原本台湾不流行吃牛肉，也不产小麦面，估计是1949年后来自巴蜀的外省人为了补贴生计开饭馆，四川小吃中有所谓的"小碗红汤牛肉"，是把大块牛肉入沸水锅，氽去血水后投入旺火锅中煮沸，再用文火煮至将熟，捞起切小块，然后将郫县豆瓣剁茸，入油锅煸酥、去其渣、成红油，以清溪花椒与八角等捆成香料包，与葱姜入牛肉汤锅中，微火慢熬成红亮的麻辣汤汁，牛肉也浓郁鲜香。

《老子骑牛图》 纸本设色 249×55cm
北宋，晁补之
台北故宫博物院

同时，当时美国援助了大量面粉、牛肉罐头，就有川籍老兵及其家眷尝试把这种牛肉切成块，用类似炒豆瓣的方法煮汤，再加上番茄等调味，把煮好的面放入里面做成了一碗可口又便利的牛肉面，也叫川味牛肉面，1960年后在各地流传开了。后来有个叫作李北祺的台湾人移居美国后，在加州经营牛肉面中式快餐、开连锁店，后来还开到了中国内地，就是大家常见的"李先生加州牛肉面"。台湾的公司康师傅等推出的方便面中也有一款红烧牛肉面。

有意思的是，在"红烧牛肉面"传入台湾的同时，山东回民也把当地的清炖牛肉面传入了台北等地。把黄牛肉煮熟后切块加入热乎乎的面、汤合吃，但是却没有像红烧牛肉面那样流行。这里面对辣椒的使用值得关注，"辣"这种让人感到灼痛的感觉在兰州拉面、四川风味牛肉面的传播中发挥了重要的作用。

在西亚，当地人最早养牛，也把牛肉当作主要的肉食。据记载，亚述国王纳西拔二世（Ashurnasirpal II，公元前883—公元前859年）修葺王宫后大开宴席，邀请近七万个客人前来参加持续十天之久的盛宴，消耗了一千头肥牛、一万四千只绵羊、一千只羔羊、几百只鹿、两万只鸽子、一万条鱼、一万只沙漠鼠以及一万只鸡蛋①。古代印度人最早也吃牛肉，如《摩诃婆罗多》中记载，婆罗门曾享受牛肉大餐，公元1世纪以后印度教才完全禁止吃牛肉，或许因为牛是他们重要的劳动工具和牛奶的来源，而且印度传统医学也认为牛肉性"热"，难以消化。

在古希腊、罗马时代，牛用于拉车、产奶，牛奶还可用来做奶酪，牛皮还可以用来制鞋。荷马史诗《奥德赛》记载当时向女神献祭举办的宴会上要宰杀小母牛，国王要一边把肉放在柴火上烤，一边在火上浇洒红葡萄酒，据说这样味道最为鲜美。罗马人就像汉朝一样注重牛耕的生产作用，严格限制宰杀耕牛，所以在意大利地区食用牛肉并不如猪肉那样普及，而且多数牛肉都来自丧失劳动能力的老牛，

---

① 菲利普·费尔南多-阿梅斯托. 文明的口味 [M]. 广州：新世纪出版社，2013：126-127.

坚硬难嚼，必须煮很长时间才可食用，菜谱上记载的烤、煮牛肉的条目只有几个，似乎用牛肉制作的香肠更为常见。不过，像莱茵兰这样的中欧地区的行省中人们不养猪，吃的主要应该是羊肉、牛肉。

吃牛肉的日耳曼蛮族从东北而来，瓦解了西罗马帝国后建立了大大小小的国家和城邦。因为是游牧部落，他们对吃牛倒没有什么顾忌，只是饲养牛需要牧场和大量饲料，养的并不多，而且牛也主要用来产奶和劳作，只有年老或病死的牛才会被宰杀食用。相比之下，吃猪肉、羊肉的人更多，尤其是猪肉，因为养猪更为容易，多数人都把猪肉当作主要肉食。

中世纪的时候肉食的价格通常是面包的四倍多，能经常吃牛肉的是权贵和骑士等人群，他们相信食物的特质和人的特质类似，吃肉尤其是吃牛肉可以保持战士勇猛的品质，带血丝的半熟牛排那时候是西欧、中欧男性追捧的美食。莎士比亚的剧作《亨利五世》中把英国战士吃牛肉的豪爽和作战的勇敢相提并论，不过那时候只有贵族、骑士才能吃得起，普通英国人吃的主要是鱼肉。而亚平宁半岛的诸城邦还坚持古罗马人的传统，他们并不爱吃牛肉，一度还认为牛肉是下层穷人的食物。

中世纪末文艺复兴时代，吃小牛肉成为意大利权贵、富豪的时尚。15 世纪早期，意大利医生萨索利（Lorenzo Sassoli）曾建议他的富豪病人尽量多吃斑鸠和小牛肉，认为对病人来说它们最为营养、健康。但是文艺复兴时期的厨师普拉蒂纳却反对吃牛肉，认为牛肉"对厨师和你的胃而言都太硬了"，牛肉提供的营养"使人恶心、忧郁，易受惊扰"，"会招致湿疹、鳞癣等疾病"，这是他用古希腊、古罗马的养生理论研究的"成果"。

改变欧洲人饮食结构的一件大事是 14 世纪后欧洲暴发的大规模黑死病，估计约占欧洲总人口三分之一的人死亡，大量农地荒废，幸存下来的人用了更多土地、饲料饲养家畜，人们的消费能力也有所提高，肉类、蛋和奶才开始在民间流行起来，

《两只牛拉着钩形犁犁地的木俑》 木雕彩绘
20×49.8×19.4cm
公元前 1981—公元前 1885 年
埃及出土
纽约大都会博物馆

《梅克特墓里的牛俑》 木材、石膏、油彩
牛高 18cm
公元前 1981—公元前 1975 年
埃及底比斯梅克特墓

《酿酒商、面包师和屠夫的丧葬俑》 木材、石膏、油彩
公元前 2030—公元前 1640 年
埃及中部哈沙巴出土
纽约大都会博物馆

牛在古埃及广泛用于耕地、拉车、产奶和吃肉，所以在埃及墓室中也经常出土有关的壁画、石刻、丧葬器物，如
在埃及法老的首席管家梅克特墓里出土的器物呈现了一个牛圈中四头牛正在吃东西，另一边还有人在给两头牛喂
食，这可能是专供法老吃的肥牛。

城镇平民也越来越多地购买肉食。尤其像英国这样率先工业化的国家，人们在 18 世纪就常吃牛肉了。

16 世纪以后，欧洲移民最初踏上北美大陆时发现当地有着数量惊人的野牛，仅在得克萨斯就有超过 500 万头野牛。因此当 18、19 世纪西部大开发的时候，许多人前往西部建立牧场、淘金，那时候还有一大产业就是捕猎野牛，有些牛仔按固定的路线将大群野牛赶到屠宰场，还有些牛仔则直接猎杀野牛，传奇人物"野牛比尔"据说在 8 个月内杀死 4260 头野牛。吃光了野牛，空出了地方，养殖奶牛、肉牛的农场越来越多，美洲的大片农田提供了充足的饲料，广阔的土地便于放牧，于是养殖牛群的规模快速扩大。

在远离欧洲的阿根廷、澳大利亚和美洲得克萨斯，尽管牛群越来越大，可由于最初没有保鲜技术，牛肉像猪肉那样腌制后又太干硬，所以很多为了获得牛皮而被屠宰的牛被剥皮以后，人们任其自然腐烂。让牛肉成为欧美人主要肉食的历史性变革出现在 19 世纪的美洲，乔治·哈蒙德采用加冰块的冷藏车用火车运输牛肉才极大促进了牛肉市场的发展，然后又利用汽船远销，这些大规模养殖、屠宰的牛肉价格要比欧美城镇本地屠户出售的新鲜牛肉价格低，越来越有竞争力，人们可以用越来越便宜的价格吃到牛排、牛腩，19 世纪末的时候这成为欧洲人的日常餐饮[①]。

让牛肉可以大规模远销至欧洲是因为工业化和贸易的发展，铁路跨越内陆，汽船沟通欧美，水果、蔬菜、冷冻肉类开始在欧美流动，形成了越来越国际化、工业化的食品供需网络。以前的肉铺都是现切各部位的肉卖给顾客，而现在整只牛会被高效率地屠宰，剖开、切割、分成不同部位后冷藏或者制作成罐头运送到远方的各个城镇。大规模的养殖、种植让价格也变得更为便宜，足以满足越来越

---

① 杰弗里·M.皮尔彻. 世界历史上的食物 [M]. 北京：商务印书馆，2015：68.

《肉铺与圣家施舍》 油画 彼得·阿尔岑（Pieter Aertsen） 1551 年 北卡罗来纳艺术博物馆

这类绘画常常把丰盛的食物静物和宗教故事场景结合起来，表达在享乐中也要反省的思想。

多城市人的需求。消费者与所吃食物的产地之间的距离越来越遥远，人们开始通过各种品牌、政府规定的质量标注等来定义食物的品质、安全性。

那时候也出现了各种牛肉制成的熟食，最易保存的当然是牛肉罐头，许多厂家采用机器设备流水线制作，到"二战"前美国工厂从杀死一头牛到制作出牛肉罐头，仅仅需要不到 30 分钟的时间，这曾是美国军队的重要补给食物，后来牛肉不够吃，就大量供应猪肉、淀粉混合的午餐肉罐头。他们的对手日本军队也是如此，开始给军队装备的是高质量的牛肉罐头，后来物资越来越匮乏，只好用牛血和杂粮混合制成所谓的"牛肉罐头"，据说吃起来"像甘蔗渣"一样难以下咽。

19世纪末20世纪，亚洲等地的人把吃牛肉当作西方生活方式的标志，并出现了号召吃西式牛排的风气。最典型的是日本，当代美食家常常夸赞日本的"和牛"味道之美，实际上日本之前没有吃牛肉的风气。公元675年天武天皇在位时，为了保护农耕曾下诏每年四月初到九月底禁止食用牛、马、犬、猿、鸡等肉类。13世纪以后，日本佛教不杀生的信仰逐渐影响了社会，信徒们多不吃四条腿的兽类，比较喜欢吃的是鱼类、禽类。执政的第五代幕府将军德川纲吉是历史上有名的爱狗人，号称"狗将军"，他厌恶当时吃狗肉的风气，于1687年颁布《生类怜悯令》，严禁杀生，所以当时吃牛肉都要偷偷摸摸地，江户时代近江国（现在的滋贺县）的彦根藩曾以"养生药"的名义把当地的牛做成味噌渍牛肉和牛肉干销售和进贡。虽然禁令在1709年就被废除了，但是日本还是没有什么人吃牛肉。

日本开始大吃牛肉是受到西方文化的影响。西方商队的"黑船"打开日本贸易门户后十年，1863年在长崎出现了日本最早的西餐馆"良林亭"，之后英国商人在神户设立了日本第一家牛肉店，1872年第一家日本人经营的食用肉屠宰市场"鸟兽卖入商社"成立，日本人才开始正大光明地买牛肉吃，最初的消费者主要都是欧美商人、传教士。

1868年幕府被推翻，天皇重新掌权，开始了明治维新的欧化改革。1872年，日本宣布为了增强国民体质废除肉食禁令，明治天皇为推动学习西方维新自强，多次在国人面前示范吃牛排以移风易俗，尽管他本人对牛排并不是特别钟爱。吃牛肉成了欧化、进步的标志，传统饮食文化受到了冲击。此后西餐厅纷纷开业，东京有了近1500家西餐店，"和洋折中"这个词开始流行，出现了西餐料理搭配米饭、使用筷子的做法，日式炸猪排、寿喜烧等也被发明出来。

日本人按照他们细致而较真的精神开始讲究牛的养殖，把山口县的见岛和鹿儿岛县的口之岛上的四种牛当作所谓的"纯种日本牛"——"和牛"——进行精心饲养，用于刺身、寿司、生拌、炭火烤、铁板烧等烹饪方式，以肉质细腻、油脂平缓著称。其实日本列岛的牛是在绳文时代晚期（约公元前 500 年）至弥生年代（约公元前 300—公元 300 年）传自东亚大陆，据 DNA 分析，占"和牛"总量 90% 以上的黑色和牛与中国青海黄牛有着共同的祖先。其他红毛和牛、无角和牛及日本短角和牛则是更早前从亚洲大陆传入的。

因为和牛采用了精细化、高成本养殖，价格昂贵，日本平民都很少吃，每年的产量也只有几十吨，仅有少量出口。后来澳大利亚有农场主引入日本和牛饲养，反过来也向很多国家出口澳洲产的"和牛"，价格要比日本本土的低一些。当然，澳洲规模更大的是普通奶牛的养殖，它是全球最主要的牛奶、牛肉产地和出口国之一。

生吃牛肉的不仅有日本人，意大利人也有一道前菜是生吃牛肉片，叫"卡尔帕乔"（Carpaccio），切得很薄的牛肉薄片，配橄榄油、海盐、黑胡椒和柠檬汁调味，有的餐馆也会用蒜茸、胡椒粒等浸没腌制后再稍加冷冻切片。据说这是 20 世纪 50 年代威尼斯哈瑞餐厅（Harry's Bar）创制的，当时有位伯爵夫人听从医生建议需要吃点生肉，餐馆老板便想出这道菜式，并联想到 15 世纪威尼斯画派大师维托雷·卡尔帕乔（Vittore Carpaccio）喜欢画的那种典雅的红色，就以画家之名让这道菜沾染上一丝悠远的文化气息。

羊：

羊肉串的前世今生

　　羊肉串可能是中国各地最常见的羊肉吃法，20世纪90年代的时候各地似乎都出现了新疆商贩独特的"羊肉串、羊肉串、新疆羊肉串"的吆喝声，我小学时代曾经对此非常着迷，不仅仅是因为羊肉的美味，还乐于欣赏他们眼疾手快一边翻烤、撒调料，一边还要用扇子掌握火候，显得非常灵巧和欢乐。从小时候一串才一毛钱，然后逐渐变成两毛、五毛、一块、两块……

　　烤肉串并不是现代才有的。山东临沂市五里堡村出土的一座1800年前的东汉晚期残墓中有两方刻有烤牛羊肉的画像石。第一方画像石上刻有四组男女人物共11人，分坐在床几之上享受宴席，下格是描绘烤牛肉过程的庖厨图：左边吊挂着一条蹄足可见的牛腿，右边紧挨着挂着一块肉，再往右是一位戴高冠、长胡子、着花边衣领长袍的男子蹲坐着，左手持的两根叉状物上有两串珠状牛肉粒正在三足铁鼎上烤，鼎右侧还站着戴小帽、着长袍的年轻人，左手扶鼎、右手持扇煽火。后面有一圆形案板，长方形物上面还有切好

《静物》（羊羔腿） 油画

让－西梅翁·夏尔丹（Jean-Siméon Chardin） 1730 年 休斯敦美术馆

《赤陶船形器》（中间为公羊头、左侧为鹿头）
赤陶彩釉　高 14cm
公元前 1725—公元前 1600 年
塞浦路斯出土 纽约大都会博物馆

《羊形铜镇》铜铸　汉代
公元前 206—公元 220 年
台北故宫博物院

的牛肉块。再向右，有一头戴纱帽、长胡子、穿长裙的男子左手执长刀正剖切一块肉，他右边的三足桶形器里正煮着一块羊头，再往右是位戴高冠、长胡子的男子，右手执长刀剖鲤鱼。第二块画像石上也有一男子左手持两串肉在三足鼎上烤，右手拿扇煽火，后面悬挂着动物的腿、羊牛的头以及剖开的羊、鸟。大概当时人已经常吃各种烤牛肉串、羊肉串了。

将绵羊、山羊当食物是挺早的事情。绵羊是人类最早驯化成功的动物之一，为人类社会提供了肉、奶、羊毛纤维等补给，扮演着农业、经济、文化，甚至是宗教的角色。有多个绵羊驯化中心，最早可能是在距今一万年前西亚的新月沃地，

《上帝的羔羊》 油画
弗朗西斯科·德·苏巴朗（Francisco de Zurbarán）

先民把当地的摩弗伦羊——至今还在土耳其和伊朗西部有部分存活——驯化成为后来横跨旧大陆的欧亚品系绵羊，也把当地的捻角山羊或者其他的野生山羊驯化成了家养山羊。

在伊朗高原上的阿萨巴，出土过距今约一万年的驯化羊的遗骨，然后随着部落迁徙，绵羊传播到中欧和哈萨克斯坦等地，传入欧洲以后与当地驯化的绵羊杂交，诞生了欧洲品系绵羊。中东的欧亚品系绵羊随着部落迁徙等因素约在四五千年前传入东亚，先后与境内的三种野羊或本地驯化的绵羊杂交出现了三个支系。

四千年前的甘肃天水市赵村遗址、青海民和核桃庄墓葬都出土了家羊遗骨，让人联想到古书上说的周族祖先是古羌人，羌人就是以羊作为族徽或以善于牧羊著称，他们是从青海、甘肃过来的西来游牧部落，或者受到西来游牧文明的深刻影响，把麦子、羊等传入了中原。羊对这些游牧、半游牧的部族极为重要，也被赋予了宗教意义和美好的含义，直到今天仍然能够从汉字中看到这种痕迹，如吉祥的"祥"、新鲜的"鲜"、美丽的"美"、善良的"善"均与羊有关。

西周时期，羊已是常见的六畜之一，也是贵族的美食。汉代以前做羊肉的方法主要就是《礼记》中记载的做法，"熬"是指烘烤的牛羊肉脯，"捣珍"是牛、羊、鹿的里脊肉混合制成的肉脯，"渍"则是以酒腌制的牛肉和羊肉，"炮"可以烤羊羔，也可以煮或者用泥裹后烤着吃。

春秋战国时，吃羊羹是件大事，《战国策》上一则故事说道，中山君手下的大夫司马子期，就因为没吃到中山君赐的羊羹而一怒投奔楚国，极力说服楚王讨伐中山君，导致中山君"以一杯羹致亡国"。刘向的《说苑》中也提及，宋国与郑国两军对垒，战前宋国将领华元杀羊做羊羹犒劳将士，结果轮到给华元驾车的羊斟时没有了羹，让他无比恼怒。开始作战时羊斟就说"当时宴会上你说了算，现在上阵了我说了算"，负气把华元的战车驰入郑营做了敌军的俘虏，宋军因此大败。

羊肉真正从上层流行到下层要到魏晋南北朝，这一时期北方草原游牧部落先后南下，建立了多个政权统治华北、中原，他们把吃羊肉、羊奶、奶酪的习俗带到中原。早在西晋时代已见端倪，西晋潘岳的《闲居赋》中就有"灌园粥蔬，供朝夕之膳；牧羊酤酪，俟伏腊之费"，可见此时羊肉、乳酪已是中原上层人士的常食。后来吴地名士陆机、陆云兄弟到西晋首府洛阳拜会侍中王济的时候，后者曾指着羊酪问陆机："吴中有如此美味吗？"陆机回答："家乡千里湖所产的莼羹不必放盐豉就可与羊酪媲美。"

150 年后，北魏人贾思勰写的《齐民要术》更把羊作为北方人最爱吃的肉类，所载含有动物原料的 121 种食品或菜肴中，以羊为主料或配料的有 39 种，约占

1/3，居各种肉类原料的首位，同时还介绍了做酪法、做干酪法、做漉酪法、做马酪酵法、抨酪法等奶制品做法。当时有人把羊肉切成细条生吃，也可以做肉酱、腊脯、烤炙、蒸焦、羹脯的主要原料，羊肝、羊肺、羊排、羊蹄、羊肠、羊百叶、羊血也用于制作菜肴，还可以把羊大肠洗净后灌以羊血及其他作料制成血肠，羊肉还是制作烧饼、细环饼、鸭臛、鳖臛、焦瓜瓠、焦菌等的重要配料，羊乳、羊脂、羊髓、羊骨汤也都有人食用。还有一种特殊的烧烤，把刚一岁的羊羔的肉、羊脂生切成细丝，加入各种调料搅拌，然后用洗干净的羊肚包裹起来缝好，放在热火坑中覆盖上热灰，上面再烧明火，煮一顿饭的时间就能熟透，"香美异常"。

唐代羊肉依旧流行，高官韦巨源在升职后请皇帝唐中宗吃的"烧尾宴"上有几道菜都出现了羊肉，尤其是各种下水，如叫"升平炙"的菜烤制了三百条羊舌、鹿舌，菜名寓意当朝为升平盛世；"通花软牛肠"是用羊骨髓与牛肉搅拌在一起做成的香肠；羊皮花丝，即细切的羊肚丝；逡巡酱是用鱼肉、羊肉制作的酱；五牲盘，即羊、猪、牛、熊、鹿五种肉的拼盘；格食，即用羊肉、羊肠拌豆粉煎制而成；蕃体间缕宝相肝是装成宝相花的七层冷肝拼盘。唐代之前，羊和鹿的舌头如同下水，一般不登大雅之堂。唐初饮食文化发生了一次重大变革，著名医药家孙思邈提出"以脏补器""以形补体"的"吃啥补啥"理论，影响至深。不仅过去受重视的心、肝等内脏继续流行，肠、胃、肾、脾、舌等过去被忽视的部分也开始大量被做成美食进入宴会。吃羊舌，估计有让食客能言善辩的寓意，满座一起恭维"四海升平"吧。

还有胡人传来的烤羊腿也曾流行。据《次柳氏旧闻》记载，有一次唐玄宗和太子李亨吃饭，御膳房准备了一只"羊臂臑"和一盘胡饼，李亨拿刀子割羊腿上的肉时沾了一手羊油，他顺手用胡饼将手上的油抹掉并泰然自若把这块胡饼吃了，这种不浪费吃食的行为让他的父亲感到满意。

北宋建立以后，北方适宜养羊的地区多被辽、金、西夏政权占据，以至于羊成了边境贸易中北方诸国的战略物资——羊肉不仅可以吃，羊皮还能制作军队的营帐和官兵的衣服，所以严格控制卖给宋国的羊的数量。内蒙古自治区契丹墓葬中出土过一幅壁画，描绘三名契丹人身处穹庐之中，围着火锅席地而坐涮食羊肉，是最原始的"涮羊肉"吃法。

羊肉在宋代是上上下下的主要肉食。《东京梦华录》中记载道，首都开封饭馆中出售乳炊羊、羊闹厅、羊角、羊腰子、虚汁垂丝羊头、入炉羊头、羊脚子、点羊头、软羊诸色包子、猪羊荷包等各种羊肉食品50多种。宫廷中的羊肉消费量也巨大，宋真宗时御厨每天宰羊350只，仁宗时每天要宰280只羊，英宗朝减少到每天40只，到神宗时御厨一年消耗的羊肉达43万4463斤4两，而猪肉只用掉4131斤。宋朝皇室以文治著称，皇帝多宽厚仁慈，与羊的温顺安静有类似之处，所以宰相吕大防曾对宋哲宗说："大宋能维持一百多年的国泰民安，就是因为皇家只吃羊肉。"

官僚士大夫也崇尚吃羊肉，如蒲宗孟家族是个有上百口人的大家族，一天要吃十几只羊，一年共需四千多只。好吃喝的大名士苏轼仕途坎坷，被贬官到偏僻荒凉的广东惠州时苦中作乐，研究起吃吃喝喝来。惠州城的集市每日只杀一只羊卖，苏轼没钱没势，无法与当地权贵争好的羊肉，就让杀羊的人给自己留下没人要的羊脊骨，取回家后将羊脊骨煮透，浇上酒、撒上盐，用火烘烤，等待骨肉微焦便可食用。苏轼时常吃这样的羊脊骨，自称美味如海鲜，可有一点不好，他把骨头上的肉吃光，让围绕在身边的几只狗都没什么可啃的了。苏轼吃的羊脊骨在清代时候的北京、内蒙古等地被称为"羊蝎子"，因为整条羊脊骨的形状像张牙舞爪的蝎子，是穷人才吃的边角料。20世纪90年代火锅流行以后，炖羊蝎子也随之火爆起来，羊蝎子可以单独吃，也可以和火锅结合，后来还从北京传到了大江南北。

当然，领官俸的苏轼偶尔也能吃到大块羊肉，还发现杏仁茶和羊肉同煮口感更佳，羊肉和核桃合煮能消除羊肉的膻腥之味——其实用杏仁、核桃等调味在阿拉伯饮食中常见，北宋出现这种做法说不定与当时活跃的阿拉伯商人有点关系。苏轼是当时的著名文人和书法家，他的朋友韩宗儒家里穷，为吃羊肉时常卖苏轼写给自己的信件手稿换肉吃，因此他不断给苏轼写信，这样就能得到更多回信。南宋时候文人推崇苏轼的诗文，尤其四川更是如此，当地流行说"通熟苏轼的可以吃羊肉，不懂苏轼文章的人只能喝菜汤"。民间婚丧嫁娶、请客送礼、烧香还愿的时候羊肉是肉食中的大菜。宋朝的羊肉价格较贵，如平江府的羊肉每斤卖到900钱，而冬天的黄河鲤鱼每斤不到100钱，一顿普通有酒菜的饭才10钱，因为羊肉贵，平民百姓只能吃猪肉打牙祭。

　　到南宋时，中原权贵把吃羊肉的习俗也带到了临安。赵家皇帝依然爱吃羊肉，宫廷以羊肉为宴的记载见于多处史料。清河王张俊请高宗吃的宴席中有羊头菜羹、烧羊头、羊舌托胎羹、铺羊粉饭、烧羊、斩羊、羊舌签等，其中"羊舌签"是把羊舌头切成极小块熬成肉粥，用鸡蛋做卷包裹碎肉粥，类似蛋卷形状，这种"签"

《春郊牧羊图页》 绢本设色　李迪　南宋　纽约大都会博物馆

《三阳开泰》 纸本设色 朱瞻基 明代 台北故宫博物院

菜是南宋庖厨流行的做法。宋孝宗请他的老师胡铨吃的小宴上出现过"鼎煮羊肉""胡椒醋羊头""坑羊炮饭"等羊肉菜品。

民间以羊肉为原料的菜肴也丰富多彩，据《梦粱录》载，南宋临安（杭州）饮食店的羊肉菜肴有鹅排吹羊大骨、蒸软羊、鼎煮羊、羊四软、酒蒸羊、绣吹羊、五味杏酪羊、千里羊、羊杂、羊头元鱼、羊蹄笋、细抹羊生脍、改汁羊撺粉、细点羊头、大片羊粉、米脯羊、五辣醋羊、糟羊蹄、千里羊、灌肺羊、烤熟羊、旋煎羊白肠、批切羊头、虚汁垂丝羊头、入炉羊、乳炊羊肫、炖羊、闹厅羊、羊角、羊头签等，花样之多可以和汴梁比较，而且江南厨师用自己的精细心思对中原口味的羊肉菜品进行了一些改良融汇。

元明清定都北京，这里靠近草原，养羊的人多，吃羊肉的方法也不少。元代宫廷太医忽思慧所写的《饮膳正要》记录的食谱中，含有羊肉的菜占了80%，可见蒙古人最重视吃羊肉。清代宫廷不仅有满汉全席，还有招待伊斯兰贵客的"全羊席"，使用羊身上的各个部位制作上百菜肴，但所有的菜名中不出现"羊"字。清末官员陈恒庆在《谏书稀庵笔记》中记载道，北京人喜欢吃烤羊肉、炮羊肉（爆炒羊肉）、五香酱羊肉、烧羊肉、羊汤、白水煮羊膏、羊杂碎、羊肉包子等。

北京人熟悉的涮羊肉是契丹人、女真人等游牧部落早就有的吃法，游牧途中休息时把羊肉切薄用沸水稍煮即熟，有肉有汤又热乎，是一大方便，从此流传下来。大约在元末明初，经过改良的涮羊肉被引入清真菜，出现在饭馆里。嘉庆元年（1796），宣布退位的老皇帝乾隆帝最后一次举办千叟宴，使用了1950个火锅涮羊肉，此后民间羊肉馆推出这种做法，在冬季岁寒时最受欢迎。晚清民国时候的名餐馆"正阳楼"就是以涮羊肉、烤羊肉著称，《旧京竹枝词》曾感叹：

"烤涮羊肉正阳楼，沽饮三杯好浇愁。几代兴亡此楼在，谁为盗跖谁尼丘。"

西北地区处于游牧和农业的交界地带，养羊、吃羊的传统悠久，如宋代苏轼就有"陇馔有熊腊，秦烹唯羊羹"的诗句。

现在西安、兰州等地有名的小吃"羊肉泡馍"的起源众说纷纭。有人把它的历史追溯到谢讽的《食经》中记载的隋朝"细供没忽羊羹"，这应该是加入面粉、调料的羊肉羹。唐代长安流行胡食，各种烤馅饼、面饼传入中原，尤其是"安史之乱"中唐肃宗邀请"大食"军队帮助收复两京，胡人在长安"西市"定居，许多中亚来的胡兵行军打仗时常携带一种类似"馕"的面饼"饦尔木"（阿拉伯文为 Turml），日常也爱吃羊肉。后来"饦尔木"的制作方法也从胡人那里传播到市井，久之就形成了西安等地回族的主食之一"饦饦馍"，把干硬的"饦饦馍"撕碎泡进羊肉汤里吃或许那时就出现了。至今西亚还有酷似西安牛羊肉泡馍的食品，阿拉伯地区称之为"穆勒格"，伊朗地区称之为"阿卜古什"。

也有人考证说羊肉泡馍是元代才由阿拉伯传入西安，那时候蒙古人征服中亚、西亚，在西北等地的回族才逐渐形成新的社群，也带来了很多阿拉伯特色的饮食习惯，到明崇祯十七年（1644），西安出现了专营牛羊肉泡馍的"天赐楼"。相比西北、华北，南方养羊的人少，只有很少的地方讲究吃羊肉，如苏州藏书镇的羊肉、四川简阳的羊肉出名都是明清时代才有明确记载的。

羊肉在外国

在欧洲，吃羊肉的历史也很悠久，希腊人靠羊毛制品发财，还用山羊奶制作奶酪。内陆人能吃到的肉食一般是猪、山羊、绵羊、鸡和野兔，小羊、乳猪被视作特别的美味，公元前 3 世纪医生尼堪德记载的一种大餐是"把新宰杀的小山羊或羊羔还有鸡烧成菜时，先把一些新鲜的麦粒捣碎后放进一个深的平底锅中，再用芳香油搅拌。到这道菜烧熟后，把它倒在捣碎的小麦上，上面加一

《农场中的三只奶牛、三只绵羊、一只山羊和五只鸡》 油画
尤金·约瑟夫·维保盖文（Eugene Joseph Verboeckhoven） 19 世纪

个盖，因为在烹制这道油腻腻的菜时它会膨胀。然后，趁着菜还热乎，就跟面包一起端上桌"。①

希腊还有一道传统菜品"Kleftiko"被翻译成"土匪羊肉"，据说 15 世纪奥斯曼土耳其人征服希腊后，很多希腊人被迫上山，落草为寇，被称为山贼（Klephts），他们时常下山偷羊吃，为了尽可能不引人注目，他们就把羊肉放在火炕上用小火慢慢烘烤，这样可以少产生白烟，此后发展成餐馆中的大菜，现在一般是把羊肉用柠檬汁、大蒜腌泡后，配上橄榄油、洋葱、大蒜、土豆等在烤炉或者特制的窑

① 贡特尔·希斯菲尔德. 欧洲饮食文化史：从石器时代至今的饮食史 [M]. 桂林：广西师范大学出版社，2006：49.

中烧几个小时而成。

古罗马时代，欧洲人吃牛、羊比较普遍，吃猪肉的比较少。中世纪时，在大多数地方猪肉已经超越羊肉成了主要肉类。不过养羊、喝羊奶、吃羊肉一直是传统，而且他们比中国人更依赖羊毛纺织品，所以养羊多的地方往往也是毛纺业发展的重要地区，羊肉也比较普遍，多数做法都是煮或者烤。当时的人也和中国人一样不仅吃羊排、羊头，也吃羊的内脏。如苏格兰传统菜肴包括烧羊头和"哈吉斯肉馅羊肚香肠"（Haggis），后者是把羊的心、肺和肝脏等放血，煮得半熟以后切碎，加上燕麦和调味的洋葱、香料等混合在一起塞入羊肚中，缝合以后用小火慢炖，吃的时候通常搭配萝卜泥、土豆泥一起吃。

15世纪之后，因为毛纺业开始迅速发展，英国等地庄园主纷纷在所属土地上建立众多牧场和作坊，失地农民进入城市成为工人，这就是历史上的所谓"圈地运动"。而在诸如澳大利亚、新西兰这样地多人少的殖民地，出现了大规模的牧场，生产大量的羊毛和羊肉。

中东、中亚、印度等地人也非常爱吃羊肉。公元前5世纪的古希腊作家希罗多德（Herodotus）在两河流域旅行时注意到，当地有两种特别的"大尾羊"和"长尾羊"，大尾羊臃肿的尾巴竟然有45厘米那样宽，而长尾羊的尾巴至少有1.35米长，牧羊人为了避免它们的尾巴拖在地上造成擦伤，需要在每只羊尾巴下面安装一个木质小车，将尾巴绑在这种木制微型小车上。长尾羊后来被淘汰了，但是大尾羊一直在中东和北非存在到现在，尤其是大尾巴中丰富的油脂更是当地人珍视的烹饪用油。[①]

中世纪巴格达等地的宴席一般要上三只烤羊，里面填上用芝麻油炸过的碎肉，压碎的开心果、胡椒、生姜、丁香、乳香、芫荽、小豆蔻以及其他一些香料，羊

---

① 伊恩·克罗夫顿. 我们曾吃过一切 [M]. 北京：清华大学出版社，2017：10.

身上还应涂抹加了麝香的玫瑰水，盛放烤羊的盘子的空位中应该用五十只家禽、五十只小鸟填满，这些家禽和小鸟同样依次用鸡蛋或肉充填，并加上葡萄汁或柠檬汁放在油中炸熟。最后，整个盘子用酥皮包住，洒上大量的玫瑰水，并烧至呈现"玫瑰红"①。

烤羊肉串在阿拉伯各国常见，他们喜欢把羊腿和背脊上的瘦肉割下，切成拇指见方的块状，再加入胡椒、精盐、姜葱、大料等作料和食用油，串在长约一米的铁钎上，放入专门的烤炉中烤制，等肉色变得黄脆，吱吱往外冒油的时候就可以吃了。

另外还有一种发源于奥斯曼土耳其的烤肉片在西亚也很常见，通常是在特制的烤炉上方安装一个钢铁制的、可以转动的烤肉架，架子上串着一坨坨牛肉、鸡肉或羊肉慢慢转动，烤熟一层，烤肉师傅削去一层夹在面饼中递给客人，可以添加其他作料或蔬菜叶片，热乎乎地吃起来非常过瘾。

18世纪欧洲人去土耳其旅行时记录当地人在饭馆吃一种叫"卡巴"的烤肉，是将羊肉串到 L 形的串上，平放到炉子上慢慢旋转着架子烤熟，然后把羊肉削下来和米饭、牛油、青胡椒辣汁一起端上餐桌，今天这种吃法仍能在土耳其的一些地方见到，算是一道正菜或主食。到19世纪才出现了把铁架子竖起来烤的做法，直接吃或烤熟后割成片配饭吃均可。像三明治那样用面饼夹着烤肉片的吃法据说20世纪60年代才在伊斯坦布尔出现，之后随着土耳其劳工、移民进入德国等地，当时主要还是土耳其社区的人自己吃，后来德国人也开始尝试。据说1971年的时候，柏林一家土耳其烤肉店改良了做法，加入沙拉、酱料等迎合德国人的口味，后来发展成为德国流行的快餐食品。

---

① 菲利普·费尔南多-阿梅斯托. 文明的口味 [M]. 广州：新世纪出版社，2013：144.

驴：

平民食品之外的文人故事

中国人吃的驴肉不少，但是似乎吃驴皮做的"阿胶"的人更多。阿胶这种中药材因始产于东阿，故名阿胶，距今已有两千年的生产历史，最早载于《神农本草经》。阿胶最早是牛皮做的，唐宋以后才改为驴皮，原来牛皮做的也叫"黄明胶"。

最早是非洲北部的古人约在七千至九千年前把当地的努比亚野驴和索马里野驴的杂交品种驯化为家驴，相比牛，它可以让牧民更为快速地移动，也能帮助商人们走得更远，因此家驴就流行起来，从北非一路传播到西亚，六千年前已经传入西南亚，四千年前已经传入欧洲，希腊人把它传播到了地中海地区的意大利、西班牙和法国南部地区。在古埃及，驴子在长途贸易中发挥了重要作用，4500年前的一个富豪以拥有超过1000头驴子著称，它们也可以提供驴奶、驴肉等制品。

古罗马权贵曾经认为驴奶有去皱美白的作用，老普林尼在《自然史》中记载道，暴君尼禄的皇后波培娅每天用驴奶洗脸七次，还用驴奶坐浴，为此她旅行

《间谍祖巴带马西亚到塔瓦孜城》 水彩金粉

哈木兹之书插图 玛哈·穆罕默德（Mah Muhammad） 1570 年 纽约大都会博物馆

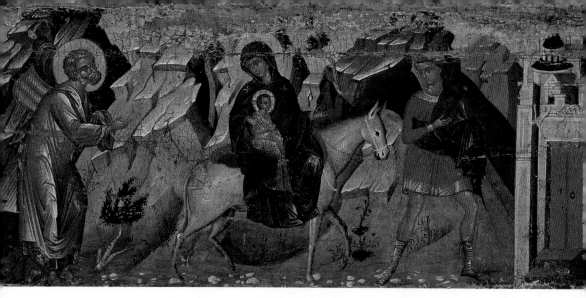

《进入圣城》 木板油画 28×62cm 1470—1499 雅典贝纳基博物馆

驴是中东地区常见的一种家畜，主要用于驮人或拉车运货，犹太人的《旧约》中多次提到驴，如约瑟的十个哥哥到埃及籴粮是用驴运输来的。这幅画描述耶稣和门徒走到耶路撒冷城外时，耶稣让门徒去村里给他牵来一头驴，他骑着驴进入耶路撒冷。

的时候有整队的母驴陪同以便挤奶，这带动了其他罗马女性纷纷使用驴奶。[①]

　　驴子以前在南欧的山区曾广泛使用，希腊人、意大利人使用的一些俗语中常常出现驴，比如以前意大利男人形容女人固执的一句话是，"女人、驴子、山羊都有头"。随着工业化的发展，现在南欧已经几乎看不到驴了，似乎只有意大利某些地方农场中偶然能见到驴子，意大利北部和西西里岛等地餐馆中还有驴肉做的菜出售，其中比较出名的传统菜式是焖炖驴肉，就是把大块的驴肉慢炖至少四小时，撒上洋葱、月桂叶、胡椒、番茄酱、红酒、橄榄油、盐等调味，西西里有一种驴肉香肠比较有名，还有一些餐馆出售驴肉馅的饺子、汉堡之类食品。

　　古代人们驮运物品、人员往来骑乘用的动物主要有马、牛、骡、骆驼、牦牛、大象等。马的使用最为广泛，是骑兵作战的基本配置，是古代重要的战略资源。而大象因为体形巨大具有象征意义，在热带地区常常是权贵骑乘的工具，个头小、

① 伊恩·克罗夫顿. 我们曾吃过一切 [M]. 北京：清华大学出版社，2017：19.

力气小、奔跑速度慢的驴子则是下里巴人骑乘的常用工具，不论是在东亚还是西亚，骑驴都被认为是低人一等的。古波斯祆教的经典《阿维斯塔》记载道，琐罗亚斯德教徒为人行医治病的报酬，从低往高依次是：为家庭主妇治病，报酬是一头毛驴；为村长之妻治病，报酬是一头牝牛；为城市长官夫人治病，报酬是一匹骡马；为王后治病，报酬是一峰雌骆驼。可见驴的价格最低。公元 6 世纪中后期萨珊波斯的将军韦赫里兹同也门国王迈斯鲁格对阵时，骑着大象的迈斯鲁格为表达对波斯军队的蔑视，居然先换乘马，然后又骑上了一头毛驴示威，可惜最后他被波斯军队击败丢了性命，迈斯鲁格也被韦赫里兹蔑称为"母驴的儿子"。

　　既然骑驴如此不堪，公然让有身份的人骑驴就成为一种象征性的惩罚，唐代曾前往印度求学的高僧释道宣记载道，南印度佛教徒之间辩论佛经理论，论辩失败者要受到"乘驴，屎瓶浇顶，公于众中，形心蛰伏，然后依投，永为皂隶"的惩罚。

　　驴在文化中的形象常常象征着愚笨而固执，荷马史诗和伊索寓言都是如

《骑驴的农民》水彩画
乔瓦尼·巴蒂斯塔·娄思睿（Giovanni Battista Lusieri）
1783—1787
纽约大都会博物馆

此描述驴子的。当然，驴在文化上也有正面的时候，据《圣经》中记载耶稣进入耶路撒冷就是骑着一头卑微的驴子，不少基督徒认为驴象征着服从、温顺和谦卑。

现代基因研究发现，家驴早在约四千年前就已经传入中国北方一些草原和山地[①]。战国时代，母驴与公马杂交所生的"駃騠"（马骡）被燕王、秦王视为宝物，公驴与母马所生的驴骡中毛色特殊的白騾也被视为珍稀宠物。有学者考证，战国时代文献如《仪礼》《山海经·西山经》与放马滩秦简《日书》中记载的"闾"或许指驴，或马和驴杂交所生的骡子。上述文献、故事反映出西部的秦、北部的燕这样与草原游牧部族接壤的地方较早接触到驴、骡子这些家畜。

到了西汉，史学家司马迁写的《史记》也说驴是北方草原上匈奴人的"奇畜"。汉武帝统治初期，司马相如在《上林赋》中提及这是皇帝猎苑中饲养的珍奇动物之一，后来和西域建立外交关系以后，汉武帝为了军事目的曾大量引进马、驴、骆驼等，后来攻击大宛也是靠这些动物运送军粮。这时候人们才对驴的习性有了了解，也有了更多的诗文记载，如汉宣帝时的文人王褒在《楚辞·九怀·株昭》中将骐骥（良马）与"蹇驴"对比。

两汉时期驴逐渐在中原传播，还曾被作为宠物饲养。如汉昭帝平陵2号从葬坑发现了驴骨。《后汉书》记载道，公元2世纪汉灵帝好胡服、胡帐、胡床、胡坐、胡饭、胡箜篌、胡笛、胡舞，也曾在宫中西园"驾四白驴，躬自操辔，驱驰周旋，以为大乐"，于是公卿贵戚竞相仿效，一时间驴的价格和马一样高。史家认为皇帝乘坐的该是马或牛，汉灵帝乘坐这种迟钝低贱的外来动物意味着上下颠倒、华夷易位，是汉末天下大乱的预兆。

---

① Lu Han，Songbiao Zhu，Chao Ning，et al. Ancient DNA provides new insight into the maternal lineages and domestication of Chinese donkeys[J]. BMC Evolutionary Biology，2014-11-30.

此时驴在中原、江南比较少见，很多人对驴能大声鸣叫感到好奇，甚至有人以听驴叫为乐事，如东汉著名的隐士戴良"论议尚奇，多骇流俗"，开魏晋玄谈先声，他的母亲喜欢听驴叫，戴良年轻时就模仿驴子鸣叫取悦母亲。魏初建安七子之一的文学家王粲也喜欢听驴鸣，《世说新语》记载王粲逝世后的丧礼上，魏文帝曹丕对出席的朋友说既然王粲好听驴鸣，大家都各学一声送别他，于是人们就听到一片驴叫声。也不知道是不是受到驴鸣的启发，魏晋名士也喜欢啸叫、啸歌，竹林七贤之一阮籍就是以善于啸鸣著称，"声闻数百步"，他去担任东平太守就是骑驴到官衙，与其他人乘坐高头大马有不一样的风格。

等到唐朝，丝绸之路沿线贸易发达，毛驴性情温顺、饲养成本低，是良好的驮运工具，沿线居民养殖的家驴数量大为增加，逐渐在西北、华北、西南以及东北的部分地区都有分布，尤其多见于黄河沿岸各地。唐代长安、洛阳之间人员往来频繁，官方设置的驿站不仅有官员乘坐的"驿马"，还有负责驮运的"驿驴"，沿途有些地方客栈不仅提供酒食，还出租毛驴供人乘坐，俗称"驿驴"，常有平民百姓、穷困文人、商人等租赁毛驴往来。唐代皇室权贵流行打马球，民间也出现了乘坐毛驴打毬的游戏，就连唐敬宗也曾观看过这类比赛。不过富贵之人骑驴则是自降身份，公元 10 世纪前后，唐末大将王师范向后梁太祖朱全功投降时"缟素乘驴"，另一大将刘鄩（xún）投降也是"素服跨驴"，以示自降身段。

也是在唐代，驴的文化形象有了引人注目的变化，文化人开始把骑驴与仙道、隐士关联。李贺《苦昼短》写过"谁似任公子，云中骑碧驴"的传说，《唐才子传》中记载陈抟（tuán）还山后骑驴游华阴的故事，王建的《送山人二首》其一云"山客狂来跨白驴，袖中遗却颍阳书"。

文人则以骑驴自命时运不济、生活贫寒，如诗人杜甫年轻时为寻找门路入仕为官，曾"骑驴十三载，旅食京华春"，蹭吃蹭喝颇不容易，几乎每天都是"平明跨驴出，未知适谁门"。另一位诗人贾岛更是以乘驴作诗著称，传说他曾在京师一边骑驴一边推敲"鸟宿池边树，僧敲月下门"一句用"推"还是"敲"字更好，不知不觉冲撞了官员韩愈的车架，后者建议用"敲"字更佳。不过另一则故事似乎更接近实际情况，说他冲撞的是另一位高官，并且因此被抓进衙门关了一晚。当了高官的白居易回忆自己年轻潦倒时也曾与朋友牛相公"日暮独归愁未尽，泥深同出借驴骑"。直到南宋时陆游去四川当官还曾骑驴，写下了名作《剑门道中遇微雨》：

衣上征尘杂酒痕，远游无处不销魂。

此身合是诗人未，细雨骑驴入剑门。

唐代以后有多位作家借驴为题谈大道理，最著名的自然是柳宗元写的《黔之驴》，另外如唐末的《驴山公九锡文》《吊驴文》、敦煌遗书中五代宋初时的《祭驴文》、北宋年间宋祁的《僦驴赋》都是如此，大概是写马、牛的文章已经太多，大家就开始在驴身上做文章了。

张鷟的《朝野佥载》记述武则天的宠臣张昌宗喜欢虐食动物，张昌宗命人把活驴拴在一间小屋子里，小屋子里生着灼热的炭火，炭火旁边放着盛调料汁的铜盆，等炭火把活驴内外烤熟后吃。一天，张昌宗去看望被太平公主宠幸的弟弟张昌仪，说起马肠好吃，张昌仪就把一匹活生生的马拉过来，用刀在马肚子上割开了一个大口子，伸手掏出马肠，煎炒了吃。过了很久，那匹马才死去。这类张昌宗、张昌仪兄弟虐食的传说成为后世许多类似故事的原型。

因为养驴、骑驴的主要是平民百姓，驴肉地位下贱，历史上嗜好吃驴肉的名人不多，传说陈后主陈叔宝投降隋朝以后住在洛阳，靠饮酒、吃驴肉打发日子。这是明代人顾起元在《客座赘语》中的记载，不知道所本何书。因为马、牛、驴等用处多多，所以开元十一年唐玄宗颁布了《禁屠杀马牛驴诏》，命令除了祭祀以外不得向皇帝进献马、牛、驴肉，也不得在官员、军队宴席上出现。大概过了

《晓雪山行图》绢本水墨　27.6×42.9cm　马远　宋代　台北故宫博物院

在风雪中一位山民赶着两头身驮柴火、煤炭或货物的小毛驴在山间赶路，他弓腰缩颈的样子可以让观者体会到天气的寒冷，他肩膀上的木棍还挂着一只野雉，似乎是在路上猎获的。

一阵大家就不当回事了。

唐代段成式《酉阳杂俎·酒食》中记载，有位将军曲良翰会做"駿鬃驼峰炙"，就是烧烤驴脖颈、驼峰的意思，算是少见的新奇食物。

洪迈在《夷坚志》中描述宋朝官员韩缜吃驴肠，比唐朝张易之兄弟有过之而无不及。韩缜爱吃驴肠，每次宴客必用驴肠这道菜。驴肠这道菜很不好做，煮得过久，就会太烂；火候不到，则太硬，嚼不动。韩缜让厨师做这道菜时，先把活驴绑在柱子上，等客人们喝酒传杯之时，才用刀割开活驴的肚子，取出驴肠，趁热洗净做菜，而且，驴肠要很快做好端上酒桌食用，这样才脆美。一次，宴席间有位客人起身去厕所，从厨房旁边走过，看见几头活驴被绑在柱子上，鲜血淋漓地哀鸣着。原来，这些活驴都是被取了肠子的，这位爱吃驴肠的客人不由得毛骨悚然，从此再也不吃驴肠了。

清朝钱泳在《履园丛话》中记述了一种吃活驴肉的方法，说山西太原城南的晋祠有一个开了十几年的酒馆以烹炒驴肉著称，远近闻名，每天来饮酒品尝驴肉的有上千人，因此，这个酒馆被称为"驴香馆"。原来，这个酒馆在地上钉四根

《灞桥风雪图》纸本水墨
沈周　明代
天津市博物馆

晚唐高官郑綮好作诗，曾有人问他最近有什么新作，他回答说庙堂之上没心绪写诗，"诗思在灞桥风雪中驴子背上"。这或许是受到之前流传甚广的贾岛骑驴苦吟故事的影响而形成的观念，后来成为著名的文学典故和绘画题材。

木桩，把养肥的草驴四条腿牢牢地绑在木桩上，又用横木固定驴头和驴尾，使驴不能动弹。这时，用滚开水浇这头活驴的身体，把毛刮净，顾客想吃驴身上的哪一块肉，伙计便快刀割下烹调。顾客吃得心满意足离开时，那驴还在悲鸣着挣扎。乾隆四十六年（1781），官府查封了这个酒馆，酒馆的老板被斩首，伙计被充军。后来《清稗类钞》中所写的太原晋祠的"鲈香馆烹驴"估计就是由这个故事改写的。

纪晓岚在他的《阅微草堂笔记》中也写到一个以卖活驴肉为业、名叫许方的屠夫。他在地上挖个长方形的坑，坑上盖一块四角有圆洞的木板，把活驴的四条腿放到圆洞里，让驴无法挣脱。接着，用开水浇驴，刮去驴毛。顾客想买哪块驴肉，他就按照顾客所要的重量下刀割取。一头活驴的肉有时要卖一两天，直到把驴身上的肉割得差不多了，许方才把奄奄一息的活驴开膛破肚，驴这才死去。古人大多数是不赞成这种极其残忍的进食方法的。因此，文人在记述活吃的事情时，都把它写到"残忍"的类别中，并说这些活吃的人是没有善报的。

当代最著名的驴肉食品大概是起源于保定市徐水的漕河驴肉火烧和河北省沧州市的河间驴肉火烧。火烧是北方很多地方常见的一种面食，多为未经发酵的"死面"做成，将其在饼铛里烙熟后，架在灶头里烘烤，待外焦里嫩时趁热劈开，夹酱牛肉吃。虽然后世把驴肉火烧和唐玄宗、乾隆皇帝等拉在一块，可实际上这是平民食品，据《徐水县志》记载，徐水小驴肉在清雍正年间（1723—1735）闻名于世，估计是因为当地居民养驴较多，经常能吃到老死、病死的驴肉，也就研究出各种方便的做法。用热火烧夹小驴肉，可以说是当时的大众快餐食品，估计是运河两侧运输盐、粮的苦力吃的东西。

随着机械化的发展，20世纪90年代以来养驴的农家越来越少，人们不怎么关心驴子的命运了。不过意外的是，阿胶的流行让养驴业迎来了新的发展，也让驴肉食品业顺带发展了起来。因为中国对驴皮的需求量太大，还大量从非洲进口驴皮，甚至有人用其他动物的皮冒充驴皮。

鹿：

皇帝带动的吃喝潮流

在美国黄石国家公园旅行时住过当地的一家特色旅馆，是传统农庄里的几座木屋，酒店大堂、餐厅里醒目的地方悬挂着众多动物的角，最醒目的是驼鹿（麋）的，与别的鹿角的形状不同，它的角是扁平的铲状，中间宽阔似仙人掌，四周生出众多尖叉，最多可达三四十个，每支角的长度都能有一米多长，看起来颇有声势。驼鹿在亚欧大陆和美洲都有生长，身体高大如骆驼，肩部特别高耸，略似驼峰，它是世界上所有鹿中体形最大的，雄鹿的角也是鹿类中最大的，所以无论是印第安人还是后来的欧洲移民都以猎取驼鹿的巨角为荣，在家里摆设驼鹿角可以证明自己是个优秀的猎人、勇士。

世界上共有 40 多种鹿，原始人类学会打猎后就开始猎杀野鹿，比较常见的是赤麂、马鹿、梅花鹿、水鹿、白唇鹿、驯鹿、坡鹿、麋鹿等。欧洲人吃鹿的历史悠久，古罗马人就经常猎取鹿肉。一直到中世纪，每年九月到来年一月的捕猎季节，最常见的猎物就是野鸡、野鹿之类。看文艺复兴时代欧洲画家描绘的肉铺静物，

《码头集市》 油画 弗朗斯·斯奈德斯及其工作室（Frans Snyders and workshop） 1635—1640
北卡罗来纳美术馆

常常能看到鹿的尸身。鹿肉派在圣诞盛宴中往往是不可或缺的主菜，贵族会将自己吃剩下的鹿肉和不吃的心、肝、肺等下水做成派分发给自己的佃户，所以至今英文里形容忍气吞声的俗语还是"Eat humble pie"。

近代以来猎鹿的行为不再流行，不过一些地方仍然有人喜欢吃鹿肉，如生活在俄罗斯北极冻土带的涅涅茨人一年有 260 天生活于冰雪之中，主要靠渔猎、驯养驯鹿维生，他们常常生吃驯鹿肉，北欧一些地方也是如此。另外一些人则是喜欢鹿肉的滋味和种种"滋补""健康"的说法，比如美国、英国许多都市时尚人士觉得鹿肉脂肪低、营养丰富，所以常吃鹿肉。如今美国、德国、荷兰、英国、瑞士、法国、日本等地都有人欣赏鹿肉。日本的鹿肉刺身和鹿肉火锅颇为著名，后者一般称作"红叶锅"，因"深山踏红叶，鹿鸣悲秋声"的诗句而得名。

中国的先民在渔猎时代也捕猎野鹿为食，在距今七千年至四千年前后，属于长江中游地区的新石器时代石家河文化遗址中，就发现了大量鹿的遗骸。传说商

《猎鹿》 布面油画 212×347cm 17世纪 保罗·德·沃斯（Paul de Vos）
马德里普拉多博物馆

纣王曾经在打猎的苑囿中修筑过"鹿台"，至少说明他常常猎取众多野鹿。后来，
《诗经·小雅·吉日》也用了煊赫的笔调描绘周宣王在猎苑打猎的场景：

> 吉日维戊，既伯既祷。田车既好，四牡孔阜。升彼大阜，纵其群丑。
> 吉日庚午，既差我马。兽之所同，麀鹿麌麌。漆沮之从，天子之所。
> 瞻彼中原，其祁孔有。儦儦俟俟，或群或友。悉率左右，以燕天子。
> 既张我弓，既挟我矢。发彼小犯，殪此大兕，以御宾客，且以酌醴。

诗的第二段写漆水、沮水边麀（yōu）鹿成群的情形，被猎获的小犯、大兕（sì）
以及鹿等动物会被大小贵族分享。后世还出现了专门养鹿供观赏或狩猎的苑林，
如《春秋》成公十八年有"筑鹿囿"的记载，方便主人随时吃鹿肉、剥鹿皮。

善于奔跑、成群活动的鹿还成为人们崇拜的对象。《山海经·南山经》中载有名叫"鹿蜀"的怪兽，马形虎纹、白头赤尾、鸣声如歌，据说猎取它以后佩戴它的皮毛有助于繁衍子孙。《礼记·礼运》记载当时人相信麟、凤、龟、龙是"四灵"，其中麒麟实际上就是从鹿衍化而来的"仁兽"，代表"信而应礼"、温良吉祥。以后汉唐时代神仙崇拜流行时期，白鹿成为传说中仙人、道士骑乘的神畜，如唐代诗人李白在《梦游天姥吟留别》中曾希冀"且放白鹿青崖间，须行即骑访名山"。

这种原始的鹿崇拜延续下来后，古人婚礼纳征、外交盟会，常常以鹿皮作为礼物，如《管子》记载道，齐桓公八年，管仲请示齐桓公确定的齐国和诸侯外交往来礼物是大国应该送齐国豹皮、小诸侯送齐国鹿皮，齐国的回礼则分别是马和犬。在民间，鹿皮是婚礼纳征的彩礼，因此《诗经·召南·野有死麕（jūn）》描述贵族青年爱上了如花似玉的姑娘以后，就要到森林里猎取一只鹿，用白茅包着，加上可以照明的薪木一起送给姑娘的家族，希望能获得他们的允许，订下这门婚事。

上古时代，黄河中下游、山东、江浙等地区都有鹿的活动，由于野鹿众多，猎捕容易，鹿肉一直是民间主要的兽肉之一，中原的贵族也把鹿肉加工成各种美食。据说周代著名美味"八珍"之一"捣珍"是取牛里脊，配以等量的羊、鹿里脊肉，反复捶击，切掉筋腱烹熟以后刮去外膜，把肉揉软，用酱醋调味吃。另外《周礼·天官》中记载当时王室常吃用带骨鹿肉腌制成的肉酱"鹿臡（ní）"。另外《礼记》上载有"鹿脯"，还有人考证说《吕氏春秋·本味篇》"肉之美者，猩猩之唇，獾獾之炙"以及明代人所说的"八珍"之一"猩唇"并非指中国没有的猩猩的嘴唇，而是指麋鹿脸部的肉或者肥大下垂的鼻唇。

汉代人吃的鹿肉食品包括《散不足篇》中列举的民间摆酒例菜之一红烧小鹿肉、枚乘在《七发》中列出的叉烧鹿里脊、马王堆西汉墓出土的《遗策》记载的鹿炙

《鹿和盾牌之波涛》丝织品　约翰·亨利·戴勒（John Henry Dearle）　威廉·莫里斯（William Morris）
1900 年　伯明翰美术馆

鹿脍以及用鹿肉做的羹，如鹿夸羹、鹿肉鲍鱼笋白羹（一种加白米糁的鹿肉鲍鱼
笋羹）、鹿肉芋白羹（一种加白米糁的鹿肉魔芋羹）、小菽鹿肋白羹（用米糁加豆、
鹿肋做的羹）等。

　　南北朝时期北魏的《齐民要术》记载的鹿肉食品包括脯炙、捣炙、馅炙、羌煮、

苞磔（zhé）、五味脯、度夏白脯、甜脆脯、肉酱、卒成肉酱等；还有一种做法是水煮鹿头，熟了以后把鹿头肉切成小块，和猪肉羹一起食用。

到了唐代，韦巨源官拜尚书左仆射，向唐中宗进献的宴席上，就有用烤羊舌和鹿舌做的"升平炙"，和用鸡肉、鹿肉、谷粒做成的"小天酥"，还有一道"五生盘"里面也有精心烹制的鹿肉。《清异录》中记载，唐代有种宫廷小吃"玉尖面"，深受皇帝的喜爱。这种尖尖的馒头，里面包着肥美的"消熊""栈鹿"作为馅料，后者估计就是在鹿苑中养殖的嫩而肥的鹿肉。另外还有不乃羹（唐《岭表录异》）、缶鹿蹄（唐《食心鉴》）、热洛河（唐《卢氏杂说》）、干腊肉（唐《四时纂要》）、熊白啖（唐《资暇记》）等菜式。这时候鹿在中原地区已经比较少见，为了供应富贵人家饮食所需，出现了养殖的鹿供人吃肉。

宋代鹿肉比较少见，《东京梦华录》中记载的不过清撺鹿肉、算巴条子等，还有人用马肉冒充鹿肉卖。北方草原地带鹿比较多，因此常有人吃鹿肉，还出现了鹿舌酱（辽《燕北杂记》）。明代富贵人家注重吃消熊、栈鹿，也已经流行吃烤鹿肉，《宋氏养生部·兽属制·鹿炙》记载，"二三寸长薄片轩以地椒、花椒、莳萝、盐少腌，置铁床上傅炼火中炙，再渑汁，再炙之，俟香透彻为度"。先腌后稍烤一会儿，再刷汁反复烤，与现今差不多。

清代吃鹿肉更是皇家以身作则的官方行为。女真人来自东北白山黑水之间，以渔猎为生，最常吃的肉食之一就是鹿，烹饪方法亦简单粗犷，或烧烤，或蒸煮，如煮白肉、烤鹿肉、蒸祭神糕等就是常吃的食品，入关统一中国之后为了表示不忘本来，他们一直在服饰、发式、礼仪、饮食等方面坚持传统习俗，尤其是康熙皇帝、乾隆皇帝，常常去北京以北的草原上狩猎，女真人猎鹿的一大诀窍是使用他们称为"木兰"（Muran，译为"鹿哨子"或"哨鹿围"）的工具，通常以桦皮或树木制成，长二三寸，状如牛角喇叭，用嘴吹或吸能发出"呦呦"——类似牡鹿——的发声引诱牝鹿前来，早就埋伏好的猎人们正好围合射杀，久而久之皇帝打猎的这个地方就被称为"木兰围场"了。康熙帝创建"木兰秋狝"制度是为了训练八旗官兵、接见蒙古王公，兼有宣示武功和传承尚武传统之意，猎物中最受看重的就包括鹿，凡是皇帝亲自射杀的鹿獐都要驿马快送到京城，进献奉先殿的列祖列宗。《清史稿·后妃传》中即有康熙皇帝将其本人猎得鹿尾献于其母和祖母之记载。他晚年

《乾隆皇帝一箭双鹿图》绢本设色　167.5×113.2cm　清代　故宫博物院

回忆说，自己一生猎获过数百只鹿。

康熙不仅自己吃鹿肉，把鹿肉用于祭祀，还时常赏赐鹿肉给满汉臣子，带动了鹿肉的流行。康熙皇帝晚年两次在宫廷中举办"千叟宴"，宴请耆老两千八百余人，菜品之一就是鹿尾烧鹿肉一盘。有意思的是，康熙年间任苏州织造的曹寅、李煦经常给康熙进呈皇室尝鲜的江南鲜果、河鲜、露酒之类，而康熙帝则赏赐鹿肉条、榛子等东北特产，这也算是特殊的南北文化交流吧。康熙、乾隆下江南，估计也和品尝南方美味有莫大关系。

康熙时期宫廷食用鹿肉的来源主要有三：东三省进贡、蒙古进贡和木兰围场。每年东北地区都得向清皇室贡献鹿尾、鹿筋、鹿肉，每到年底皇帝遵照关外风俗举行"狍鹿赏"，向王公大臣分赏鹿肉、鹿尾、鹿舌、獐肉、野猪、野鸡、山鸡、汤羊、哈尔汉羊、折鲁鱼、细鳞鱼、秦鲤鱼、熏猪肉等。此时北京城内分设关东货场，俗称"狍鹿棚"，专门出售东北的狍、鹿、熊掌、驼峰、鲟鳇鱼，"紫鹿黄羊叠满街"，使远离故土的八旗士兵和眷属能够吃到家乡风味。

康熙的孙子乾隆皇帝一生行迹常常刻意模仿祖父，他对木兰秋狝也和康熙一样热心，曾在一次木兰秋狝时骑马望见鹿群，命一侍卫举假鹿头为诱饵，用木兰作"呦呦"声模仿鹿鸣，等牝鹿靠近后立即射箭击倒，当场大喝鹿血，"不唯益壮，亦以习劳也"。乾隆四十三年（1778）他北巡盛京，盛京将军弘晌在山海关特进贡刚刚获到的鲜鹿，皇帝特别问道："今日进的鹿肥瘦？"听说比较瘦以后才下旨"让厨役晚膳做'塌思哈密鹿肉'，其余伺候赏用"。他的儿子嘉庆即位后体恤民间供应辛苦，屡次指示地方不必再进贡鹿只、鹿肉，让当时满族爱吃的滋补食品新鲜鹿尾的来源大为减少，普通人家吃不起鹿尾，于是有肉食铺子想出代替品，用做灌肉肠的方式杂混猪肉馅料和香料，略加朱红调色，做成外观形似的"鹿尾儿"，成了流传至今的一道菜品。

在曹雪芹写的《红楼梦》中，大观园的才子佳人贾宝玉和史湘云也要雪天烤鹿肉，暗示他们家族有满洲渊源。第五十三回中贾府的田庄交的租就包括"三十只大鹿、二十斤鹿筋和五十条鹿舌"，估计最可能养鹿的地方是在关外东北某地。书中还写到贾宝玉的侄子贾兰课余拿着小弓、追赶大观园里的小鹿，颇有"逐鹿中原"的意味，或许暗示之后他在贾府剧变后一段时期曾取代了贾宝玉的核心地位。

从皇帝到满洲权贵都如此重视鹿肉，甚至也影响到了江南。美食家袁枚就曾称赞鹿肉嫩、鲜、活，可做肉干，适合烧烤，也可慢煨。其实大多数野鹿经常奔跑运动，肉质粗硬老成，所以为了让鹿肉的口感更佳，厨师多半先会对鹿肉进行腌制处理，然后再焖、炖、红炒、小炒、涮火锅等。当时鹿肉相比猪、牛、羊少见，价格较贵，所以常作为礼物赠送。一直到晚清的时候，在京做官的曾国藩也曾托同乡给父母带去鹿脯一方，并提醒父母"此间现有煎腊肉、猪舌、猪心、腊鱼之类，与家中无异，如有便附物来京，望附茶叶、大布而已"。

在中国，新疆、黑龙江等地有专门的养殖场养鹿和出售鹿肉、鹿肉罐头、鹿茸等，养殖的主要是粗壮肥嫩的马鹿、梅花鹿。而在全世界范围内，最大的鹿产品出口国是新西兰。有意思的是，新西兰并没有本土的鹿种，19世纪中叶英国移民把马鹿和赤麂引入后，因为这里气候适宜，草料丰富，又几乎没有天敌制衡，各种野鹿一度泛滥，据统计1930年当地的野鹿数量多达七八百万头，政府不得不鼓励人们去猎捕射杀。当地20世纪60年代起才出现了围栏放牧的人工养殖场，多达上百万头鹿生活在新西兰各地的牧场，并向欧洲、日本、东南亚等地大量出售鹿肉、鹿茸等商品。

马：

艰难岁月的选择

马善奔跑，经过剧烈运动的锻炼后肉质纤维性相对于牛、羊、猪的肉质纤维更粗大，吃起来口感硬而韧，加上马肉里酸性物质较多，在煮或炒时会有泡沫产生，且会发出恶臭味道，因此吃马肉一直不太流行，只有养马、用马比较多的游牧部落的人常吃，或者军队打仗缺粮的情况下"斩马为粮"。因此，马肉在历史上一直价格低廉，从古到今中外出过不少用马肉冒充其他价格更高的肉的事例。

就像现在一些餐馆将猪肉、鸭肉冒充羊肉烧烤一样，早在春秋战国时期就有人"悬牛头卖马脯"，《晏子春秋》在论述"表里不一"时举例说"犹悬牛首于门，而卖马肉于内也"，可见那时候已经有这样的事情发生，唐代以后则出现了"挂羊头卖狗肉"这句俗语。

宋朝曾有作坊将价格低廉的死马肉"加工"成售价昂贵的"獐肉"和"鹿肉"出售。北宋时期的进士苏颂在东京汴梁发现从曹门那里经过，"早行，其臭不可近；晚过之，香闻数百步"（苏象先《丞相魏公谭训》卷十《杂事》）。他调查后发现这是因为曹门

《八骏图》 绢本设色 139.3×80.2cm 郎世宁 (Giuseppe Castiglione)
清代乾隆时期 台北故宫博物院

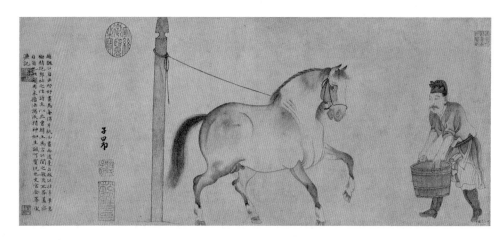

《饮马图》 纸本水墨　25×59.8cm　元代　赵孟頫　辽宁省博物馆

外有两大作坊，一个作坊专门制造豆豉，另一个作坊专门收购病死、老死的马，价格极为便宜，他们把死马剥皮取肉，切成大块，先用烂泥埋起来，过一两天刨出，外观看着像新鲜的肉一样鲜红，可是味道却已经腐坏，这就需要大量使用豆豉腌制和炖煮马肉，据说炖上一天后色、味和獐肉、鹿肉没多大差别，就当成獐粑、鹿脯批发给小贩、餐馆。

　　中亚哈萨克草原地带的部落约在五千五百年前把当地的野马驯化为家马（拉丁学名 *Equus caballus*），之后欧亚大陆草原地区的多个部落陆续驯化了当地的野马，并在后来形成了很多杂交种。距今四千年前，家马传入中国西北地区，三千五百年前在商代晚期遗址中大量出现，应该是从中亚传入的，并且可能通过西北甘青地区和中国北方草原地带两个通道多次传入，驯马、骑马技术也一同传入，亚洲东部的古代居民在掌握驯马技术后开始驯化本地的马，并与各种外来世系的马不断杂交。在家马传入之前，中国西南、北方等多处遗址中发现过野马的骨骸，可见那时候人们曾猎取野马吃肉。

家马是一种草食性家畜，用于骑乘、挽车和载重，在工业革命时期蒸汽机出现以前，马一直是主要的拉车动力。马在战争中也起到非常重要的作用，最早用于拉战车，后来游牧民族首先发明骑乘，之后上千年时间骑兵往往成为战争胜负的关键。直到进入 20 世纪之后，由于各种机械动力设备的出现和普及，骑兵才开始退出战争。

中原地区虽然以农耕为主，可是为了和北方草原部族作战，从汉代开始就极为重视养马、驯化等"马政"，汉武帝曾命张骞带百余人的使团去大宛国求马，带一尊黄金马的模型，希望以此换回大宛马。结果大宛国不允，归途中汉使被杀，金马遇劫，大宛国是一封闭小国，并不知中国的强大，此种行为使汉武帝大怒，遂做出武力夺马的决定，从此爆发了两次大宛马战争，汉军第二次大获全胜，大宛国献出三千匹马给汉朝，其中有一种马脖子流出的汗有红色物质，像流血一般，故称为汗血宝马。

另一位雄才大略的君主唐太宗李世民也以爱马著称，唐太宗在削平群雄、建立唐王朝的征战中乘坐过六匹骏马"拳毛䯄（guā）""什伐赤""白蹄乌""特勒骠""青骓""飒露紫"，他的陵墓昭陵北面祭坛东西两侧的石刻就是他心爱的这六匹骏马的浮雕。六骏中的"飒露紫""拳毛䯄"1914 年被打碎、装箱盗运到美国，现藏于宾夕法尼亚大学博物馆。其余四块也曾被打碎装箱，由于盗运时被截获，现陈列在西安碑林博物馆。

商周时代，饲养的家马既然已经比较常见，也就成为了吃食。当时马算是高级肉食，在《周礼》中是祭祀用的膳用六牲之首。曾是游牧部落的秦族在西域崛起后因为战略需要养很多马，如秦穆公自己的牧场就饲养着各式各样的骏马。有一天有匹爱驹逃逸，他亲自带人去追，结果看到附近有群人已经杀死了这匹马正在集体吃肉，秦穆公对他们说："这是我的马呀。"众人大为惊恐，不料穆公并没有生气，说"我听说吃骏马的肉不喝酒会伤身，我就一并赏赐你们一些美酒吧"，那些人喝了酒就惭愧散去。三年后，秦穆公与晋惠公的军队作战，一度被敌军包围，眼看就要战败，那群曾经吃马肉的人此时已经编入军队，他们为了报答吃肉喝酒的恩惠奋力冲击，击退了包围的晋军，和其他士兵一起打败晋军，还俘虏了晋惠公。

有趣的是，西汉桓宽的《盐铁论·散不足第二十九》中记载长安街道上卖的一种熟食叫"马朘（zuī）"，就是马的生殖器，后人称作"马鞭"。这或许与人们相信吃什么补什么、以形补形的心理有关，长沙马王堆三号汉墓里出土的帛书《十问》中也主张"君必食阴以为常，助以柏实盛良，饮走兽泉英，可以却老复壮，曼泽有光"。用今天的话说就是推荐人们经常吃动物的生殖器、柏树松果之类，以为可以延缓衰老、泽润肌肤。这一风气在明清最为盛行，富贵人家常常把生殖器

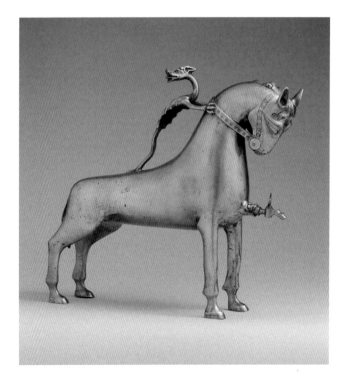

《马形水罐》铜合金
33.7×36.8×9.5 cm
1400 年　德国纽伦堡制作
纽约大都会博物馆

《古希腊马雕像》
青铜直接脱蜡铸造　高 40.2cm
公元前 2—公元前 1 世纪
纽约大都会博物馆

当作滋阴壮阳的食品，一些太监也是缺什么吃什么，特别爱吃"鞭"。吴长元的《宸垣识略》、刘若愚的《酌中志·十月》等记载阉人多喜食牛鞭、驴鞭等"不典之物"，"至于白马之卵，尤为珍奇，曰'龙卵'焉"。小说《金瓶梅》中西门庆也曾吃一种滋补的汤品"狗鞭三味"：取成熟雄狗的阴茎与睾丸一套、成熟雄驴和雄鹿的阴茎各一具，洗净切碎，与黄酒、红糖一起加水炖熟服用。

东汉末刘熙所撰《释名》提到当时人也吃生马肉切细做的"脍"。但是因为汉人农业区养殖马的成本高、难度大，数量不多，也不符合本地口味，并没有像牛、羊、猪、鸡那样成为人们常吃的食物。唐玄宗因为马、牛、驴是重要的家畜，曾下令禁止向皇宫进献马、牛、驴肉，也不得在官方宴席上出现。但影响最大的可能是唐代孟诜的《食疗本草》，认为马肉不可与多种食物同时食用，否则容易得病、中毒，自那以后中原地区一直很少有人食用。

中亚和中国西北部的游牧部落（如哈萨克斯坦人）爱吃马肉，他们居住的地区至今还出产各种马肉菜式，还有马肉做的香肠、熏肉和罐头等。马乳一直是游牧

《小孩、马与狗》 油画 亨利·巴罗（Henry Barraud） 1836 年 耶鲁大学英国艺术中心

民族的食品，还用于酿造"马奶子酒"。在欧洲，马匹病、老、伤以后也会被宰杀，尤其是北欧的游牧渔猎部落长期以来习惯吃马肉，为此常和传教的天主教教士起冲突，比如爱尔兰教会曾强制凯尔特人和日耳曼人不得食用马肉。8 世纪的教皇格列高利三世（Pope Gregory III）曾发布诏书禁止各地教徒食用马肉，他在写给一位德国主教的信中认为吃马肉是一种"不洁和恶劣的习惯"。冰岛的诺斯人部落因为嗜好马肉，一直抗拒皈依天主教，公元 999 年的时候教会给予他们特别赦免后他们才信奉了天主教①。

---

① 伊恩·克罗夫顿. 我们曾吃过一切 [M]. 北京：清华大学出版社，2017：29.

改变马匹命运的是马术这项贵族运动的兴起。16 世纪赛马在欧洲兴起，尤其是在英国贵族间持续风行几个世纪，"马术"成为英国举国痴狂的运动，就像狗的身份从"家畜"慢慢向"宠物"转变一样，自 16 世纪以后马匹在英国从原来单纯的战争、交通和农耕工具向"高级宠物"转化，与马有关的娱乐活动也不断增加。由于人们对马的情感发生了变化，马肉不再成为英国人肉食的来源，并把这种文化理念传播到他们的殖民地，美国、澳大利亚等地也不再流行吃马肉。20 世纪 30 年代前后，吃马肉更是在英国变成了社交禁忌，政府对屠宰马和加工马肉实行许可证制度，美国也有类似的限制。

欧洲大陆的情况与此不同，虽然有教皇的禁令，人们依旧常常吃不再使用的老马。19 世纪法国曾盛行食用马肉，据说，1807 年埃劳战役（Battle of Eylau）中拿破仑大军的军医长巴龙·多米尼克 - 让·拉雷（Baron Dominique-Jean Larrey）下令饥饿的士兵吃战死的马肉，1812 年拿破仑兵败莫斯科城下，又冻又饿的法国士兵沿途靠吃战马回到故乡，这些人也把吃马肉的习惯带到了日常生活。

当时法国因为战争、农业的需要养殖了很多马匹，一般老年退休的马匹会被分解卖掉，除了约 360 磅的肉，其他部位也都各有价值，如马皮卖给皮匠，马蹄卖给玩具和梳子生产商，蹄筋卖给胶水生产商，脂肪卖给肥皂制造商和香水制造商，烘干的马血则被卖给炼糖厂。

1870—1871 年普法战争期间，巴黎被围四个月，在食物短缺的状态下，马肉、驴肉、猫肉、狗肉、老鼠肉都出现在巴黎人的辘辘饥肠中。马肉的价格不到牛肉价格的一半，就成为很多人进食的对象。因为"不仅合胃口，还经济实惠"，此后马肉成为巴黎人常吃的肉类，从 1874 年到 1889 年，法国的马匹屠宰场的数量从 48 个增长到 132 个，许多商业街上都出现了马肉店，通常他们会在店铺门头上安装一个马头雕塑作为标志。荷兰、丹麦、瑞典、比利时和瑞士等国家，马肉的消耗量也在增长。后来因为近代工业的发展，用于军事、运输的马匹需求大为下降，马肉的供应才逐渐下降。

碰上艰难岁月，人们往往会突破限制以便吃到更便宜的肉食。如德国人本来不爱吃马肉，可是"一战"期间柏林人缺吃少喝，一位丹麦游客曾看到当一匹马倒在街头的时候，"一瞬间，就好像早已埋伏好了似的，妇女们拿着厨刀，冲出公寓楼，跑向马的尸体。她们尖叫着，互相厮打着，只为了从尸体上割下一块最好的肉，不顾冒着热气的鲜血喷溅在她们脸上"。①

"二战"期间，美国政府曾允许肉店供应马肉以弥补牛肉供应的不足，但"二战"结束后，在西部牧场主的压力下，再次禁止供应马肉。英国虽然坚持到"二战"胜利，可其后十多年普通人生活艰难，很多日常所需都要按配给供应，要么就自己去黑市以高价购买，散文家西里尔·康诺利在1947年4月描述伦敦"未经油漆的半空的民居绵延数英里，肉店没肉，酒吧无酒"。为了解决肉食不足的问题，英国政府让马匹买卖和民间屠宰合法化，于是各地的屠宰场大量购入马匹。1948年英国至少屠宰了75万匹马，很快，从伦敦到曼彻斯特、约克，各地的餐馆里挂出"本土现制牛排"的餐牌。更多马肉被加工厂掺杂各种配料做成了"牛肉馅"出售，至少有300万人成了它们的定期消费者，多数人并不知道自己每周品尝的"牛排""牛肉馅"其实是马排、马肉。

当时官方限定一磅（453克）马肉的价格是一先令，但地下非法屠宰场偷偷从乡间买到的马匹屠宰后，多在黑市以高过市价的标准私下出售。后来出现了公开的马肉市场，1953年伦敦市区有40家出售新鲜马肉的店铺，集中在被称作"马肉一条街"的哈罗路经营。

当代欧洲大多数国家的人不吃马肉，只有波兰、比利时、瑞典、法国、意大

---

① 杰弗里·M.皮尔彻.世界历史上的食物[M].北京：商务印书馆，2015：109.

利等地还保留着吃马肉的习俗。因为马肉价格比牛肉低，欧盟地区在 2013 年曾发现东欧肉商用马肉冒充牛肉出售给牛肉制品加工厂，曾引起一场媒体风暴。

当然，这个世界上也有郑重其事吃马肉的。据说 13 世纪初，当时的蒙古人西征到现在的欧洲东部地区，他们一路作战，常把老弱的战马宰杀，剁成肉馅并辅以少量作料后生吃充饥。这种做法流传下来，成为了今天的波兰传统名菜——"鞑靼肉"，传统做法是把新鲜马肉剁成肉馅，配上生鸡蛋、胡椒粉、盐和姜粉等，搅拌均匀后平铺在切成碎块的洋葱上食用，现在也有用牛肉代替马肉的。

日本熊本地区的人也吃生马肉刺身。当地高级餐馆讲究食材，据说每天食客所见的都是新鲜宰杀的马肉的不同部位，据说马肉刚切下来后一接触空气就会变成像樱花一样的颜色，所以马肉也被称为"樱肉"。据说马肉的妙处之一在于它的脂肪比牛肉的熔点更低，含在口中就能感受到在舌头上慢慢化开的感觉。

狗：

"吃"背后的文化博弈

　　吃狗肉近年来在中国引起了激烈的文化论战乃至现实的冲突。养狗作为宠物的人越来越多，许多人不忍心看见吃狗肉，激进动物保护分子更是去高速路拦运狗车，去狗肉美食节、狗肉馆抗议，这给爱吃狗肉的人和地方不小压力。如东北朝鲜族的传统菜式之一是狗肉汤，贵州、广西的侗傣各族食用狗肉的历史也可以上溯到三国时代，至今已有近两千年的历史，广东一些地方也经常吃狗肉煲之类的菜，如今恐怕都要遭受纷杂的议论了。

　　家犬与人类有着密切的关系，在动物中最早成为人类亲密的伙伴和助手。三万三千年前很可能是亚洲南部的部落首先把当地现已灭绝的一种灰狼驯化成了家犬，然后以泰国为中心的地区、东南亚的岛屿的部落也分别把当地的灰狼驯化成家犬，之后它们就一直伴随着人类的活动进行迁徙和扩散，不断杂交出现众多新的品种。由于狗的嗅觉和听觉灵敏、个性机警、对人忠诚，随着人类生产形态的变化，狗被广泛用于看家、打猎、牧羊等。

茹黄豹 题 仿郎三和

《十骏犬》茹黄豹　绢本设色
清代　郎世宁
台北故宫博物院

《狩猎野猪》 油画 弗朗斯·斯奈德斯及其工作室（Frans Snyders and workshop）
1650 年 新南威尔士画廊

　　从上万年前到数千年前的考古遗址中都曾出土过破碎的狗骨头，尤其是颅骨，显然是人类吃肉时留下的痕迹。在渔猎采集阶段，犬是重要的捕猎助手，即所谓猎犬、田犬，在游牧部落则是保护牲畜群的守犬或牧羊犬，而在农业社会，狗的辅助作用就大为下降，主要是日常看家护院。在农民来说，狗的命运不像猪和鸡那样，养殖的目的就是为了吃肉、蛋，但也和牛、马、驴那类大型家畜有别，养殖成本低、下崽多，所以有些地方出现了养殖肉狗吃狗肉的现象。后世推测，商周时期就出现了专门充庖厨的"食犬"，《孟子·梁惠王上》中把狗和猪、鸡同列为肉畜，称为"鸡豚狗彘之畜"，《墨子·天志上》也说道，"四海之内，粒食人民，莫不犓（chú）牛羊，豢犬彘"①。

2500 年前，西周时代上层人士和城镇中富有的人家有能力养狗、吃狗肉。《周礼》记载的祭祀用食品就有"犬牲"，周天子的宫廷筵席上有狗肝炙制的"肝膋"和狗肉炖的"犬羹"，还讲究秋天开始吃狗肉。《礼记·内则》中说贵族饮食的主要材料要和季节、不同口味的调味品、调料等相配合，其中肉食要和主粮合理搭配，提出所谓"牛宜稌，羊宜黍，豕宜稷，犬宜粱，雁宜麦，鱼宜苽"的模式②，狗肉要和"粱"（指品质好的谷子）一起吃。著名刺客聂政曾在齐国以杀狗为生，估计当地人口繁密，对狗肉的需求较多才有了专门的"狗屠"。

汉代吃狗肉更为流行，西汉初大将樊哙早年在沛县以"屠狗"为职业，估计当时他的无赖老乡刘邦经常来蹭吃，他们入主长安成为权贵以后估计也带动了吃狗肉的风气。马王堆汉墓出土的简书上有犬羹、犬胁炙、犬肝炙等肉食，《盐铁论·散不足》记载汉代市场上"屠羊杀狗"，并有经过处理的熟狗肉片出售，当时富贵人家吃牛肉，中等人家吃羊肉、狗肉，穷人吃鸡肉、猪肉。西晋的京兆太守颜斐为了发展农业，曾鼓励无牛的农民养殖猪、狗，卖了换钱买牛种地，透露出当时主要肉食品种是猪和狗。

自西晋开始，西北部游牧民族多次进入中原乃至一统北方大地，此后北方食用狗肉的情况变少，一方面是因为游牧部落主要用狗守卫牧群，没有吃狗肉的习俗；另一方面也是因为游牧部落带来养殖羊、牛的风气，羊、牛等不仅有肉，还有奶，可以满足人们更多的蛋白质需求。北魏人贾思勰总结农业生产的著作《齐民要术》中狗已不作为专门的牲畜，关于羊、猪、鸡的做法很多，关于狗肉的做法仅有一例。

---

① 吴毓江. 墨子校注 [M]. 2 版. 北京：中华书局，2006：295.
② 孙希旦. 礼记集解（全三册）[M]. 沈啸寰，王星贤，点校. 北京：中华书局，1989：746.

对多数普通农家来说，养狗的主要目的在于看家护院，除非老死、病死或者灾荒之年面临饿死的境地，一般不宰杀吃肉。

反倒是南朝，本来江浙之地有吃狗肉的传统，当年越王勾践奖励生育，生男的奖励一壶酒、一只犬；生女的奖励一壶酒、一只猪。狗的地位在猪之上，可见在肉食中的地位。《论衡·定贤》也有"彭蠡之滨，以鱼食犬豕"的记载。西晋末以后大批习惯吃狗肉的中原人涌入江南，当地吃狗肉的风气更盛，"屠狗商贩，遍于三吴"，有不少人专门从事屠狗、贩狗，比如临淮射阳人王敬则就是一个屠狗之人，后来帮助萧道成取代宋，成为侍中高官。

隋唐时期上层人士中游牧部族出身者不少，皇族和高官显贵将狗作为宠物和猎犬对待，整体的文化观念也倾向反对吃狗肉，此后以吃狗肉著名的往往并非主流的士人、官员，而是边缘人群，最主要的狗肉食用地区是中国东北和贵州，再到广西、广东、福建一线，汉族文化中常常和吃狗肉联系在一起的是和尚、乞丐等边缘人群。北宋时候苏东坡就曾质问杀狗者："（狗）死犹当埋，不忍食其肉，况可得而杀乎？"宋徽宗因为自己生肖属狗，严令禁止杀狗食狗。他还专门拨了两万钱，鼓励举报违禁者，结果出现了"挂羊头卖狗肉"的景观。

近代以后在欧美思想的影响下，都市中很多人以狗为宠物，都不再吃狗肉。吃狗肉的主要是一些乡土风气浓厚的地方，如广东、广西、贵州等地。广东地区早在民国时期地方政府就曾禁止"宰食狗肉"，但当地一直保持着吃狗肉的习俗。

康熙年间，耶稣会传教士利国安在给朋友的信中说，"中国人在集市上也卖马肉、母驴肉和狗肉"。让他觉得应该报告这一点的是，在欧洲因为狗已经成为贵族的宠物，人们已经不吃狗肉了。从经济角度说，养狗作为肉食没有养殖牛、羊的综合价值高，欧洲人认为狗活着的时候能够给人提供远远超过狗肉价值的服务。

《戈登塞特犬叼着绿头鸭》木板油画
16×14 cm　1918 年　卡尔·莱克特（Karl Reichert）

《猎犬口衔鹬鸟》镶板油画　16×14 cm　1918 年
卡尔·莱克特（Karl Reichert）

猎犬是人类狩猎的好帮手。奥地利画家卡尔·莱克特（1836—1918）是 19 世纪末 20 世纪初最优秀的动物画家之一，他在维也纳、格拉茨以绘制动物、城镇景观类的作品维生，留下了众多关于狗和猫的肖像作品，无不栩栩如生，富有生活气息，可惜他这样的画家在当时仅仅是城镇中的商业画家，描绘的动物和城镇生活场景绘画也太日常，没有如巴黎、柏林的印象派、分离派现代画家那样呼朋唤友，并与文化界的新思潮彼此呼应，因此一直默默无闻。

《无条件的情人》布面油画
52×42cm
19 世纪末 20 世纪初
维托里奥·雷格尼尼（Vittorio
Reggianini）

19 世纪开始，欧美城镇中人开始把狗当作陪伴动物，比如维托里奥·雷格尼尼这幅画中描绘年轻女子正在用甜食逗趣宠物狗的场景，这是当时流行的闲暇时光题材。

除了中国，亚洲的韩国、朝鲜、越南、泰国、印尼等地的人爱吃狗肉，太平洋岛国法属波利尼西亚人们一直有吃狗肉的习惯。他们的行为自近代以来也常常受到欧洲殖民者的批评乃至直接禁止，今天仍然被欧美人和本地的动物保护分子批评，一如在中国一样。

在欧洲，古希腊人早期也是吃狗肉的，成年狗、小狗是希波克拉底记载的食疗用品之一。不过随着狗越来越成为人们的陪伴动物，公元 2 世纪开始希腊人就完全不吃狗肉了①，罗马人也是如此。

法国高卢时代的考古遗址中发现过屠宰的狗骨头，证明当地人 2000 多年前食用狗肉。1870 年普法战争巴黎被围困期间，巴黎人吃了不少马肉以及包括狗、猫在内的各种宠物，甚至动物园里的动物都被当作食物。作家维克多·雨果记载了此事，据说法国直到 1910 年还有狗肉铺子，至今还有一些地方的地下市场出售狗肉。在瑞士，阿彭策尔和圣加仑州农村有食用狗肉的传统，村民将狗肉制成肉干和香肠，以及药用狗脂肪。在丹麦，现任女皇玛格丽特的丈夫亨里克亲王（Prince Henrik）曾在越南生活，他 2006 年曾在媒体上自爆爱吃狗肉，"稍煎可上碟，狗肉味道像兔肉，也像仔羊肉，但更像未断奶的仔牛肉，只是干了一点"。

欧美国家近代以来把狗视为宠物，甚至是家庭的一员，不再吃狗肉，并且爱狗人士和动物保护分子激烈反对别人吃狗肉，在当今的西方主流社会，吃狗肉已经成为一种"不可思议"的恶行。因此当韩国举办 1988 年奥运会和 2002 年世界杯期间，这种西方舆论曾给韩国政府和社会造成巨大的压力，政府不得不强迫许多狗肉店暂停营业并不得打出狗肉招牌。随着狗作为宠物的情况越来越普遍，主流文化认知改变以后，吃狗肉的行为越来越边缘化。类似的情形，现在也正在中国发生。

---

① 贡特尔·希施菲尔德. 欧洲饮食文化史：从石器时代至今的饮食史 [M]. 桂林：广西师范大学出版社，2006：49.

鲤鱼：

跃入美食家的大嘴

　　2010 年以来在美国河流中泛滥的"亚洲鲤"在中美两国引起了有趣的文化对话。"亚洲鲤"是美国人对原产亚洲的多种淡水鱼如青鱼、草鱼、鳙鱼、鲤鱼、花鲢和白鲢等的统称，实际上 20 世纪 30 年代欧亚大陆常见的鲤鱼才被引入美国，成为许多河湖的野生鱼类。1963 年美国南方的一些水产养殖场为了防治浮游植物、微生物疯长，从亚洲引入了爱吃各种水藻的草鱼，之后还陆续引入了许多亚洲淡水鱼类，它们中的一些从鱼塘中逃逸到自然水系中，到 20 世纪 90 年代，美国的环境科学家和民众惊讶地发现这些"外来物种"已经在密西西比河、伊利诺伊河等水网中泛滥，如果它们大规模进入五大湖，可能会让这片湖泊的生态系统发生巨大改变，会减少本土鱼类的数量及其他水生生物。于是美国人开始关注如何对付这些"亚洲鲤"。

　　我对这种"原产"和"外来"物种的划分及刻意保护"原生环境"的理念感到有点迷惑：物种的跨境传播在过去几万年都是人类和地球演化的正常现象，如果追求让某个地方绝对地"一成不变"的话，就有

《鲤鱼》手绘图谱

亚历山大·弗朗西斯·林顿（Alexander Francis Lydon） 1879 年

点苛求，可能最后付出了巨大的成本却未必有什么效果。

总之，泛滥的"亚洲鲤"成了美国环境保护的一大话题，政府试图采取多种措施防止它们进入五大湖，还出资鼓励民间企业加强捕捞和开发，把更多的亚洲鲤鱼肉、鱼丸、鱼豆腐等卖给餐馆、居民，可惜只有少数亚裔居民喜欢这类淡水鱼，而绝大多数美国人认为亚洲鲤鱼有很重的土腥味、刺也多，并不喜欢食用。于是他们想到了把亚洲鲤卖到中国去的主意，2011 年的确有美国的亚洲鲤鱼冷冻鱼片出现在中国超市中，可惜喜欢吃鲜鱼的中国人对此并没有多少兴趣。

类似地，德国河流泛滥的螃蟹、丹麦海边众多的生蚝也引起当地人的关注，而中国人看到这样的新闻则是戏谑说应该邀请中国人去吃光它们，或者卖到中国来。这些新闻报道似乎强化了许多人似是而非的"刻板印象"，比如"中国人都热衷吃

《鱼藻图》绢本设色
缪辅 明代
故宫博物院

河鲜，欧美人不吃河鱼"，其实未必如此。中国爱吃河鲜的历来是水网密集的江淮、江南、华南等地，像我长大的西北，许多缺水的地方很少见到鱼，即便附近有河、湖，里面有鱼，以前人们也并不嗜好河鲜。我母亲的故乡是黄河边一个叫五佛的村镇，1959 年大饥荒时人们饿得到处剥树皮吃，却绝少有人去河汊里捞鱼。在城市中，本地人也很少吃鱼，直到 20 世纪 60 年代上海人、东北人来支援"三线"建设，他们爱吃鱼、会做鱼，那以后本地才逐渐多了吃鱼的人家。真正能经常吃到鱼，还是 20 世纪 90 年代以后，一方面大家经济改善了可以买得起；另一方面也是因为养殖的鱼越来越多，价格便宜了。

其次，靠山吃山，靠海吃海，欧美人也是在什么山唱什么歌，靠海的国家和地区自然常吃海鱼，而内陆国家如东欧和中欧也是长期食用河鱼，德国、瑞士、奥地利、捷克、波兰、俄罗斯等国的人也经常捕捞内河的鳟鱼、鲤鱼（欧洲亚种）、鲈鱼、鲇鱼等为食，几百年前的荷兰等地的风俗画、静物画上常常出现这些食物的形象。

就以鲤鱼为例，不仅仅中国人吃。古罗马人在 2000 年前就在鱼塘中养殖当地的鲤鱼作为食物，意大利北部有稻田的地方和中部特拉西梅诺湖部分地区的人至今仍然吃淡水中生长的欧洲鲤鱼，他们做之前一般会将去鳞的鱼反复在醋水中浸泡以便消除土腥味，小的鲤鱼直接炸、煎了吃，大的用来炖汤。特拉西梅诺湖区有种乡土美食，是把用迷迭香、盐等调味料腌制的猪肥膘（Lardo）塞入鱼腹中烤得喷香后食用。

波兰、德国、捷克、斯洛伐克、匈牙利等中东欧国家的人以前经常在圣诞节吃鲤鱼，将鲤鱼做成浓汤、油炸鱼段、煎鱼之类的菜品。希腊、阿尔巴尼亚和马其顿共和国交界的普雷斯帕湖沿岸地区，流行在夏季野炊时食用炸鲤鱼段。在东欧生活的犹太人也喜欢吃鲤鱼，他们有一种叫"鲤鱼丸"的传统食品，是将鲤鱼肉和面包、鸡蛋、洋葱、大蒜等剁碎、揉成团，放入油锅里煎熟。可以直接吃，也可以放在蔬菜汤中作为点缀。

这些地方的人做鱼汤、鱼丸、煮鱼的方法跟波斯人、蒙古人，乃至中国人有点关联。据说 1150 年欧洲十字军东征时曾把波斯人养殖的一种鲤鱼带往奥地利培育，之后陆续传入欧洲各地。13 世纪中叶，法国方济各会传教士卢布鲁克奉教皇路易九世之命出使蒙古，在哈拉和林城拜见蒙古大汗蒙哥，试图说服他们一起夹击奥斯曼土耳其。1253 年圣诞节，蒙哥大汗宴请他吃的食物中就包括鲤鱼做的菜，可能就是他这样的传教士把东方人烹饪鲤鱼的方法传回欧洲，丰富了他们的做法。当时欧洲基督教常常有各种斋戒，斋戒期间不能吃红肉，但是可以吃鱼、虾，因此对鱼的需求量颇大。

鲤科鱼类原产于欧亚大陆、北美洲以及非洲，目前几乎在世界各地均有分布。其中亚洲野生品种最多，几乎包括了所有鲤科亚类群的种类。在世界范围内，鲤科鱼类中的鲤鱼是人们长期利用的水产，它起源于中欧和亚洲的河湖地区，是世界上养殖范围最广的淡水经济鱼类之一。由于鲤鱼的养殖和驯化历史悠久，加上长期的地理隔离等原因，鲤鱼在全球范围内存在诸多亚种和品系，如欧洲鲤鱼品系和亚洲鲤鱼品系分属不同的亚种。

在中国，鲤鱼是最常见的食用鱼之一，也是古代中国人推崇的美食。春秋时代的《诗经》中有"岂其食鱼，必河之鲤"的说法，反映当时已经讲究吃黄河鲤鱼了。这在很大程度上是因为当时中原地区文教发达，对当地的物产记载多，中原邻近的大河是黄河，这里所产的鲤鱼也最早得到记载和传播。当时的文化名人孔子生了儿子后，鲁昭公赠送鲤鱼表示祝贺，孔子因此给儿子取名"孔鲤"，表明那时山东把鲤鱼视为美味佳肴和吉瑞祥兆。

东汉时候出现了相传系春秋名人范蠡所著的《养鱼经》（又名《陶朱公养鱼经》），这是中国最早的关于养鱼的著作，可惜南北朝时此书散佚，估计主要涉及的也是鲤鱼的养殖。这一点还有考古实物可以佐证：1965 年，陕西汉中县东汉墓中出土的随葬品中有一件陶制陂池模型，池底塑有六尾鲤鱼及其他水生生物，与《养鱼经》的佚文可以对照。

黄河鲤鱼金鳞赤尾、肥嫩鲜美，在唐代之前身价列诸鱼之首，三国时当作"鱼之贵者"，南北朝时也被认为"诸鱼唯此最佳"，大宴才会出现黄河鲤鱼，黄河两岸广大地区，宴席必以鲤鱼为珍肴，黄淮一带有"没有老鲤不成席"的谚语。鲤鱼也是人们逢年过节拜访亲友可送的重礼，如古乐府《饮马长城窟行》中所言："客

《捕鱼图》绢本设色
倪端　明代
台北故宫博物院

从远方来，遗我双鲤鱼；呼童烹鲤鱼，中有尺素书。"据说今天河南河津、永济、芮城、垣曲等县出产的鲤鱼，头、身、鳍全是金白色，稍微发黄，鱼尾部分红里透黄，所以也称"红尾鲤鱼"。洛阳等地的食客一向以吃这种鲤鱼为美事，洛阳曾是东汉、隋唐的首都，因此"洛鲤"曾贵重一时，有"一登龙门而身价百倍"之说，曾作为贡品上贡皇帝。

可是鲤鱼在唐代一度没人敢公开吃了，因为唐朝皇帝姓李，避讳吃"鲤"，尤其是唐玄宗李隆基曾于开元三年和十九年两次下令禁捕鲤鱼，如唐代《酉阳杂俎》卷一七中记载："国朝律，取得鲤鱼即且放，仍不得吃，号赤鯶（huàn）公，卖者杖六十。言鲤为李也。"所幸这则法律执行得并不是特别严格，后来白居易也曾"船头有行灶，炊稻烹红鲤"。

周代到唐代一直流行吃生鲤鱼片之类的"斫（zhuó）鲙"，好这一口的唐玄宗为了避忌，下令厨师不用鲤鱼而改用鲫鱼，还曾赏赐当时他极为信任的安禄山"鲫鱼并鲙手刀子"，估计是一种锋利的割鱼小刀，可是他如此青睐的将军后来率先反叛，让他仓皇离开首都逃命，还不得不牺牲了杨贵妃的性命。唐玄宗爱吃生鱼片之事有不少记载，据北宋皇室的《宣和画谱》记载，当时还有幅画就叫《明皇斫鲙图》，可见唐玄宗不仅爱吃生鱼片，还曾自己上手制作。

唐朝李姓皇室对鲤鱼的崇敬还体现在舆服制度上。据《旧唐书·舆服志》记载，"高祖武德元年九月，改银菟符为银鱼符"，这是唐代佩带鱼符并把鲤鱼的形状转化为权威象征的开端。武周代唐后，又迅速把鱼符改为龟符，以示新朝与旧朝之别。

北宋时大鲤鱼价格比较贵，"不惜百金持与归"，在高级饭馆和富有人家才能见到。小鱼小虾就比较便宜，宋徽宗晚期开封市场上从黄河等地运来的鱼每斤在六十文以下，不算贵。到了南宋，《梦粱录》中记载南宋首都临安流行用鲤鱼做的鲤鱼脍、石首鲤鱼、石首鲤鱼兜子等。

这时候已经出现了用鲤鱼做的宋嫂鱼羹和煎鱼，金元时期称之为醋鱼，明代称之为醋搂鱼，清朝末采用的"软熘"和"烘汁熘"技法，已经和今天常见的"糖醋鲤鱼"做法差不多，据说关键在于熘鱼之汁采用糖、醋、油三物，融合甜、咸、酸三味，浇上此汁后鱼肉会更加爽口。

从"糖醋软熘鲤鱼"这道菜衍生出来的"糖醋软熘鲤鱼焙面"这道开封地方名菜据说还和慈禧太后有点关系。明清年间，开封人讲究农历二月初二"龙抬头"之日吃龙须面，当时是煮熟后烧卤汁食用，寓意吉祥长寿。1900 年慈禧太后贸然和英法等八国开战，之后仓皇西逃，曾经过了一段狼狈日子，等到议和后她好整以暇从西安绕道河南缓缓回京，1901 年 11 月 12 日至 12 月 14 日在开封行宫逗留了一个月，其间正巧碰上慈禧太后 66 岁生日，地方官员召集当地名厨开宴祝寿，有厨师将焙制的龙须面与熘鱼搭配，让慈禧、光绪也感到新奇好吃，算是创下了字号。20 世纪 30 年代，开封又一新饭庄名师苏永秀等人改将馄饨皮切成细丝，以油炸制后盖在鱼上，后又改进用面拉制出细如发丝的焙面，口感更为酥脆。

同样靠近黄河的山东济南则有鲁菜风格的糖醋鲤鱼、红烧鲤鱼等，据说糖醋鲤鱼最早始于黄河边的渡河重镇洛口。这里的小餐馆用活鲤鱼制作此菜，很受食者欢迎，后来传到济南，制法上是把大鲤鱼先在油锅里炸熟，再把老醋加糖制成的糖醋汁浇在鱼身上，外脆里嫩带酸，并在造型上让鱼头鱼尾高翘，寓"鲤鱼跃龙门"之意。

其实鲤鱼不仅产自黄河，还广泛分布于长江、珠江等全国各地的水系中，形成了各种地域性种类。清同治年间的《江夏县志》记载，武昌黄鹄矶头出产的鲤鱼"味独鲜美，立冬后腌鱼者争购之，他省呼之曰楚鱼"。如今南北各地的鲤鱼多数都是人工养殖的，尤其是快速生长的转基因鲤鱼的诞生，使鲤鱼的生长速度提高了140% 以上，养殖效率越来越高，算是比较常见和便宜的鱼。可惜现在人们可以选择的鱼类越来越多，鲤鱼在很多地方都不再流行。

从吃鲤鱼到发展出各种有关鲤鱼的"文化现象"，这是让我最感兴趣的。比如福建潮州有极具地方乡土特色的"舞鲤鱼"（又称鲤鱼舞），当地传说盘古氏开天辟地是由鲤鱼领头寻水源，以后人们纪念鲤鱼的功劳，每逢农历正月初四祭神时就舞鲤鱼。还有人把鲤鱼舞追溯到唐代名人韩愈祭鳄鱼一事。韩愈曾被唐宪宗贬为潮州刺史，他到任后看到韩江（古名"鳄溪"）中鳄鱼众多，伤及人畜，就令部属杀一猪一羊投入水中，还往水里打水雷、敲锣打鼓、舞龙，这场祭鳄仪式之后天空电闪雷鸣、风雨骤起，数日后溪水退远，鳄鱼果然南徙。这个传说显然太过夸张，真正的原因也许是随着唐代当地经济发展和人口繁衍，人们侵占了更多的水岸并打击鳄鱼，导致鳄鱼不断从人口繁密的水道消失或者退后到无人区域去。不过人们宁愿把鳄鱼退后的功绩归到一位名人身上，因此后来的文人、官员会在这里修建、传播诸如"祭鳄台""鳄渡秋风"之类纪念韩愈的景点，以供人们游览和凭吊。

《红鲤跃瀑》浮世绘
八岛岳亭（Yashima Gakutei）
1820 年

鲤鱼舞的原型很可能是上古闽越人祭祀鳄鱼图腾的宗教仪式，后来演变成以鳄鱼头为首、四条鲤鱼随后、有潮州大锣鼓伴奏的民间舞戏形式，据《潮州市志》记载，从宋代开始"鲤鱼舞"就在民间流传。在宋明时候的中原文化影响下，当地人、外来官员等似乎都努力把本地的各种传统文化现象和主流的历史人物、理论关联起来，比如把鲤鱼舞的诞生归结为纪念韩愈祭鳄。如今潮州一些地方每到新春正月还有舞鲤鱼队到各商户门口舞鲤鱼祝贺吉祥，收取赏钱，通常都是五名男子收举鳄鱼首、鲤鱼形状的道具，表演鲤鱼出滩、跃埂、啃泥（降涂）、抢食、穿莲、送鱼、三相、比目、打春、产卵、五相、化龙等动作。做鲤鱼道具要先用竹篾、竹片及铁丝分别扎好鱼头、鱼身、鱼尾三部分骨架，然后用铁丝连接起来，再将圆木条的头插入鱼腹至鱼背顶端为握棒，最后用白布包缝各部位，绘上图案及色彩。

除了吃的鲤鱼，另一种主要用于观赏的鲤科动物是锦鲤。鲤科的鱼比较容易杂交和变异，一些鱼的身体在变异后会出现特别的颜色、条纹，如晋代崔豹所著的《古今注·鱼虫篇》中提到鲤鱼的品种有赤骥、青马、玄驹、白骥、黄雉五种，似乎当时已经可以看到红、青、黑、白、黄五种颜色的鲤鱼，只是当时还是当作稀奇的食材。

在唐代已经有人把变异的色彩斑斓的"锦鲤"养在家里的池塘、水缸中观赏，如唐代陆龟蒙的《奉酬袭美苦雨》中已经写到园林中的"丝禽藏荷香，锦鲤绕岛影"，唐代宫廷曾大规模养殖红鲤鱼。南宋岳飞的孙子岳珂所著的《桯史》记载："今都中有蓄鱼者，能变鱼以金色，鲫为上，鲤次之。贵游多凿石为池，置之檐庑间以供玩。"其中金鲫即金鱼，最为稀奇，而金鲤则次之。到明代还有人把红鲤作为观赏鱼类。万历年间，祖籍江西婺源的大臣余懋学将当地的"荷包红鲤"献给神宗皇帝在御花园中饲养，将江西荷包红鲤与其他鲤鱼杂交，还出现了略有差别的江西兴国红鲤。不过仅仅是有限的几种体色变异而已，不像金鱼在人们的重视下已经出现了尾鳍变异、眼睛变异、体形变异、颜色变异等多种形态，成为最受欢迎的观赏鱼。

公元一二世纪时，日本引进了中国的鲤鱼当作食物，这可能是三国时期的吴国移民传入的。古代吴越地区先民以种植水稻及渔猎为生，善于驾驶独木舟在河海中捕鱼，秦汉时候被迫进入深山后，由于溪水清浅，鱼虾稀少，他们逐渐摸索出修建梯田、在山区种植水稻和"稻田养鱼"的方法，还从鲤鱼中选育了适宜于稻田饲养的"田鱼"，后来杂交培育出著名的"瓯江彩鲤"，不仅肉质细嫩、鲜美，还兼有观赏饲养的价值。

现在十分流行的观赏鱼日本锦鲤、泰国鲤很有可能均起源于中国的瓯江彩鲤，或者这三种鲤鱼品系具有共同的祖先种群。17 世纪，日本新潟（xì）地区的山古志村、鱼沼村等地农民在稻田里养殖鲤鱼，发现有些鲤鱼变异后泛着较光亮的红色，于是将它们捕捉回家细心选育，1804 年至 1829 年间首先培育出了具有网状斑纹的浅黄绯鲤，后来有村民发现自己养殖的食用鲤变异成头部全红的"红脸鲤"，这种身兼红白二色的鲤鱼受到重视，再由其产生的白色鲤与绯鲤交配，产生腹部有红色斑纹的白鲤，之后逐渐改良成体表底色银白如雪而背部有变幻多端的红色斑纹的红白锦鲤。1880 年左右，红白锦鲤在日本新潟县山古志地方普遍饲养，有人食用这种颜色鲜艳的鱼；也有人认为它体色艳丽晶莹，游姿雍容优美，颇有贵族的风度，就在庭院中养殖观赏；还有人开始阐发锦鲤的精神，认为它安闲雄健，就算被置于砧板之上也不会挣扎，具有泰然自若、临危不惧的风度。

此后日本养鱼人采取人工选择、交配、培育等方法，还在 1906 年引进德国的无鳞"革鲤"和"镜鲤"与日本原有的锦鲤杂交，终于选育出上百种色彩斑斓、品种繁多的锦鲤，有红、白、黄、黑、金、蓝、紫等多种体色，著名的有明治年间培育出的黄斑锦鲤、大正年间出现的大正三色、昭和年间出现的昭和三色等。

1914 年新潟在东京展出锦鲤的时候，把一些赠送给当时还是皇太子的裕仁天皇，在皇宫园池中出现的锦鲤自然引起人们的关注，许多人跟风到花鸟虫鱼市场购买当作观赏鱼。此后这也成为日本的特产，被当作礼物赠送外国友人和出口。20 世纪 60 年代日本经济起飞后，锦鲤发展到了全盛时期，1968 年起日本每年举行一次锦鲤评品会，并被作为亲善使者随着外交往来和民间交流，扩展到世界各地。

1938 年，东京的松冈氏将一批名贵的锦鲤送给当时的伪满洲国皇帝溥仪观赏，这也是日本锦鲤第一次输出到海外。同年在美国旧金山的万国博览会上，日本曾特地选送了 100 尾锦鲤到会上展示，向世界展示了锦鲤的美姿。"二战"后欧美一些园林开始引进养殖观赏，1973 年日本首相田中角荣曾将一批锦鲤作为吉祥物赠送给周恩来总理，交由北京花木公司养殖。

锦鲤在中国流行起来还要拜奢侈消费热潮的兴起，20 世纪 80 年代港台经济繁荣的时候曾从日本大量进口锦鲤观赏，和兰花、茶具一样曾是富人阶层追捧的玩物，港澳台地区很多富有人家在庭院或阳台养鲤。20 世纪 90 年代内地经济发展和房产装修热中，许多人在自己庭院中饲养、观赏锦鲤，公私园林也开始引进放养，锦鲤大规模传入中国内地，还出现了专业的养殖场进行培育，如有些地方把引进的松浦镜鲤与本土的兴国红鲤进行了杂交，选育出新的品种。

虹鳟鱼：

农家乐带动的流行

    20 世纪末 21 世纪初，北京特别流行吃虹鳟鱼，我曾坐车到怀柔的乡村，堵车好几个小时，一大帮子人在农家乐的鱼池边自己用捞网打捞出几条鱼，然后坐在塑料餐椅上等厨师烧烤，周围有几百人都在那里等待，只有孩子们的表情还是快乐的，因为他们可以聚集在一起打闹玩乐，两个小时后才吃到又咸又辣的烤鱼，并不觉得出众。从那以后我再也不敢去凑这种热闹了。后来有一次去丽江旅行，看到一家餐馆上主打的"冷水三文鱼"，可以做汤，还可以生吃，我知道三文鱼是海鱼，因此好奇丽江怎么会有"冷水三文鱼"，等点上来一看，嘿，就是虹鳟鱼而已。

    虹鳟鱼和三文鱼（又名大西洋鲑，*Salmo salar*）同属鲑鱼科，但不是同一个属，虹鳟鱼为大马哈鱼属，三文鱼是大西洋鲑属。虹鳟鱼的肉原本是白色的，切成近似透明的薄片，肉质有些脆，吃起来比较爽滑；三文鱼的肉是粉红色的，纹理清晰，吃起来质感厚嫩。可三文鱼价格要高得多，因此很多地方的鱼塘都会给虹鳟鱼吃含有虾红素的饲料，让虹鳟鱼的肉

The River Side.

Favourable wind and the Trout rising as fast as possible.

《河边钓鳟鱼》纸上水彩、墨水　26×32.7cm　1830—1864
约翰·里奇（John Leech）　纽约大都会博物馆

也变成类似三文鱼的粉红色，有的不法商贩甚至用这种虹鳟鱼肉冒充"三文鱼"赚钱。

　　鲑科的鱼类往往名字里带有"鲑""鳟"两个字，因能在其他鱼类不能繁殖生长的低温环境中进行繁衍而被称为冷水鱼，其中现在人工养殖的有十多种，中国比较常见的是淡水养殖的虹鳟鱼、金鳟、山女鳟等。

《黄石山鳟》 手绘图谱 1904 年

《阿拉斯加虹鳟鱼》 手绘图谱 1906 年

  虹鳟鱼原产于北美洲太平洋沿岸山涧河溪中，以食鱼虾为主，因身体上布有小黑斑，体侧有犹如彩虹的红色痕迹，因此得名"虹鳟"。早在一万多年前最早抵达美洲的先民就曾以阿拉斯加等地丰富的虹鳟鱼维生，大量的鳟鱼不仅可以当季新鲜食用，也可被风干、熏制长期保存，是少数可以帮助他们度过漫长冬季的食物之一。

  它是鲑科鱼类中第一个得到大规模开发利用的，17 世纪，从加州到阿拉斯加的海岸曾有几十家工厂加工捕捞虹鳟鱼等鳟鱼，制成罐头卖到美国、英国等地的市场，后来因为滥捕、工业污染、水坝阻挡等原因，大部分地方的鳟鱼罐头厂都因为缺乏原料关门了，只有阿拉斯加仍然还是重要的鳟鱼生产中心。

虹鳟鱼也是美国第一个被开发成养殖品种的鱼类，1866年就被移到美国东部，1874年首次在东海岸水域饲养，后来先后传入日本、欧洲、大洋洲、南美洲等地养殖，成为当今世界上养殖地区分布最广的鱼类之一。金鳟是从虹鳟鱼的体色突变种选育成的金黄体色品系，1996年从日本引进中国后流行起来，味道与虹鳟鱼相似，因其富丽典雅的金黄体色，市场价高于白色肉质的虹鳟鱼。山女鳟原产于日本，"二战"后才被人工养殖，日本人常用来做生鱼片，中国于1996年引入，养殖规模要比虹鳟、金鳟小很多。虹鳟鱼的流行原因之一是可以高密度养殖，加上肉质肥厚，刺少适口，很受现代人的喜欢。

中国大陆最早养殖的虹鳟鱼源于1959年朝鲜向中国赠送的五万粒虹鳟鱼受精卵和六千尾当年鱼种，当时由黑龙江水产科学研究所在海林县建了中国第一个虹鳟鱼试验场进行养殖。1963年朝鲜平壤市又赠送给北京市虹鳟亲鱼24尾、当年鱼种200尾，在北京市水产科学研究所饲养，随后国内进行的人工繁殖也获得成功。当时除黑龙江省和北京市外，山西省太原市1971年运回6条虹鳟鱼在晋祠当观赏鱼试养并获得成功。那时候主要是在科研机构中试验养殖，并没有商业化的发展。

旅游业的发展让这种鱼在农家乐快速流行起来。1983年在北京市怀柔县推广养殖后它才进入农家，首次出现在普通人家的餐桌上。20世纪90年代后期经济发展以后，城市居民喜欢周末到郊区度假住农家院、吃农家饭，使得虹鳟鱼养殖业与游钓业、餐饮业结合起来得到迅速发展。人们从美国、日本引进了多种新的鳟鱼品种养殖，烤虹鳟鱼、虹鳟鱼生鱼片成为很多农家乐的主打菜之一，怀柔等山区、半山区的农家都利用山泉水养殖，成为饭桌上常见的美味。现在不仅北方许多地方养殖虹鳟鱼，南方一些气候凉爽的地方也纷纷养殖。

鲇鱼：

背了地震这口"黑锅"

　　曾在日本浮世绘的艺术展览中看到几幅画鲇鱼的，依稀从上面的汉字中辨认出来和地震有关，后来一查才发现是个有趣的传说。日本因为地质原因频发地震，常常造成巨大的生命、财产损失，也让民众对此诚惶诚恐，于是有了许多关于地震的传说故事。中国战国秦汉时期有人相信大地是由巨鳌背负着，它们动的话就会山崩地裂，这个说法流传到日本后，12世纪前后的古历书上记载有种匍匐在地下的虫怪造成地震，如冲绳群岛的人认为鳗鱼骚动会发生地震。15世纪的时候有人观察发现鲇鱼这种生物临近地震的时候就会异常跳动，人们就以为鲇鱼与地震有某种关系。1855年"安政大地震"造成东京六七千人死亡，地震后民间开始流传这是"地震鲇"造成的说法，很多人以为日本列岛是靠一条巨大的鲇鱼支撑负载，如果这条鲇鱼不高兴时摆动身子就会造成或大或小的地震。

　　东京人对"地震鲇"又恨又怕，当时人相信神灵用一块叫"要石"的神石镇住它的头和尾两处关键要

《鹿岛大神用要石驱散地震鲇》 浮世绘 19 世纪

19 世纪早期安政年间，日本各地发生过 19 次地震，其中 1855 年 10 月 2 日发生的严重地震造成了巨大损失，当时民间有人在地震前发现鲇鱼的躁动，于是产生了许多关于鲇鱼的传说，许多人相信引发地震的大鲇是茨城县鹿岛神宫武瓮槌大神用要石镇压住的，一旦镇压不住就会发生地震和时局动荡，于是出现了许多相关的浮世绘作品。

害才能保证它安静地待着，各地神社、寺庙中的大神和"要石"都有人祭拜，希望它们好好履行职责，其中以鹿岛神宫里的大明神最受推崇。民间画家对这个流行话题自然耳濡目染，也创作了很多有关的浮世绘作品，号称"鲇绘"，有的描绘神灵用要石镇压巨鲇；有的幻想巨鲇出动可以压死那些为富不仁者；有的则讽刺巨鲇是收了商人和木匠的好处出去"搞地震"让商人在灾后重建中发财。

《鲇鱼》 手绘图谱

　　在现实中，鲇鱼是鲇形目鲇科鲇属、胡子鲇属的几种鱼类的统称，几乎分布在全世界，多数都生活在池塘或河川等淡水中，但部分种类生活在海洋里，主要靠吃其他小鱼虾维生。现在国内常见的是鲇鱼（土鲇）、大口鲇鱼、胡子鲇（塘鲺）、革胡子鲇（埃及胡子鲇）等。各种鲇鱼本来主要是东亚人爱吃，最近十来年也有欧洲、美国的亚洲移民和本地人消费，如越南就是向欧洲、美国出口鲇鱼的主要国家，一度每年的出口额多达几十万吨。

鲇鱼（土鲇）特点是嘴上有 4 根胡须，上长下短，有扁平的头和大口，身体表面多黏液，喜欢生活在江河近岸的石隙、深坑或石洞里。它们的一个特点是在污染严重的水体也可以快速生长，所以很多人现在都避免吃鲇鱼，怕重金属污染之类。胡子鲇是鲇形目胡子鲇科胡子鲇属的，有 8 根胡须，上下各 4 根，外形是黄色，生长较为缓慢，野生的一般重量不超过 1 斤，人工养殖的体形稍大些。

现在超市中常见的是南方大口鲇鱼和革胡子鲇。南方大口鲇鱼外貌与鲇鱼相似，但口器大，个头也比鲇鱼大很多。人工养殖的大口鲇鱼生长速度较快，价格便宜。革胡子鲇原产自埃及尼罗河水系，1981 年引进中国，因为容易养殖、出产效率高而在华南极为流行，它通体发黑，个体巨大，生长速度很快，饲养一年可重达 2 公斤，最大的个体可达 10 公斤以上。

鲇鱼在火锅、水煮鱼、酸菜鱼中常出场，四川资中的鲇鱼颇负盛名，当地餐馆有许多做法。当地人喜欢把鲇鱼的历史追溯到资中博物馆中几千万年前的鲇鱼化石，实际上当地人养殖鲇鱼、吃鲇鱼主要是 20 世纪 90 年代城市消费经济发达后形成的热闹，那时候城镇中人消费能力增加，川渝各地盛行各种主打菜品，如邮亭鲫鱼、双流兔头等都是如此，往往是一家做出名声以后附近的餐馆纷纷模仿，就成为风潮。当时因为成渝公路（321 国道）经过资中球溪、鱼溪，两旁自然形成了给过客服务的餐馆一条街，有餐馆主打以鲇鱼为主料制作的菜肴，附近跟风模仿，就形成了"鲇鱼一条街"，后来重庆、成都、遂宁等地都出现主打资中鲇鱼的餐馆。当地吃的主要是人工养殖的南方大口鲇。

鲈鱼：

走投无路的太湖鲈鱼

太湖的鲈鱼最为出名，西晋时江苏吴江人张翰在洛阳为官，秋风刮起来的时候，他想起家乡人正在享受的菰菜、莼羹、鲈鱼脍，就对朋友说："人生贵在适志，何能羁宦数千里以要名爵乎！遂命驾而归。"这是辞职信的堂皇说法，后世有人猜测当时西晋政局叵测，张翰是以思念家乡为借口匆匆远离是非之地。果然，之后就是"八王之乱"，权贵内斗、部族冲突接踵而来，中原地区动荡了好些年。

这故事不仅关乎美食与乡愁，让人印象如此深刻的还在于张翰这样的人毕竟寥寥可数，更多的古代文人、学者都在科举、出仕的路途上奔波，难得有人如此洒脱。张翰的这番举动让"莼鲈之思"成为思乡的典故，后来还有好事者冒名作了一首《秋风歌》：

秋风起兮佳景时，吴江水兮鲈鱼肥。

三千里兮家未归，恨难得兮仰天悲。

张翰的家乡吴江因为源出太湖的吴淞江得名，这在元代以前是一条长约二十里的大河，东注大海，自

《河鲈》手绘图谱

亚历山大·弗朗西斯·莱登（Alexander Francis Lydon）　1879 年

张翰以后吴江就以出产鲈鱼闻名史册。

　　南朝人范晔的《后汉书·左慈传》记载汉末有个叫左慈的道士精通魔术手法，据说有一天曹操大宴宾客时说："今日群贤毕至，山珍海味大致齐备，可惜少了吴国淞江中的鲈鱼做的鱼末子。"左慈说"这好办"，他要人拿来一只铜盘装满水，在竹竿上安上鱼饵在盘中垂钓，一会儿竟然钓出一条鲈鱼，让众人惊讶不已，曹操说一条鱼不够，左慈就又下饵钓鱼，又钓出一条，都有三尺多长，活蹦乱跳，曹操亲自上前去，把它做成鱼末子，赐给宴席上的每个人吃。这显然是南北朝时新出现的传说，对淞江鲈鱼的推崇应该是从《世说新语》记载的张翰的言论才开始的。

　　淞江鲈鱼是一种在海水中繁殖、孵化，在淡水中生长、育肥的降海洄游型鱼类，

《张翰帖》 行楷书法 欧阳询 唐初 故宫博物院

栖息于近海，早春在咸淡水交界的河口产卵，然后溯黄浦江洄游到淞江中，以鱼、虾等为食，有的可以长达半米，此时味美而肉紧，最为好吃。其身呈纺锤形，口阔鳞细，头大而扁，看似有四鳃（实乃两鳃），所以后世也称作"四腮鲈鱼"。《南郡记》称隋炀帝下江南时，吴人曾献淞江四鳃鲈，炀帝品尝后赞道："金齑玉脍，东南佳味也。"后世也有当地官员把八九月霜降之时的小鲈鱼做成"干鲙"进献皇宫，据说霜后的鲈鱼肉白如雪，没有腥味。

"张翰黄金句，风流五百年！"唐代大诗人李白熟悉鲈鱼的典故，游历四方要前往吴地的时候特别声明"此行不为鲈鱼鲙，自爱名山入剡中"，是去名山大川修道寻仙而不是为了吃吃喝喝，而闲雅乐天的白居易就不讳言自己的口舌爱好，"犹有鲈鱼莼菜兴，来春或拟往江东"。

"莼鲈之思"的典故还传到了国外，唐代中期的日本国君嵯峨天皇模拟张志和的《渔夫词》写道：

寒江春晓片云晴，两岸花飞夜更明。

鲈鱼脍，莼菜羹，餐罢酣歌带月行。

对鲈鱼的推崇在宋代达到一个高峰，这时候宋代文人士子以天下为己任、以诗文扬名声，喜欢在各地追怀名人故迹，他们不仅仅继续写诗，还开始把吴江塑造成一个"文化景点"。北宋时，吴江县城被吴淞江分隔，水面相当宽阔，开始只能靠渡船往来，后来庆历八年（1048）当地缙绅募款修建了木制的"长桥"，因为"形如半月，长若垂虹"，也被称作垂虹桥，桥面建有垂虹亭，后在元代时改建为62孔连拱石桥。当时吴淞江是条大河，有诗人形容道：

"垂虹五百步，太湖三万顷。除却岳阳楼，天下无此景。"

宋元时期不少诗人因莼鲈之思的典故特地到吴江一游。品鲈脍、饮美酒之余更要登上垂虹桥赏秋色，如北宋著名书画家米芾曾作诗：

断云一片洞庭帆，玉破鲈鱼霜破柑。

好作新诗继桑苎，垂虹秋色满东南。

北宋龙图阁直学士陈尧佐也曾于秋日乘舟游吴江，留下诗句"扁舟系岸不忍去，秋风斜日鲈鱼乡"，宋熙宁年间吴江知县林肇因此在县城东门外汇边修建文化工程，筑了个"鲈乡亭"作为名胜。亭旁立石碑刻春秋时的范蠡、晋代张翰、唐代陆龟蒙三位吴江名人的画像，苏轼在此还写过《戏书吴江三贤画像》的诗，后来有好事者还给三位名人塑像，称呼此亭为"三高亭"。

到南宋时，首都临安的馆子里卖鲈鱼脍、撺鲈鱼清羹这样的菜品，让文人不用去太湖就能体会鲈鱼的美味。

可惜到明清时，吴江长桥周边的湖泽河港多被填平变成了陆地农田，其他地段的吴淞江淤积严重，加上治理水道等因素，吴淞江变成了水流细微的小河，松

《金目鲷和日本鲈鱼》 浮世绘 歌川广重 1840 年

江鲈鱼多无法洄游。所以明代人陈鉴记载道，当时淞江只有种"菜花小鲈，仅长四寸而四鳃"，宋代人见到的那种半米长的"松江鲈鱼"已经了无踪影。从 20 世纪 70 年代起，即便是小松江鲈鱼也已经在吴淞江以及附近水系濒于绝迹，21 世纪靠人工养殖以后才重新出现在人们的餐桌上。

除了松江"四鳃鲈鱼"，现在还有几种鱼类也被许多人称作"鲈鱼"：北方超市最常见的是鲈鱼其实学名叫大口黑鲈，又名加州鲈，这是原产于美国、墨西哥的淡水鱼，20 世纪 80 年代引进中国后得到广泛养殖，是非常主流的淡水养殖鱼，价格也比较便宜，辨认标志是身体两侧中间各有一条黑色横纹，从头部一直延伸到尾鳍。因为鱼苗逃逸，这种鱼现在南北各地的江河湖泊中也有野生种群。

另外还有一种"海鲈鱼"学名是"日本真鲈"，又称花鲈、七星鲈、鲈鲛，主要分布于中国、朝鲜及日本的近岸浅海及河口海水淡水交汇处，以前东海舟山群岛、黄海胶东半岛海域出产较多，是常见的食用鱼类，但是 20 世纪 90 年代以来因为河口和近海污染严重，加上捕捞过度和筑拦河坝等原因，已经很少见到大批野生种群，现在人们吃的主要是海水养殖所得，价格也不贵。

在西班牙、意大利旅行时，我吃过当地煎鲈鱼之类的菜，他们吃的主要是河鲈和欧洲舌齿鲈。河鲈原产欧亚大陆北部，中国新疆的河流中也有分布。河鲈是意大利常见的淡水鱼，中北部湖泊里出产，当地人通常是切片后裹在面粉里油炸食用，也有炖、烤、煎的。南欧人也常吃欧洲舌齿鲈，这是种肉质细腻鲜美的海鱼，可以盐覆盖后烘熟吃，也可以煎、煮、蒸，意大利有些地方还特别讲究吃它的肝脏，野生的主要捕捞自地中海和黑海。因为需求量大，"二战"后成为了欧洲商业化养殖的第一个非鲑科海水鱼类，目前主要是南欧和土耳其人工养殖。

河豚：

"文化冒险"和"生理诱惑"

吃河豚是饮食领域的"文化冒险"，关键在于时机、危险和美味的结合造成的鼓惑。死亡的危险也能映衬极致的鲜美，都像春天的樱花一样，让人们怀着无比的期待迎接短暂的享受。

在中国历史上，宋代是把吃河豚变成"文化现象"的关键时期。这以前的古人最多是提醒大家某种鱼有毒，吃了会死人。比如《山海经·北山》中记载，流向雁门这个地方的"敦水"中"多鲺鲺之鱼，食之杀人"，汉代《说文》里记载今朝鲜半岛南部的乐浪郡出产鲺鱼，可见那时候中原人知道朝鲜人吃这类有毒的美食。上述文献中鲺鱼或许就是指在北部太平洋生活的红鳍东方鲀（*Takifugu rubripes*），它们在日本、朝鲜附近海域和中国东海都有分布。

三国魏张揖著《博雅》记载"鯸鮧，鲀也。背青腹白，触物即怒，其肝杀人"，那时候人已经知道河豚毒性最大的地方是肝脏。唐学者李善注的《文选·吴都赋》中云："鯸鮧，鱼，状如科斗，大者尺余，腹下白，背上青黑，有黄纹，性有毒。"段成式的《酉

《鲕鱼与河豚》 浮世绘 1832年 歌川广重

阳杂俎续集·支动》写道："鯸鲐鱼，肝与子俱毒，食此鱼必食艾。"这已经可以确认说的就是河豚，地方也正好在吴地，也就是长江中下游。《唐草本》中曾用"河豚"之名指一种无毒的河鱼，或许是"鮠鱼"（江浙间谓之"回鱼"）。

鯸鲐这类字体复杂的上古名称不好念、记，到了宋代最广泛使用的就是"河豚"这个名称了。沈括了解到吴地人把江湖中有毒的鱼类叫作"河豚"，以劝诫的口气记述了这种事："吴人嗜河豚鱼，有遇毒者往往杀人，可为深戒。"[1]从宋代人对河豚的分布、生态习性的描述来看，河豚应该指的是春天从海洋进入长江下

---

① 沈括. 梦溪笔谈 [M]. 金良年，点校. 北京：中华书局，2015：314.

游进行生殖洄游的暗纹东方鲀，它体内含有称为"河豚毒素"的剧毒，主要集中在卵巢、肝脏和胆囊等处，即使加热也难以破坏，而河豚体内其他部位并无毒素，因此只要处理得当，去掉含有毒素的部位便可放心食用。

让河豚成为举世皆知的美食的，是北宋文化名人苏东坡，曾在杭州当官的苏东坡尝过河豚的美味，还在两首诗中给予赞誉。其中他为僧人惠崇的画题的诗《春江晓景》最为著名：

竹外桃花三两枝，春江水暖鸭先知。

蒌蒿满地芦芽短，正是河豚欲上时。

苏轼如此称许，让河豚名声更盛，尝试吃河豚的文人学士更多。元代的《辍耕录·卷九》中还记载道，传说东坡先生在资善堂与人谈及河豚之美，云"真是消得一死"。

当时发达的出版业、紧密的文人交流系统让苏东坡等人对河豚的赞美很快成为当时整个士人阶层的"共识"。文人墨客纷纷修诗写词，对这种美食有了诸多的精彩描述，夸赞它如何洁白如乳、腴而不腻、鲜美肥嫩、入口即化，等等，都成为一种文化上的升华，并在之后传播到更广泛的社会阶层中。《东京梦华录》记载，在开封吃不到河豚，酒肆便出售一种让人聊以过瘾的"假河豚"，当时的文人雅士在叹息假河豚不如真河豚美味之余，也唏嘘每年都有贪食的饕客死于河豚的毒液之下。

文人对这种吃上的冒险有各种看法，南宋永嘉学派代表人物陈止斋曾作《戒河豚赋》奉劝大家少吃为妙。其实相比文人学士的夸张形容，江河沿岸的普通人家把吃河豚当作平常事，南宋人严有翼在《艺苑雌黄》提到他在丹阳、宣城"见土人户户食之，但用菘菜、蒌蒿、荻芽三物煮之，亦未见死者"。[①]

---

① 郭绍虞. 宋诗话辑佚 [M]. 北京：中华书局，1980：538.

元代时，浙西的江阴人最爱吃河豚，初春时用河豚祭祀，然后做羹馐互相馈送，尤其是雄鱼的精巢煮成的羹汤，富含白嫩的鱼脂，号称"西施乳"——这显然也是文人才会用到的命名。古代人在吃鱼肉之外，还吃河豚软糯的鱼皮，可以向内翻卷着吞下肚去，据说脂膏香不亚于甲鱼的裙边。

南方许多地方都有吃河豚的做法和讲究，如武汉的长江中出产的河豚也被当地人加工成美食。据民国美食家唐鲁孙记载，晚清民国时期汉口桥有家百年老店"武鸣园"以烹饪河鲜著称，河豚上市就煮河豚，其他时节煮黄鳝、鲴鱼等，据说财政部部长宋子文吃过以后盛赞不已，他属下的财政部官员去武汉办事就乘机常常光顾，可惜抗战开始后日军轰炸武汉，武鸣园成了一片瓦砾。到1949年后因为全面实行计划经济，作为国有单位的餐馆没有多大竞争压力，也没人愿意加工处理可能出问题的河豚，这道美食几乎从内地人的饮食中消失了。

20世纪80年代，河豚才随着民间餐馆的增加和口味的多元化再次出现在餐馆中，因为偶然出现过加工不善致死的事件，1990年卫生部发布的《水产品卫生管理办法》曾明确规定，"河豚鱼有剧毒，不得流入市场"，好这一口的食客只能私下品尝。与此同时，长江因为滥捕、污染等，河豚、白鱀豚等野生动物大量减少，到90年代已经是濒危物种，极为罕见了。

近代日本和欧美的经济文化交流更为紧密，所以吃河豚被看作是日本饮食文化的特色。其实日本流行吃河豚要比中国晚，开始也是海边渔民自己捕捞以后吃，据说1590年日本大将军丰臣秀吉远征朝鲜时，集结在下关的士兵们因为吃河豚出了好几起死亡事件，为此他曾下令禁止全国吃河豚。17世纪以后江户（东京）才开始逐渐流行吃河豚，以致成了庶民买不起的高级食用鱼，可还是偶然会发生食用致死的事故，为此明治时期日本政府也曾禁止河豚买卖。直到1888年，政府才解除了不准出售河豚的禁令，一度很多餐馆都推出了河豚菜品，可未经训练的厨师如果不细心处理的话就会出事故，如有统计说1958年日本有289人因为食用河豚而中毒，其中 176 人死亡。现在在日本，只有那些经过专门培训并获得料理河豚执照的厨师才能允许购买、处理新鲜的河豚。

东京的私人餐馆众多，据说有上千家餐馆都可以烹烧河豚鱼菜，专门的河豚鱼料理店则可以提供河豚鱼全席套餐，包括河豚鱼刺身、佘河豚鱼皮、河豚鱼皮冻、烤河豚鱼、炸河豚鱼、河豚鱼火锅、河豚鱼烩饭、河豚鱼翅等。也是因为野生河豚越来越少，所以 1986 年日本率先开始人工养殖红鳍东方鲀，现在很多餐馆都使用人工养殖品种。

1992 年为了出口日本市场，河北唐海县最早试验在国内养殖红鳍东方鲀，之后辽宁、山东等地也有了养殖场。长期以来国内养殖的红鳍东方鲀主要出口日本、韩国，有时候私下少量提供给一些餐馆或私人尝个新鲜。90 年代中后期，江南、华南一些地方开始人工养殖暗纹东方鲀，主要供应素来就爱吃河豚的江苏沿江城市的人消费。

可是因为受到政府禁令的影响，河豚菜肴和食材无法进行公开推广，市场规模有限。直到 2016 年农业部、国家卫计委和国家食药监总局三部委才在渔业协会、企业推动下发布《关于有条件放开养殖河豚生产经营的通知》，有条件允许国内的企业出售加工后的上述两种河豚鱼产品，但是同时规定"禁止销售野生河豚，禁止销售养殖河豚活鱼，禁止销售未经加工的养殖河豚整鱼"。要想在国内的餐馆公开吃河豚整鱼，估计还需要些时日。

三文鱼：

大西洋来的刺身原料

　　我最早见识三文鱼是在日式餐厅中，粉红色的肥厚肉片中间那一道道白色的纹路其实是脂肪。那时候我以为这是日本的特色食品，后来才发现它在欧美实际上更为普遍，去超市、市场常能见到它的身影。实际上三文鱼并非日本人传统捕捞的鱼类，"二战"之前也很少进口，这是"二战"以后才加入的新原料，极少数坚持传统的日本餐馆甚至拒绝使用它做生鱼片。

　　国内对这种鱼有多种翻译，最常见的是三文鱼、大西洋鲑鱼两种叫法，其拉丁文名"*Salmo salar*"中的"Salmo"意思为"跳跃者"。它原产自北大西洋沿岸，即欧洲的斯堪的纳维亚半岛沿岸、不列颠群岛和北美东北部。分为陆封型和洄游型两类，前者终生生活在淡水中，后者则每年会从海里洄游到淡水河流中产卵，它们洄游沿途需要奋力跳跃瀑布、石块等障碍。成年三文鱼通常呈银灰色，带有一些黑色斑点，但在繁殖季节，雄鱼身上的斑点会变成浅绿色或者红紫色，且鱼下颌会发育成钩状。

《大西洋鲑》 手绘图谱 1879 年 莱登（Alexander Francis Lydon）

　　三文鱼产量大、味道美，不仅是熊的美食，也是欧洲北部沿海部落重要的捕捞鱼类之一，一直是北欧人常吃的鱼。据说在 19 世纪中期之前，三文鱼在苏格兰、荷兰等地十分常见，是仆人们也可以经常吃的低价鱼种，以致他们常常与雇主约定每周吃鲑鱼最多不能超过几次，他们更期望吃肉而不是鱼。

　　16 世纪以后欧洲人移民到北美洲，发现不仅美洲东岸有加拿大河生鲑鱼与湖生鲑鱼，美洲西边的太平洋沿岸也有外形类似家乡的"Salmon"，也洄游产卵，日常也就称为"Salmon"或"太平洋 Salmon"，后来动物学家将在太平洋产的这些鱼类归类为大马哈鱼属，这些鱼类在洄游时上下颌会变成钩子的形状。三文鱼则是大西洋鲑属，和大马哈鱼属的鱼类都属于鲑科。实际上中国东北毗邻北太平洋的河流中也产太平洋鲑鱼，当地人称之为鲑鱼或大麻哈鱼，后来因为捕捞过度基本绝种了，市面上能见到的大马哈鱼多是从加拿大、美国进口的。

《三文鱼》纸上油彩
高桥由一（Takahashi Yuichi）
1877 年
东京艺术大学美术馆

20 世纪初期，大西洋鲑作为十分重要的渔业对象，其捕捞量逐年上升，而人工养殖也开始起步，产量很大，成为了欧洲和北美东海岸渔业的支柱海产。20 世纪中后期，商人们将美国产的大西洋鲑鱼出口到香港等地，香港人用"Salmon"的粤语发音称为"三文鱼"。后来有商人把各种太平洋鲑鱼属的鱼类以"帝王三文鱼"（大鳞大麻哈鱼，King Salmon）、"红三文鱼"（红

《鱼市场》 木板油画 128.6×174.9cm 1568 年
约阿希姆·贝克尔拉尔（Joachim Beuckelaer） 纽约大都会博物馆

16 世纪安特卫普的画家创作了大量关于食物的静物画，这一件呈现了当地繁荣的渔业所供应的各种鱼类，左侧切开的是大西洋鲑。

大麻哈鱼，Sockeye Salmon ）、"阿拉斯加三文鱼"（大麻哈鱼）等名称销售。至于所谓"淡水三文鱼"实际上是虹鳟鱼或者金鳟鱼，很多是投喂色素以后让它原来白色的肉变成红色以便冒充"三文鱼"。

　　"二战"后发达国家对肉质肥厚的三文鱼需求量巨大，除了欧美传统的煎、烤做法，很大一部分都被用来做刺身，这促进了三文鱼人工养殖的快速发展。挪威、美国、智利、澳大利亚等地先后进行了大规模养殖，如挪威从 20 世纪 60 年代以来就在深二十多米的巨大网箱内海水人工养殖三文鱼，投喂的是天然鲱鱼制成的饲料，自然生长两年时间才收获处理。挪威绵长的海岸线上的纵深峡湾和寒冷的气候，为三文鱼的生长提供了得天独厚的条件，目前它是世界最大的三文鱼生产国。挪威的冰鲜三文鱼从宰杀、包装到空运至中国，最短只需三四天时间就可以出现在北京、上海的超市中。

《三文鱼片和沙丁鱼》日本画　土田麦僊（Tsuchida Bakusen）
1924 年　足立美术馆

沙丁鱼：

游向光亮处的渔网

在西班牙鱼市见过新鲜的沙丁鱼，小者长二寸，大者尺许，鱼鳃上部有浅浅的黄色色斑，体侧有几道浅浅的黄色条纹，多用来制为罐头食品。沙丁鱼在港澳被人们称为沙甸鱼，又称萨丁鱼，据说在古希腊时代，今天的意大利萨丁尼亚渔港出产较多，古希腊人称其"Sardonios"，意即"来自萨丁尼亚"。由于沙丁鱼在晚间会被光亮吸引，渔民常会用点燃灯火吸引鱼群进入围网进行捕捞。

事实上，以前欧洲渔民并不仔细区分各种鱼类的名字，把许多鲱鱼科的鱼类都叫作沙丁鱼，现在市面上有好几种常见的鱼都被冠以"沙丁鱼"的名字，如超市中常见的油浸沙丁鱼罐头，可能是用沙丁鱼、大西洋鲱鱼、太平洋鲱鱼、大西洋油鲱做的，也可能是其他小型的鲱或近似鱼类做的，如沙丁鱼属的远东拟沙丁鱼、加州拟沙丁鱼、南美拟沙丁鱼、澳洲拟沙丁鱼、南非拟沙丁鱼以及小沙丁鱼属的 20 多种鱼。中国沿海常见的金色小沙丁鱼和裘氏小沙丁鱼，可鲜食，也可

《西班牙沙丁鱼捕鱼船》 油画 马蒂亚斯·约瑟·欧登（Mathias Joseph Alten） 1914年

干制、盐制或熏制，亦可浓煮成鱼粉或鱼油。山东部分地方还把不属于鲱科的沙梭鱼也叫作"沙丁鱼"，它一般十几厘米长，圆鼓鼓的像一根小木棒。

鲱科有 64 个属、近 200 种鱼，体形从几厘米到半米不等，所有的鲱科鱼都只有一个没有硬刺的背鳍，大多生活在除两极之外的近海海域，外观青灰色，多数都是细长的小鱼，爱成群结队活动，以滤食的方式捕获海洋中的浮游生物为食。科学家曾发现的最大的一群鲱鱼在海中组成了一个体积达到 4 立方千米的超大鱼群。

鲱鱼科沙丁鱼属的沙丁鱼分布在欧洲沿海、非洲西北岸和地中海；太平洋鲱鱼分布在太平洋东北、西北沿岸及北冰洋部分地区，由于体色较为青灰，又被日

《静物》（盘子中的是大西洋鲱）　油画　格奥尔·弗莱格尔（Georg Flegel）
1629/1631 年　波美拉尼亚州立博物馆

本人称为青鱼（与中国产的淡水鱼"青鱼"是不同的鱼类），中国虽然也出产，但不当作主要鱼类食用。而日本人对青鱼比较青睐，日本北部自古有用盐腌制生太平洋鲱鱼食用的传统，近代也用其金黄色的鱼卵做青鱼子寿司。

大西洋鲱鱼广泛地分布在大西洋北部沿岸海域，自古就是北欧、西欧沿海地区渔民日常捕捞的鱼类。它算是鲱科里的"大鱼"，成年的可以长到三四十厘米，一斤多重，身体呈流线型，体侧有银色闪光，背部呈深蓝金属色，不过大多数人吃到的都是春末夏初捕捉的十厘米左右的小鲱鱼。

《静物》（大西洋鲱、葡萄酒和面包） 木板油画 44.4×59 cm 1647 年
彼得·克莱兹（Pieter Claesz） 洛杉矶郡艺术博物馆

公元 10 到 14 世纪中叶，欧洲和北大西洋的东部相比之前变得异常温暖，历史学家和科学家称之为"中世纪暖期"，导致大西洋的鲱鱼产量大增。每年夏季鲱鱼群游到荷兰的北部海区，所以这里长期以来都是捕鱼胜地。在没有冰箱、冷柜的时代，捕捞上来没来得及吃的鲱鱼经常会臭掉。1385 年，荷兰人威廉姆·波克尔斯宗发明了一种简单的处理鲱鱼的方式：把鲱鱼的肚子剖开，去掉内脏、鱼骨和头，在里外抹上盐、香料腌渍后可以让鱼肉保存一年多的时间，这样渔民可以边捕捞边加工，可以远航捕捞，也能出售到更多的市镇乃至国外去，最远可以出口到君士坦丁堡。

这极大刺激了荷兰的捕鱼业，他们的船队到大西洋近海大量捕捞鲱鱼，制成腌鱼后向周边地区大量出口，阿姆斯特丹、恩克屋和弗拉丁都是捕捞鲱鱼的重要港口，阿姆斯特丹有"建在鲱鱼骨头上的城市"之称[1]。捕鱼业对各类船只的需求推动了造船业和贸易业的快速发展，使得荷兰成为"海上马车夫"，让这个地势低洼的小国通过海上贸易变成了连接世界的贸易商业帝国。

17世纪初的北海上，有500余艘被称为"鲱鱼公交车"的荷兰大型专业捕鱼船，每条船每个捕鱼季节能够收获大约3.3万吨鲱鱼。荷兰每年捕捞的鲱鱼多达1000万吨，不仅本地人食用，而且大量出口至西欧各地，盐腌鲱鱼的消费几乎遍及欧陆，甚至一度成为军粮与缴税物，也助力荷兰成为欧洲的贸易和经济中心。19世纪荷兰在北海作业的捕鲱船有三千多艘，五万多渔民。德国和荷兰曾经与英国、丹麦等多个国家为争夺北海和波罗的海的鲱鱼渔场发生过战争。英法争霸欧陆的百年战争期间，一支法国军队于1429年在"奥尔良之围"中为抢夺英军的一批补给——包括一些武器和几桶腌鲱鱼——还引起了一场"鲱鱼战役"。

当时大部分鲱鱼或腌渍在桶内制成咸鱼，或用烟熏制成熏鱼。当时只有富人才有能力经常吃熏鲱鱼，乡镇穷人每隔几周才能吃点鸡肉、熏鲱鱼之类的动物蛋白质，平常只能靠吃各种煮豆子补充植物蛋白质[2]。

荷兰至今还有很多传统的吃法，比如把盐渍生鲱鱼夹着切成小方块的洋葱或者奶酪吃，每年5月份一些小城还庆祝鲱鱼节，展出各种鲱鱼制作的美食，许多人会用手拎起鱼尾巴，仰起脖子直接把鱼送到嘴里吞下肚子。瑞典、丹麦和德国也有类似的生吃腌鲱鱼的做法。19世纪统一德国的铁血宰相俾斯麦就好这一口，所以在德国鲱鱼有个雅称是"俾斯麦腌鱼"。

[1] 图珊-萨玛. 布尔乔亚饮食史 [M]. 广州：花城出版社，2007.
[2] 西敏司. 饮食人类学：漫话有关食物的权力和影响力 [M]. 北京：电子工业出版社，2015.

近年来大出风头的瑞典臭鲱鱼罐头，也是用大西洋鲱鱼腌制发酵而成，是在打捞、清洗后的鲱鱼上抹上少许盐，发酵 20 小时以去除血液，未经杀菌直接罐装在淡盐水中常温发酵数月，由于发酵过程中会产生大量的乙酸、丙酸、丁酸和硫化氢，导致瑞典鲱鱼有浓烈的臭鸡蛋味、腐肉味和酸臭味，与其相比臭豆腐的臭味根本不值一提。网络上常常有好奇者尝试打开臭鲱鱼罐头检验自己对特殊风味的耐受力，大多以呕吐落幕，但也有极少数喜欢它的人，有人还搭配薄饼、洋葱、奶油、熟番茄片一起食用。

《捕捞鲱鱼》 浮世绘 渡边贞夫 1950 年

墨鱼：

黑色深处的美味

　　在西班牙旅行时常吃墨鱼烩饭，亦称黑菜肉饭（Black Pealla），当地人说做法不同于一般的鸡肉或海鲜菜肉饭，而是用墨鱼汁佐以蒜、胡椒和高汤做的，也会加入新鲜的墨鱼、贻贝、扇贝、对虾等海鲜贝类作为配料。吃的时候牙齿、嘴唇都会被染黑，吃完如果不仔细擦的话嘴角常会带着黑色的痕迹。后来在意大利发现他们对墨鱼的兴趣也不小，有种煨饭就是用黑乎乎的墨鱼墨汁做的，做法和西班牙黑菜肉饭类似，但没有后者那样多的配料。意大利人喜欢在冬季吃墨鱼做的食品，如在意大利面中用小墨鱼作配料，或者单独吃油炸、烧烤的小墨鱼，还有人喜欢把墨鱼的生殖器官煮熟后拌在威尼斯沙拉中。大墨鱼的肉质过于粗硬，他们不是很欣赏，烹饪时会提前在葡萄酒、醋和盐中浸泡让它变软后再做成汤或炖菜。

　　墨鱼、乌贼是对软体动物门头足纲十腕目乌贼科所属动物的统称，又叫墨斗鱼、乌鱼。实际上，它们不是"鱼"，而是跟陆上的蜗牛、海里的牡蛎一样，

墨鱼图案装饰的陶杯　赤陶
17.7×16.2cm
公元前 1200 年　迈锡尼文明
巴尔的摩沃尔特斯美术馆

《章鱼、红鱼》浮世绘 木刻彩色印刷
歌川国芳 19世纪早期

《章鱼、鱿鱼和其他生物》 马赛克拼贴 那不勒斯国立考古博物馆

属于软体动物类。墨鱼广泛分布于中国北起渤海、南至北部湾的各大海域。墨鱼生有十个"腕足"，八只短足围口而生，另有两足特别长，主要用来捕捉食物，称为"捉足"。

墨鱼的腹部含一膨大的墨囊，贮有浓黑的液汁，当遇到敌害攻击时它可以经腹部的漏斗喷射出墨汁把周围的海水染黑，趁机逃之夭夭。古人对此现象有个有趣的解释，清代山东桓台出生的著名文人、刑部尚书王士禛解释说："墨鱼会喷墨是因为它们是成天抄写公文的'文吏'掉入海里后化身而来，到了海里还要继续掉书袋。"

人们常把墨鱼和鱿鱼、章鱼弄混淆，鱿鱼是对软体动物门头足纲十腕目枪乌贼科所属动物的统称，约有 50 种，枪乌贼与墨鱼外形上的最大不同在于鱿鱼都没

有内壳（海螵蛸、乌贼骨），屁股上则长着三角鳍，头和躯干比墨鱼的狭长，躯
干部末端很像标枪的枪头，因此叫枪乌贼；就味道而言，鱿鱼肉比墨鱼的鲜美细
嫩，最常见的鱿鱼是中国枪乌贼，也称柔鱼，主要分布在中国华南和东南亚近海。
章鱼是对软体动物门头足纲十腕目蛸科（章鱼科）所属动物的统称，约有 140 种，
分布于世界各海域，最常见的是长蛸和短蛸这两种。章鱼与乌贼相似但体形不同，
章鱼是圆脑袋，足的数目也不同，章鱼有八个足，俗称"八爪鱼"，墨鱼和鱿鱼
则有十个"爪子"。

　　我国食用墨鱼的历史悠久。春秋战国时期的《山海经》中即有 27 种龟、鱼类
药物的记载，墨鱼是其中之一。传说汲冢出土的《商书·伊尹朝献》中记载的东

《墨鱼干和梅花》 浮世绘　木版彩色印刷　14.1×19.1cm　19 世纪初　蹄斋北马　纽约大都会博物馆

方部落向商王进贡的"鲴酱"，可能就是用墨鱼或其他鱼所做的鱼酱汁。在汉代《说文》中已经记载了"墨鱼"的名字，其内壳被称作"海嫖蛸"，是一味珍贵药材。

南北朝时沈怀远所撰的《南越志》里提到"乌贼怀墨而知礼"，江南有些心怀不轨之辈借人财物时用墨鱼的黑汁充当墨汁书写契约，一段时间后书迹会自动消退，留下一张白纸而已。

到了南宋，有浙江文人写诗称赞"墨鱼"这种美味，估计当时主要是在江南近海地区常见。明太祖朱元璋洪武元年（1368），浙江台州府岁贡的15种海产品中，就有乌贼鱼暴干的"螟蜅"一项。干制的墨鱼是宴席上的海珍。特别是雌墨鱼的缠卵腺（俗称乌鱼蛋）和雄墨鱼的生殖腺（俗称乌鱼穗）的干制品更是享有盛名。鲜墨鱼不论炖、炒还是熘、熬都有鲜美的味道，可惜只有海边人家才能享受。

明代人对墨鱼的药用和滋补价值有所强调，如李时珍在《本草纲目》中提到，其肉可以"益气强志""通月经"等。明代后期一直到民国时期，福建和江西等地民众视之为产妇必备之食，因此用量很大。民国湖南《嘉禾县图志》卷十《礼俗》中记载当地宴席食用海产品日益奢靡的现象："五六十年前婆会（妇女席）用墨鱼已侈，城俗渐用鱼翅，乡人或效之。"当地认为墨鱼对女性身体尤有滋补，故在"婆会"中出现。20世纪30年代当地士绅们所组成的崇俭维礼会提出以下公约："凡无论何事筵宴，海物只用墨鱼，禁鱼翅海参；用肉一席毋过三斤，禁牛肉；酒毋过三行，禁割肉即食，余以箸穿肉而归也。"可见这时候墨鱼因为产量大，价格已经较低，成了常见补品。

清初严禁渔民出海，直到康熙二十四年（1685）才放开，浙江温岭等地捕捞墨鱼的产业到嘉庆年间已经相当发达，是当时渔获量最大的几种海洋生物之一，主要是晒干销往江西等地。清代后期嵊山和中街山墨鱼传统渔场就得到开发，光宁波每年出海捕鱼的渔船多达三四千艘，每年农历四月出海，一直到七月才结束。

清末到民国初期，宁波的墨鱼产量一直称雄全国，在清末已经沿着长江销往川湘鄂赣各个通商口岸以及闽粤等省份。

舟山地区的墨鱼产量巨大，1936 年 2 月 11 日《申报》报道，嵊泗列岛"每年有黄花、带鱼、海蜇、乌贼四大渔汛"。1936 年 4 月 27 日《申报》报道了全国墨鱼主要产区："螟蜅即墨鱼干，俗称乌贼业，产于浙江滨海各地，推羊山、嵊山、岱山、舟山为最多，次之为泗礁、黄龙、六横、花鸟、穿山、瞿山、沈家门、沥港、温州等处，余如烟台及江北一带亦有生产，名曰北蜅，但产额不逮宁波远甚，唯品质极佳。"浙江捕捞的主要是东海的曼氏无针墨鱼，它们每年从南向北产卵形成几次渔汛，而烟台等地所产之"北蜅"即黄海、渤海常见的金乌贼。此外，山东高密、日照、即墨等地还出产金乌贼的乌鱼蛋（乌贼卵盐藏及干制）、乌鱼穗（乌鱼精子干制）。

舟山渔场的墨鱼产量一直到 20 世纪 70 年代都极为可观，但是因为滥捕，到 80 年代初曼氏无针墨鱼资源量急剧衰退，不再有大规模的渔汛。目前国内主要是东海的针乌贼、剑尖枪乌贼的渔获量还小有规模，在江浙地区常可以吃到新鲜的炒墨鱼。

有意思的是，西班牙人、葡萄牙人常吃的传统小食包括炸鱿鱼之类，19 世纪的时候葡萄牙传教士、商人把这种油炸的做法传入日本，形成了日本人称作"天妇罗"的做法，是将新鲜的墨鱼、鱿鱼、虾和时令蔬菜裹上鸡蛋面糊，放入油锅炸成金黄色，形成外壳酥脆透明、内里鲜嫩多汁的效果，如今被当作日本的特色美食了。

鳗：

滑溜溜的神灵

在西班牙吃过七鳃鳗烩饭，米粒让肉质浸润得黑乎乎的，鳗肉吃起来则油润脆嫩，味道颇为可口，我开始以为这里用的就是鳗鲡一类的鳗鱼，后来才知道这种烩饭中使用的海七鳃鳗、欧洲七鳃鳗是更为古老的生物，甚至不算是"鱼"。可是毕竟外观看起来也是滑溜溜一条，人们也就用"鳗"称呼它了。

七腮鳗有个听起来可怕的生活习性，喜欢用吸盘状口部吸附在鱼等海洋动物的表皮上，然后用牙齿撕开皮层蹭吸血液维生。可是人们对此并不介意，吸引大家的是它全身的软骨和鲜嫩的肉质，油脂丰富而口感上佳，在欧洲和东亚都是人们喜欢的食物。据史书记载，公元1世纪古罗马的短命皇帝维特里乌斯（Aulus Vitellius Germanicus）以贪吃著称，每天早宴、午宴、晚宴和长夜饮宴四次进食都要大吃大喝，不惜在吃饱以后服用催吐剂吐出以便尽情享受下一顿的美食。他喜欢吃一道用各种稀奇食材做成的大菜，为此派出密使到帝国边缘地区寻找七腮鳗的脾脏、梭子鱼的肝、

《鳗鱼》 绢本设色 34.3×27.6cm 明治时期 1890—1892

関袖江纽约大都会博物馆

《海鳗》 （1. 七鳃鳗；2. 欧洲七鳃鳗；3 & 4. 泼氏七鳃鳗）手绘图谱

亚历山大·弗朗西斯·莱登（Alexander Francis Lydon） 1879 年

野鸡的脑髓、红鹤的舌头等[1]，据老普林尼在《自然史》（又译《博物志》）中记载，他进餐使用的每只银盘价值高达百万铜币。

中世纪时七腮鳗仍然是欧洲贵族追捧的美食，传说 1135 年英王亨利一世去诺曼底巡视期间吃了大量炖七鳃鳗，因为消化不良死在了马桶上，这仅仅是传说，实际上他可能死于食物中毒，最后侍从只好把他的尸体缝入牛皮中带回英格兰。日本人、韩国人则吃本地出产的东亚叉牙七腮鳗（*Lethenteron camtschaticum*），日本古人

---

① 伊恩·克罗夫顿. 我们曾吃过一切 [M]. 北京：清华大学出版社，2017：23.

《鳗鱼》 手绘图谱 EEL 1889 年 纽约大都会博物馆

把它的七个腮误认为是眼睛，所以叫作"八目鳗"，吃法和做鳗鲡一样多种多样，如蒲烧、白烧等。

当然，日本人吃得最多的还是各种鳗鱼，其中最常见的、现在多由人工养殖的是日本鳗鲡。我第一次吃鳗鱼也是在日料店，那时候在北京上大学，北三环附近有一家日料店的自助价格是每人 59 元，我们宿舍七八个人偶尔会一起去解馋，进门先要点十盘烤鳗鱼（蒲烧）。这样的"饿人"多了，店家很快就撑不住，价格逐渐往上涨，我们也就少去了。

鳗鱼是对鳗鲡目鳗鲡科、鲸科几种鱼类的统称，似蛇，但无鳞，一般产于咸淡水的交界海域。现今世界上的鳗鱼种类共有 18 种，分布于印度洋至太平洋一带的有 16 种，北大西洋所产有两种，即欧洲鳗和美洲鳗，这两种鳗的产卵场位于美国佛罗里达州外海的藻海（Sargassa Sea）附近，孵化之后分别随海流漂流至欧洲和美洲大陆沿岸江河中，在河流中生活十多年后会再次回到大海中。不少地方的意大利人推崇鳗鱼的味道，有圣诞节时吃鳗鱼的传统，用葡萄酒炖或者裹面粉煎熟了吃。新鲜的鳗鱼吃不完的话，还会做成烟熏鳗鱼、鳗鱼肉酱或浸泡在醋中密封保存。烟熏鳗鱼可以配黄油和柠檬汁放在吐司上作为开胃菜食用。

东亚人常食用的是分布于日本北海道至菲律宾的西太平洋水域的日本鳗（也称白鳗），因腹部为白色而得名。日本鳗在淡水的河川里长大为成鳗，到了夏天就开始降海洄游，由河川游到海洋去产卵，和鳟鱼、鲑鱼由海洋中游回河川去产卵的溯河洄游正好相反。它的产卵场远在几千公里以外介于菲律宾和马里亚纳群岛中间的深海，1 尾雌鳗 1 次可产卵 700 万～1000 万粒，10 天内可孵化，孵化后仔鱼逐渐上升到水表层，仔鱼透明如叶子一般，成为叶鳗、柳叶鱼，春季随海流漂向中国、朝鲜、日本等陆地沿岸的江河口，发育成白色的幼鳗（也称白仔、鳗线）时雄鳗通常就在江河口成长，雌鳗则逆水上溯进入江河的干支流和湖泊，有的甚至跋涉几千公里到达江河的上游生长、发育，达到性成熟的鳗鱼在秋季又大批降河洄游至海中繁殖。在中国主要分布在长江、闽江、珠江流域、海南岛及江河湖泊中。另外比较常见的还有薯鳗、钱鳗，主要分布于热带及亚热带温暖的海域，体色鲜艳多变，斑纹形式多样，港台海鲜店经常出售，由于体表的黏液腥味较重，烹调时多红烧或药炖。另外属于海鳗科（Muraenesocidae）的灰海鳗也常见，广泛分布于印度洋、西太平洋及红海海域。

鳗鱼的一个有趣的特点是它的性别受环境因素和密度的控制，当密度高、食物不足时会变成公鱼，反之变成母鱼。人工养殖的主要是日本鳗、欧洲鳗、美洲鳗等。鳗鲡的性腺在淡水中不能很好地发育，更不能在淡水中繁殖，因此人工养殖的鳗鱼需要渔民每年 12 月至来年 1 月间在河口附近的海岸捕捞正要溯河的鳗线——因身体细长透明，但已经有了黑色素——卖给养殖户，买回去放养后才慢慢变成黄色的幼鳗和银色的成鳗。

现在世界上每年出产的鳗鱼超过一半都被日本人所消费，追溯历史的话日本人约在4000年前就开始食用鳗鱼，估计都是直接煮食或烤熟。加上酱汁烧烤的蒲烧这种吃法的历史要晚得多，是约200年前江户后期才出现的，与荞麦面、天妇罗同为江户时期具有代表性的料理。

江户是东京的旧称，200年前东京附近的河流盛产鳗鱼，本地人称作"江户前鳗"，把日本其他地区产的鳗鱼叫作"旅鳗"。最初街头的鳗鱼店是把未经剖开的鳗鱼直接串在竹签上盐烤，样子就像河边宽叶香蒲的穗一样，由此得名"蒲烧"。后来才出现了接近现在的做法：把鳗鱼剖开，去掉内脏、鱼骨，然后蘸上酱油、味醂（甜料酒）等调味料烤制。

鳗鱼专卖店里以前最考验厨师的是要把长而黏滑的鳗鱼轻巧快速地剖开，去除鱼骨和内脏，传统的方法是先用一把小尖刀把鳗鱼一头固定在菜板上，用另一把刀的刀锋迅速将鳗鱼分解为上中下三条肉，然后铺平以便加酱料。关东地区与关西地区传统的处理方法还略有不同，关东厨师是从鱼背入刀，而在关西则是从鱼腹入刀。另外关东会把鱼先蒸一下再烤，关西会把切后的鳗鱼穿在木扦上，加上混合酱油与味醂或砂糖的调味酱汁，直接用炭火烤熟，再撒上灰绿色的山椒粉就可以食用了。

据说当时江户堺町（现东京都中央区日本桥人形町）有个能剧场的老板大久保今助常订购附近餐馆"大野屋"的蒲烧外卖，可有时候有事耽误了一会儿蒲烧就凉了不好吃了，他就让助手把蒲烧放在装有热饭的器皿中等烘热了再吃，周围的人也模仿这种做法。此后"大野屋"干脆就直接把包裹着甜咸调味汁的蒲烧放在米饭上出售，发明了所谓的"鳗鱼饭"，江户的鳗鱼店纷纷模仿，就流行开了。日本的老习惯是在夏天吃鳗鱼，认为是夏季的滋补品，尤其是立秋之前最炎热的

《东都御厩川岸》 浮世绘 彩色木刻印刷 25.7×37cm

江户时代 1830—1844 歌川国芳 纽约大都会博物馆

这幅画描绘了倾盆大雨中的河边道路上出现的有趣场景，左侧三个人挤在一把伞下面艰难前行，右侧一个举伞的人胳膊下面夹着三把伞，而中间一个卖鳗鱼的渔民似乎已经习惯了大雨，平和地在雨中漫步前进。

十八天里被称作"夏之土用"，江户时代就有"土用丑之日（7月25日前后）吃了鳗鱼，夏天也不会瘦"的说法，据说是因为"丑日"和鳗鱼在日语里谐音，民间流传在这一天吃鳗鱼能够身体健康地度过炎夏。

日本的鳗鱼饭根据容器、吃法的不同有三种："鳗丼"（鳗鱼盖浇饭）是用大瓷碗盛；"鳗重"（鳗鱼盒饭）则用一种叫作"套盒"的四方形漆器，显得高档一些；盛在圆方的容器"桶"中的则是"希此玛布西"（鳗鱼饭三吃），鳗鱼切得更细，配有山椒、海苔、芥末等调味料可自行调味，人们会先吃大部分，还剩三分之一时把剩下的鳗鱼饭盛到碗里，浇上汤汁做成茶泡饭。最后一种吃法据说是名古屋餐馆"热田蓬莱轩"的发明，这家店于 1873 年创业，在外送招牌鳗鱼饭时，为防止在途中摔坏和提升效率，就开始把数人份的烤鳗鱼、汤等放在木制容器一起运送，成就了"鳗鱼饭三吃"的做法。

除此以外，有些地方还有白烧鳗鱼的做法，是把鳗鱼直接放到火上烤制，配上芥末、姜等调料，蘸着酱油食用。还有的地方用鳗鱼内脏煮成"鳗鱼肝汤"，或者把穿在竹签上的鳗鱼肝烤熟吃，略微有点苦味，算是一种特别风味的下酒菜。

因为需求较大，日本的鳗鱼养殖历史可以追溯至 17 世纪，20 世纪初开始大量捕捉野生鱼苗进行人工养殖，1928 年养殖鳗的产量已同天然鳗渔获量相当，达 3000 吨左右，此后养殖鳗更是超过了捕捞的纯野生鳗鱼。20 世纪 70 年代开始还从韩国、菲律宾、澳大利亚、美国以及中国台湾进口鳗鱼。由于进口的人工养殖鳗鱼增加的缘故，在一般的超市人们也能够以相对比较便宜的价格买到。

中国台湾 20 世纪五六十年代开始引种试养鳗鱼并向日本出口，是那时最大的出口地区；70 年代末后福建、广东潮汕地区引入台湾等地的技术开始养殖鳗鱼，到 1995 年大陆鳗鱼产量 6 万多吨，超过日本成为全世界鳗鱼最大的生产国和出口国。当时绝大多数都出口日本等地，后来也出口美国、俄罗斯等地，出口量占世界贸易量的 80% 左右，成为"鳗鱼王国"，其中顺德是最大的鳗鱼养殖和出口加工基地。欧洲最早进行人工养殖鳗鱼的是意大利，1969 年开始，丹麦、荷兰、英国、法国等国家也相继开发、养殖。

不仅仅日本人吃鳗鱼，伦敦附近的渔民上千年来都使用手掷网在英国柏瑞河（River Parrett）与塞汶河（River Severn）捕捞欧洲鳗鱼，主要卖给伦敦东部的穷人吃，18 世纪的时候最为流行。可伦敦人的吃法显得太简陋，估计都是加点调料煮熟了吃。从那时流传至今的一道伦敦传统菜式叫作"鳗鱼冻"（Jellied eels），就是把新鲜鳗鱼加上醋、香料，煮出类似鱼冻的胶质以后放置冷却，形成凝胶状，对中国人来说味道淡而腥，实在不敢恭维。鳗鱼产品无刺、肉多、易食用，可惜价格较高、腥味过于浓重，并没有在欧美流行，在大多数国家仅仅在日料店中出现。

鳗鱼因为不好捕捞、宰杀，样子也比较古怪，似乎在中国古代并不怎么受欢迎。东汉的《说文解字》中有"鳗"这个字，唐宋时代才多了具体的描述，如《梦粱录》记载南宋首都临安饭馆里有米脯风鳗、鳗丝、炙鳗几样菜品，可见浙江人早就吃烤鳗了。明清时候对鳗鲡的记载多起来，后来粤菜、上海菜也出现鳗鱼做的菜，如梅汁蒸鳗鱼、粉蒸鳗鱼等。

鳗还在浙江的民间文化中占有一席之地，绍兴、宁波、杭州都有所谓的"灵鳗井"。最早有记载的是绍兴塔山之巅宝林寺中的"灵鳗井"，中唐诗人徐浩已经提到这口神奇的水井，北宋人沈括在《梦溪笔谈·神奇》中记录得更为详细："越州应天寺有鳗井，在一大磐石上，其高数丈，井才方数寸，乃一石窍也，其深不可知，唐徐浩诗云'孤岫龟形在，深泉鳗井开'，即此也，其来亦远矣！其鳗时出游，人取之置怀袖间，了无惊猜，如鳗而有鳞，两耳甚大，尾有刃迹，相传云'黄巢曾以剑拂之'。凡鳗出游，越中必有水旱疫疠之灾，乡人常以此候之。"或许是井水盈亏导致动物出现异常行为，与自然灾害恰好前后脚发生就让人们对其"神力"有了崇拜。日本一些岛屿的民众也有类似的信仰，觉得鳗鱼、鲇鱼如果行为异常就意味着要地震，还形成了有关的神话传说。

除绍兴宝林寺之外，宁波、杭州也有叫作"鳗井"的"文化景点"。史载公元916年割据浙江称王的吴越王钱镠命人迎请宁波鄞县阿育王寺中的佛舍利到杭州宫中供奉，据《佛祖统纪》第五十三卷记述，佛舍利抵达杭州的晚上钱镠梦见一菩萨自称是阿育王寺东侧水井中的"灵鳗"前来保护佛塔。可以推想宁波人早就祭拜阿育王寺中一口井里的"灵鳗龙王"，有时候遇见天旱官府为了祈雨甚至还会在井前杀猪祭祀。钱镠后来在杭州凤凰山东麓修筑南宝塔寺珍藏佛舍利，在南廊凿井的时候出现了"灵鳗"，故名灵鳗井，后寺庙毁于火，乾德三年（965）末代吴越国王钱弘俶曾命令重建，后更名为"梵天寺"。苏东坡曾经到访这里并写下诗歌《梵天寺题名》：

但闻烟外钟，不见烟中寺。
幽人行未已，草露湿芒履。
惟应山头月，夜夜照来去。

末代吴越王钱弘俶决定把"佛螺髻发"永远留在杭州，希冀借此保佑自己的家族、都城和王国，公元975年他为其皇妃黄氏在西湖边修建"黄妃塔"时下令把珍贵的"佛螺髻发"舍利放在塔底的地宫中保存。可惜这座塔刚修到第7层他就不得不将国土献给宋朝，到开封做了一个闲散王侯。经历了北宋末年的雷击、明代倭寇的焚毁等劫难，黄妃塔到民国时候只剩下赭黄色的残塔，民间称为"雷峰塔"。可是那时候杭州人盛传这个塔砖有辟邪的作用，塔砖频遭盗挖，导致1924年残塔轰然倒塌。因为鲁迅的一篇文章，倒掉的雷峰塔常常成为人们凭吊的对象。

鲍鱼：

吃法的两个极端

公元前 210 年正月，统一六国后的第二年，秦始皇第五次出外巡游，左丞相李斯、公子胡亥、中车府令赵高等人随驾同行，一路上祭祀先圣，立石颂功。在归途中，始皇得了重病，于是写下遗诏给大公子扶苏，要扶苏赶来继承皇位，但到了沙丘（今河南广宗大平台）始皇帝就病死了。胡亥、李斯、赵高秘不发丧继续西行，此时正值七月高温，始皇的尸体已开始腐烂，并发出难闻的臭味，他们让人拉了一车"鲍鱼"跟在车队后面掩盖恶臭。等回到咸阳才正式为秦始皇办理丧事，安葬在骊山。

"沙丘鲍鱼"就此成为了历史典故，那一车能散发浓臭的"鲍鱼"在当时指的是人们常吃的咸鱼。《大戴礼记·曾子疾病》中记载道："与君子游，芬乎如入兰芷之室，久而不闻，则与之化矣；与小人游，贷乎如入鲍鱼之次，久而不闻，则与之化矣。"这里的"鲍鱼"泛指经过盐渍的咸鱼，《周礼·天官》里提到的"笾人"就是专门负责腌制咸鱼并备用的。入鲍鱼之肆，就是指进入制作咸鱼的作坊或保存咸鱼的库房，会闻到浓重的味道。

《鲍鱼采收人》
浮世绘　木刻彩色印刷
37.8×24.8cm　1788 年
喜多川歌麿
纽约大都会博物馆

现代所称的名贵海鲜"鲍鱼"在古代称作"鳆鱼"，《史记》称为"珍肴美味"，西汉末年篡位称帝的王莽在最后几个月走投无路时忧愁得吃不下饭，就靠多喝酒、吃鳆鱼度日，打败他称帝的东汉开国皇帝刘秀也曾吃过青州、徐州进献的鳆鱼。曹操、曹丕也是鳆鱼的爱好者，曹丕还曾向吴国国王孙权送过"文马一匹，白罽子裘一领，食蜜五斛，鳆鱼千枚"，魏晋南北朝时期的《南史·褚彦回传》中记载出产鳆的淮北当时属于北朝，偶尔从那里传入南方的鳆鱼价格极为高昂，"一枚直数千钱"。这些能够远距离赠送、运输的肯定是炮制后的干鲍鱼，吃的时候还需要涨发、烧制才能入口，如清代美食家袁枚就夸张地说干鲍鱼发后至少要烧三天才能咬得动，可见很耗费火功。

《伊势海边渔民采收鲍鱼》 浮世绘　歌川国贞　1832 年

《鲍鱼采收人》
浮世绘　木刻彩色印刷
喜多川歌麿
18 世纪末

宋代诗人苏东坡嗜吃鲍鱼之余，还专门写下了《鳆鱼行》的诗，盛赞鲍鱼之珍贵和佳妙：

膳夫善治荐华堂，坐会雕俎生辉光。
肉芝石耳不足数，醋芼鱼皮真倚墙。

鳆鱼在明清时候才改称"鲍鱼"，明人谢肇淛《五杂俎》卷九记载："鳆音扑，入声，今人读作鲍。"清代人金埴提到可能是北方人先把鳆鱼改称读音相近的"鲍鱼"，然后南方人也渐渐如此称呼。明清富豪权贵认为海产品可以滋补身体，因此大规模消耗各种稀有海产，这种习俗一直流行到今天，东亚地区至今还是全球最大的鲍鱼、海参等产品的消费地区。

古人吃的多是干鲍鱼，据说渔民把鲍鱼捕捞上岸后，立刻要将鲍鱼肉从壳中完整取出，浸泡在盐水中约半天，接着以冷热水交复清洗，再加入盐水煮，之后便以炭火烘烤至干，再置于太阳下晒制，达到一定的程度后，移至阴凉处风干，就此反复，至少一个月的时间方能完成。

野生鲍鱼供不应求，20 世纪 50 年代以来日本、中国等先后尝试进行人工养殖，后来因为东亚需求量巨大，南非、欧洲、加拿大、美国、中东、澳洲等许多国家和地区都展开商业养殖，最早大多卖给日本和中国港澳台地区，90 年代后中国大陆崛起成为一个大市场。华人喜欢吃个头大的，越大越好，而日本人通常更欣赏 5 年左右的小鲍鱼，切片生吃起来最为脆嫩。当代食客最推崇日本出产的网鲍、吉品鲍、禾麻鲍，南非、澳洲、智利的鲍鱼因为价钱比日本的便宜得多，现在更为常见。除了活鲍鱼、冰鲜鲍鱼，加工后的鲍鱼罐头现在也很常见。

从非洲、美洲、亚洲到法国布列塔尼，世界各地的海边部落都有捕食野生鲍鱼的漫长历史，还有些人从鲍鱼壳中获取珍珠。美洲沿海印第安人很早就采集鲍鱼食用，可是欧洲的移民并无此习俗，长期以来主要是华人移民喜欢在鱼市购买这种偏门食物。直到 1915 年在旧金山举行的巴拿马太平洋世界博览会上，鲍鱼作为美食出现在餐饮区中，让美国白人对这种美食有了新的认知，之后鲍鱼才出现在一些餐馆中。

世界上大多数地方吃鲍鱼都是直接煮熟了吃或者烤着吃，这样吃的鲍鱼口味其实并不突出。比较有特色的还是中国和日本的吃法，恰好构成了两个极端：中国最常见的做法是把活鲍鱼加工成干制鲍鱼，然后红烧或炖汤，追求滋味的丰富醇厚、口感的柔韧弹性，这大概是因为捕捞地点和消费地点距离较远出现的一种特别处理，显得繁复而奢侈。而日本全国都离海很近，因此都是吃生鲜鲍鱼的刺身、寿司或者酱烧，恰好符合 20 世纪 60 年代以来欧美追求食物本味、生鲜的主流饮食文化潮流，因此在世界上的追随者众多。日本个别传统餐馆还有生吃活鲍鱼、吃鲍鱼肠的菜品，如此极致的追求大概只能偶尔尝试。

鱼翅：

文化中的食品

　　尽管动物学家、营养学家一再声称鱼翅的主要营养成分是胶原蛋白，其营养价值跟猪蹄、鸡皮及一般的鱼皮相差无几。可惜它在明清以来的华人饮食文化中的地位如此显赫，证明了"吃"这个行为并不仅仅在于实际上的营养如何，还依赖于更为庞大的文化背景。它的流行并不仅仅在于餐馆、厨师声称的那些滋补价值，还因为它是一种异常稀有的食材——要从凶猛的野生鲨鱼身上取得，经过复杂的加工和郑重的制作，价格也够高，这本身也是一种权势和财富的炫耀行为。

　　所谓鱼翅，就是鲨鱼鳍中的细丝状软骨经过加工而成的海产。中国古人把海中的鲨鱼叫作鲛鱼、鱼昔、鲨鱼、吞船、吞山等，吃它们的历史可以追溯到宋代，那时人们已经开始吃鲨鱼的鱼皮和鱼唇，鲨鱼皮细切成丝后生吃，属于"脍"的一种，非常珍贵，梅尧臣曾获友人馈赠，写下了《答持国遗鲨鱼皮脍》一诗称赞"海鱼沙玉皮，翦脍金齑（jī）酽（yàn）"。鲨鱼在杨彦龄《杨公笔录》中是与江珧柱、赤鳔之类并列

《墨西哥湾流》 布面油画 71.4×124.8cm 1899 年 温斯洛·荷默（Winslow Homer）
纽约大都会博物馆

温斯洛·荷默描绘了一位黑人男子在一艘没有桅杆、没有舵的渔船上随波逐流，对成群鲨鱼的出现并不在意，他似乎已经放弃了希望，而远处的云层下有一艘大船经过，有获得救助的可能。这可能和画家在父亲死亡以后对于生命和死亡的思考有关，也可能受到海难新闻报道的影响。

的海珍，估计还是指皮，开封的饭馆中还有一道菜叫"肉醋托胎衬肠鲨鱼"。南宋大臣张俊宴请宋高宗的宴席中有"鲨鱼脸"和"炒鲨鱼衬汤"，后者估计是汤和"炒鲨鱼皮"的组合。《梦粱录》里记载临安饭馆中也有卖燥子鲨鱼丝儿、清供鲨鱼拂儿这等名目的菜品。

最早食用鱼翅的应该是渔民，渔民出售鲨鱼皮、肉后，将鱼鳍留下自己食用，渔商发现有利可图，干燥后作为商品运销，鱼翅才渐渐出现于宴席上。晚明富豪好吃珍异之物，以为有滋补作用，这才推崇鲨鱼鳍内含有的胶状翅丝。小说《金瓶梅》第五十三回把鱼翅视为与燕窝一样的"珍羞美味"。《本草纲目》载"（鲛鱼）背上有鬣（liè），腹下有翅，味并肥美，南人珍之"。内陆地区距海洋比较遥远，鱼翅必须要先经过干燥处理好保存和运输，吃的时候则需要浸泡涨发。明末万历年间太监刘若愚说明熹宗喜食"鲨鱼筋"，即鲨鱼翅筋，还吃用鱼翅、燕窝、蛤蜊和鲜虾等多种原料制作的"一品锅"。因为消费量巨大，明代的时候中国已经开始从日本进口鱼翅、海参等海产品。受中国文化的影响，日本、朝鲜、东南亚一些地方也吃鱼翅，但是并没有华人那样热衷。

清代鱼翅需求更大，郝懿行的《海错》中记载，当时山东沿海的鲨鱼"色黄如沙，无鳞，有甲，长或数尺，丰上杀下，肉瘠而味薄，殊不美也。其腴乃在于鳍，背上腹下皆有之，名为鱼翅，货者珍之。瀹以温汤，摘去其骨，条条解散，如燕菜而大，色若黄金，光明条脱，酒筵间以为上肴"[1]，乾隆后期以来南北各地的高级宴会都流行鱼翅，故官场有"无翅不成席"之说。如《竹叶亭杂记》卷八中记载，首都北京"近日筵席，鱼翅必用镇江肉翅，其上者斤直二两有余"。[2]对外商贸发达的广州也是如此，时人称"粤东筵席之肴，最重者为清炖荷包鱼翅，价昂，每碗至十数金"。[3]一道鱼翅十几两银子，要比京城的更贵。连西安地方官员招待过境官员也是"上席比燕窝烧烤，中席亦鱼翅海参"了[4]。

需求增加，于是出现了渔民专门出海捕捉鲨鱼、制作鱼翅的现象，他们捕捉到鲨鱼以后割下鱼鳍，经过去皮、刮沙、折骨、挑丝等工序，再用硫黄熏制、整

① 郝懿行. 郝懿行集 [M]. 济南：齐鲁书社，2010：4488.

② 姚远之. 竹叶亭杂记 [M]. 北京：中华书局，1982：176.

③ 徐珂. 清稗类钞 [M]. 北京：中华书局，2010：6470.

④ 张集馨. 道咸宦海见闻录 [M]. 北京：中华书局，1981：8.

《尖吻鲭鲨》 手绘图谱 穆勒和亨利（Müller & Henle） 1838 年

形包装后运到远方的大城市出售。赵学敏《本草纲目拾遗》介绍说："鲨鱼翅，干者成片，有大小，率以三为对，盖脊翅一、划水翅二也。煮之拆去硬骨，检取软刺色如金者。"同时又介绍精加工的翅饼："漳、泉有煮好剔取纯软翅作成团，如胭脂饼状，金色可爱，名沙刺，更佳。"

　　各地也形成了不同的鱼翅做法，闽粤、河南、扬州、苏州等地各有擅长，李斗的《扬州画舫录》记载了扬州大厨烹制满汉全席，以"鱼翅螃蟹羹"为压轴菜，《汪穰卿笔记》记载"闽之京官四人为食鱼翅之盛会，其法以一百六十金购上等鱼翅，复剔选再四，而平铺于蒸笼，蒸之极烂。又以火腿四肘、鸡四肢亦精造，火腿去爪，去滴油，去骨，鸡鸭去腹中物，去爪翼，煮极融化而漉取其汁。则又以火腿、鸡、鸭各四，再以前汁煮之，并撤去其油，使极精腴。乃以蒸烂之鱼翅入之。味之鲜美，盖平常所无。闻所费并各物及赏犒庖丁，人计之约用三百余金，是亦古今食谱中之豪举矣"。[①]顾禄在《桐桥倚棹录》中写道苏州菜馆推出多种风味特异的鱼翅菜品，有鱼翅三丝、鱼翅蟹粉、鱼翅肉丝、清汤鱼翅、烩鱼翅、黄焖鱼翅、拌鱼翅、炒鱼翅等。民国时期鱼翅仍然是高级宴会的主菜之一，嗜好者不乏其人。如民国

---

① 徐珂. 清稗类钞 [M]. 北京：中华书局，2010：3300.

初期曾任行政院院长的谭延闿，字组庵，以好美食闻名，他的家厨曹敬臣换着花样做各种鱼翅菜品，如将红煨鱼翅的方法改为鸡肉、五花肉与鱼翅同煨，成菜风味独特，备受谭延闿赞赏，后来人们称为"组庵鱼翅"。

只有经过加工的鱼翅才能成为烹饪原料，粗加工成为翅板（或称翅片、原翅、皮翅），细加工则成翅丝（或称软刺、明翅）。又分为排翅和散翅，排翅又称鲍翅、裙翅或群翅，在涨发时采取某种保形方法让翅针通过柔软的骨膜连在一起，上菜时发好的排翅呈扇形梳状，形状美观，而散翅又称生翅，是用较薄小的鱼翅涨发而成的，翅针之间分离呈粉丝状。排翅和散翅都要涨发、煨制入味后方能用于制作菜肴、羹汤。

1949 年后计划经济年代，官场到民间都少见吃鱼翅的风气，也无消费能力，倒是港台 20 世纪 70 年代经济发展以后盛行吃鱼翅，成了最大的消费地区。90 年代大陆经济大发展后受港台影响开始大吃鱼翅，21 世纪以后成为全球最主要的消费地，各地高级餐馆多以鱼翅作为主打菜之一。这导致渔民纷纷捕捞鲨鱼，致使中国沿海的鲨鱼数量大幅下降，现在多从东南亚和日本、美国等地进口鱼翅。

21 世纪初鱼翅消费最高峰的时期全球每年捕杀的鲨鱼超过 1 亿条，日本、印尼等地的渔民在捕捞上一条鲨鱼后不论大小，都会在甲板上用电锯活生生地把鲨鱼的背鳍、两个胸鳍和一部分尾鳍割掉，小船承载有限的话甚至会将全身血流不止的鲨鱼肉扔回海中，这残忍的场景常常成为动物保护组织抗议的对象。现在的鲨鱼捕捞已经大为减少，公众人物吃鱼翅似乎还要背着很大的社会压力。

华人世界以外的地方虽然不热衷鱼翅，但是鲨鱼肉还是有许多人吃过。海边的渔民对各种海产都抱着来者不拒的态度，他们会尽量利用任何可以吃的东西。比如鲨鱼肉虽然味道一般，但是以前意大利渔民也会把捕捞的蓝鲨、星鲨等去皮后切成大块售卖。意大利人一般是把鲨鱼肉浸泡在油中烤熟，或用在汤和炖菜中，甚至有些人也喜欢吃鲨鱼的鱼鳍，觉得那里的肉更为软嫩。

虾：

接近无限透明的诱惑

　　我并非海鲜嗜好者，但在西班牙沿海旅行时，新鲜的海鲜以及各种海鲜做的罐头实在太丰富了，小食、大餐到处都有，而且都颇为可口，也就入乡随俗吃了不少。在欧洲来说西班牙人的菜式是最类似中国口味的，或许和他们中世纪的时候长期受到摩尔人的影响有关。比如大平底锅做的肉菜饭，各地略有不同，最常见的是主打龙虾、大虾、鱿鱼、墨鱼等海鲜风格的，国内多叫作"海鲜饭"，其中有虾的最为醒目，先不说那白色的嫩肉口味如何，看见那鲜红的身板就够吸引"眼球"了。

　　从瓦伦西亚发源的肉菜饭至少有四五百年的历史，传统做法是用熏鸡肉、兔肉，用海鲜是后来才出现的做法，大规模流行起来也就在最近三四十年。对海边的渔民来说，虾和其他海鱼等都是可以吃的东西而已，可能已经有数万年的历史。只是"二战"以后随着旅行和传媒的发达，许多人开始把非常上镜的龙虾、大虾当作高档食材或特色，常常醒目地出现在各种美食广告和餐馆食单中。

《马鲭鱼与虾》 浮世绘　歌川广重　1832—1833

　　南欧靠近地中海，古希腊人、罗马人对海虾不陌生，庞贝遗址中出土过绘有海虾图案的陶器，至今南欧和北欧的一些国家还常常吃各种虾类美食。在北美洲，印第安人也早就会用水草编织的网兜捕捞海虾和其他软体动物，可要说起来北美的捕虾产业的发展还和华人移民有点关系。19 世纪中叶，很多华人移民到加利福尼亚打工，他们看到近海的物产丰富却没人利用，就用广东常见的三角网捕捞太平洋大虾（*Crangon franciscorum*）等海产出售给当地华人社区，有些还晒干了出口到家乡，这可以说是美国现代商业捕虾的源头。欧美人当时也经常吃晒干的虾米，到 19 世纪后期虾罐头逐渐取代了虾干的位置。

海洋中的鱼虾虽然数量众多，可是人类的胃口和手段却也是节节升高。在欧洲，早在中世纪的时候就出现了用网格巨大而细密的拖网大量捕捞海产的现象，以致1376年就有人向英国国王爱德华三世申诉要求禁止这种破坏性的捕鱼方式。也是出于同样的原因，荷兰政府于1583年下令禁止在河口用拖网捕虾。类似的事情20世纪后半叶在中国也上演了，人们的过量捕捞让很多鱼虾濒临灭绝，到1970年后不得不进行人工养殖，到2007年的时候，养殖虾的数量已经超过人捕获的野生虾。

虾的吃法

虾是生活在水中的节肢动物，属甲壳亚门软甲纲十足目，有两千多个品种，既有生活在海里的，也有生活在江河湖泊中的。不同的虾的大小从数米到几毫米，差别非常之大。不过它们都有胡须钩鼻，背弓呈节状，尾部有硬鳞，脚多善于跳跃，借腹部和尾的弯曲可迅速倒游。

中国人食虾有悠久的历史，两千多年前的《尔雅》中就有"大虾"的记载，说有两三丈长，这可能是对大龙虾的夸张描述。以后历代古籍有关虾的形态和生活习性的记载亦很多。虾的外形类似一些昆虫，所以在古人看来是种似鱼非鱼、似虫非虫的物种。

虾的食用方式有鲜食、做酱与干食三种方法。虾的加工品以虾酱的记载最早，北魏贾思勰的《齐民要术》载"做虾酱法"是以"虾一斗，饭三升为糁，盐二斤，水五升，和调，日中曝之，经春夏不败"。虾酱历代都有制作，至今还在江浙、闽广一带能看到。虾的干制品虾米又名海米、金钩，最早的记载见于《本草纲目》，"凡虾之大者，蒸曝去壳，谓之虾米，食以姜、醋，馔品所珍"。

鲜食记载最早见于唐代刘恂所著的《岭表录异》。北方人刘恂曾在晚唐时期

静物《鱼和虾》 油画 爱德华·马奈（Édouard Manet） 1864 年 诺顿西蒙博物馆

出任过广州司马，对岭南物产和民情多有了解，他记录的吃活虾极为细致和生动，"南人多买虾之细者，生切绰菜兰香蓼等，用浓酱醋，先泼活虾，盖似生菜，以热覆其上，就口跑出，亦有跳出醋碟者，谓之'虾生'"。刘恂对这样的吃法感到惊奇，称为"异馔"。

在历史上，隋唐时宫廷中少见用虾做菜的记录，韦巨源升官后为敬奉中宗而举办的"烧尾宴"上有光明虾炙一味，估计吃的是大个的河虾。北宋首都开封饭馆中的虾菜仅有虾蕈、姜虾等几种，到南宋时候首都杭州地处江南长江口附近，食河虾、海虾都较为普遍，包含虾的有关菜肴品种就极为丰富了，有酒法白虾、紫苏虾、水荷虾儿、虾包儿、虾玉辣羹、虾蒸假奶、查虾鱼、水龙虾鱼、虾元子、麻饮鸡虾粉、

《青虾》纸本设色　96×32cm

20 世纪中叶　齐白石

芥辣虾、姜虾、虾茸、鲜虾肉团饼等十几种。据《武林旧事·高宗幸张府节次略》记载，大臣张俊宴请宋高宗的"御宴食单"中包括鲜虾蹄子脍、虾枨脍、虾鱼汤齑等。宋孝宗在宫中款待老臣胡铨的菜单中也有明州虾脯。

当代中国最为流行的是"小龙虾"，有许多馆子专门加工麻辣小龙虾之类美食。这种虾学名是克氏原螯虾（*Procambarus clarkii*），与龙虾的差别可大了，大龙虾是海鲜，小龙虾则是淡水中生长的，形似对虾而甲壳坚硬，一般不到 10 厘米长，幼虾为均匀的灰色，成年以后外壳暗红色，甲壳部分近黑色，腹部背面有一斜形条纹。

克氏原螯虾原产于中南美洲和墨西哥东北部地区，古代印第安人就捕食它，后来欧洲移民到美国中南部的时候也常常吃它，尤其是从法国移民来的阿卡迪亚人定居路易斯安那州后，发展出了口味辛辣的地方风格菜系，其中就包括用辣椒、柠檬、胡椒、洋葱等调味料煮出的辣味小龙虾——和中国的麻辣小龙虾的主要差别是他们不用花椒，当地1983年还设立了"小龙虾节"这样的美食庆典。

小龙虾在 20 世纪 30 年代从日本引进我国，现长江中下游均有分布，现在安徽、上海、江苏、香港、台湾等地大量养殖，逃逸的野生种群也在河湖中广泛存在。小龙虾是一种杂食性的特种，生长速度快、适应能力强，它们胃口广泛，对鱼类、甲壳类、水生植物、水稻等来者不拒，无论是湖泊、河流、池塘、河沟、水田均能生存，甚至在一些鱼类难以生存的水体中也能存活，所以相对容易养殖。

因为数量众多，人们也想尽办法开发它的吃法，90 年代以后麻辣小龙虾逐渐流行起来，成为麻辣风潮中的主力产品之一。江苏、湖北、江西、安徽等长江中下游地区大规模养殖，还出口到欧美、日本等地。

对虾：从野生到养殖

我小时候生活在内陆小城，难得见到活虾，那时候能吃到一点干虾米就觉得是了不起的享受，所以大人偶尔买一包回来，做汤的时候会调一点提味，我们小孩子会特意用筷子扒拉碗底的小虾米皮出来，用舌头一点点品尝那一丝海鲜味。

过去江南地区常把大虾成对出售，和今天螃蟹按个卖的道理是一样的，所以也叫对虾。20 世纪 90 年代后，因为各地开始养殖，虾的产量大了，常常出现在市场上销售，餐馆中也常见油焖大虾之类的菜。尽管这时候已经不是成对而是成堆销售，大家不再觉得虾是如何稀奇的东西，"对虾"这名字倒是还在使用。

甲壳纲十足目游泳亚目对虾科对虾属的动物共有 28 种，当前中国各地常见的海产对虾是中国对虾（即明虾，*Penaeus orientalis*）、日本对虾（竹节虾）、南美白对虾、阿根廷红虾等几种，90 年代后各地纷纷养殖，产量高达数十万吨，是各地餐馆的常见菜品。

中国对虾原产自渤海、黄海、东海，它的全身由 20 节组成，甲壳薄而透明，头胸甲前缘中央突出被称为"额角"的尖刺，长 20 厘米左右，雌体呈青蓝色，雄体呈棕黄色。在 80 年代之前这是中国北方主要吃的虾肉，也加工干制成虾干、虾米等。因为捕捞过度和环境恶化，80 年代在胶州湾、渤海湾野生的对虾就几乎灭绝，只能靠人工增殖放流增加产量。中国对虾在 1959 年才进行人工养殖，人工养殖的对虾体形较小，但生长快速，一般 3 个月就能重达 1 两多，曾是中国沿海的主要养殖虾类。因为外壳较软且薄，运输过程中容易碰伤，后来就不再流行。

日本对虾又名"竹节虾"，体长 8 至 10 厘米，体形与中国对虾相似，但身上有蓝褐色横斑花纹，尾尖为鲜艳的蓝色，所以又名"花虾""花尾虾""斑节虾"。日本对虾的外壳较硬且厚，出水后能活较长时间，在运输过程中容易保存，这对于海产商来说是十分重要的优点。1988 年由一名台湾地区的商人引入福建沿海养殖，此后在广东、福建沿海得到大面积养殖，在各地都很常见。

南美白对虾酷似中国对虾，对盐度适应范围广，是世界三大养殖对虾中单产量最高的品种，1988 年由中科院海洋所引进后在中国育苗并大量养殖。上述三种虾的全球产量自高达数百万吨，主要来自中国、越南等地。

近年来异军突起的是阿根廷红虾，这是一种阿根廷南部海域出产的野生大虾，好的年份捕捞产量高达 30 万吨，很多都出口到北美、中东和中国，在北京、上海等地的超市中也可以买到。

目前中国常见的养殖淡水虾是日本沼虾、罗氏沼虾。日本沼虾俗称青虾，主要分布于日本、中国，野生品种曾广泛分布于全国各地的湖泊、江河、水库、池塘和沟渠之中，90 年代以后多是人工养殖为主，江苏、浙江、上海一带是青虾养殖和消费的主要集中地。罗氏沼虾的原产地是印度太平洋，喜欢在受到潮汐影响的河流下游以及与之相通的湖泊、水渠、水田等水域生活，比青虾个头大，现在人工养殖也比较多。

龙虾：

从穷人食物到宴会主角

在西班牙有好几个地方的龙虾比较著名。比较稀少的是东海岸帕拉莫斯沿海的红龙虾，长约 10 厘米，主要供应巴塞罗那等地的高档餐馆，餐馆通常会用虾脑做汁拌意大利面，虾身则可以白灼、煎或炭烧。南部安达卢西亚地区比较常见的是地中海红龙虾，在南欧地中海海岸都有出产，体形比帕拉莫斯红虾稍大。西班牙西北角靠大西洋的加利西亚则出产另外一种欧洲龙虾（*Homarus gammarus*），价格要比东岸便宜，我在省府圣地亚哥吃过。

后来在纽约的切尔西市场吃过现场烹调的缅因龙虾——有趣的是华人一般称它为"波士顿龙虾"，这种叫法有历史源源。实际上缅因龙虾、波士顿龙虾、美洲龙虾、加拿大龙虾这些名称指的都是一种在北美洲东北沿岸常见的美洲螯龙虾，在美国因为缅因州海域比较多，当地最先作商业采捕，所以 19 世纪时美国人称之为"缅因龙虾"，而波士顿当时是一大海港和龙虾等海产品的集散交易中心，华人经常从这里买龙

《大鹏海老》（凤凰与龙虾）　浮世绘　歌川国芳　1839—1841

《龙虾》 手绘图谱　詹姆斯·索尔比（James Sowerby）　1793 年

虾，就称之为"波士顿龙虾"，至今国内还是如此称呼。实际上美国、加拿大多个州 / 省都出产这种龙虾，它活着的时候外壳是黑绿色的，特点是有一对醒目的大龙虾钳，煮熟以后外壳就变得通体发红，成了大家印象中熟悉的模样。

龙虾在欧美文化中并非多么珍贵的美食。中世纪的欧洲，龙虾既是一种食品，也可作为药材，龙虾的嘴巴和前额磨成细粉可以用于治疗肾结石，作为磨碎食物的胃石和砂囊石的配料可以缓解胃疼。

17 世纪登陆美洲的英国清教徒因为习惯了家乡的猪肉、牛肉等食物，对新大陆常见的野火鸡、海鲜等毫无食欲。当时只有在海边生活的穷人才会吃龙虾、生蚝、三文鱼、带子之类的海产品，以至于容易捕捞的龙虾被称为"穷人的鸡肉"，是海边人家就近吃的便宜东西。当时的海边随处可以捕捉到龙虾，缅因州的龙虾 1842 年才首次销售到芝加哥的餐馆中做菜，之后遍及全国的大城市。19 世纪末缅因年产龙虾 1300 万吨，当时批发价每磅美金 1 角，零售 12 先令，相当于 2 杯咖啡的钱。19 世纪 70 年代因为龙虾产量大为减少，当地政府开始管制捕捞，1913 年时秋季捕捞出 600 万磅龙虾，远比最高峰期的 2400 万磅少。虽说消费量已经不小，可是那时龙虾在美国的饮食文化中并没有突出的位置。

就动物学来说，甲壳纲十足目螯龙虾科或拟海螯虾科（真龙虾）、龙虾科（刺龙虾）、蝉虾科（蝉虾、西班牙龙虾、铲龙虾）和多螯龙虾科（深海龙虾）的动物都被人们俗称为龙虾，它们都生活在海底，喜欢夜里出来吃食，白天则藏在岩石的缝隙中休息。全世界共有龙虾 400 多种，多数经济价值较低，有些甚至只有不到 1 克重，有经济价值的多是那些长 10 ~ 50 厘米、重半斤到 20 公斤的"大龙虾"。在世界范围内，美洲螯龙虾（波士顿龙虾）和挪威龙虾的产量自 20 世纪 80 年代以来就占全球产量的 60% 以上。

中国比较常见的是一年四季可以进口的波士顿龙虾、澳洲龙虾和国内出产的锦绣龙虾、中国龙虾等。波士顿龙虾的虾身没有膏但肉质还算嫩滑，比澳洲龙虾口感更好；澳洲龙虾活着时候浑身鲜红，平均每只重一斤多，肉质较实，爽弹清甜，价钱较便宜，比较常见；锦绣龙虾在东海、东南亚和南亚海域有出产，因头胸甲前背部均有美丽五彩花纹，俗称"花龙"，锦绣龙虾的体形最大，一般体长可达 80 厘米，最重可达 5 公斤；中国龙虾呈橄榄色，俗称"青龙"，生活在中国东南海区 40 米深以内的沿岸水域。在越南、斯里兰卡等南亚海域也有出产全身呈青绿色的"青龙虾"，每只约一斤多，比澳洲龙虾小而口感更为细腻爽甜。

龙虾通常有两个大小不一的钳子，大一点的那只是压碎钳，用来碾碎猎物的外壳，小一点的那只是切割、抓取钳，用于抓取肉类并将其撕成碎屑，方便龙虾用细小的触须将肉屑放入口中。在生长初期，幼年龙虾的两个钳子都是切割钳，为了捕食久而久之其中一个就会变成压碎钳。

雄龙虾在夏天时将精子送入雌龙虾体内，但卵子的受精却要等到来年的春天。

《静物》（龙虾、柠檬、葡萄、杏子、牡蛎和瓷壶）　油画　劳伦斯·卡伦（Laurens Craen）　1653 年

一个龙虾妈妈可以产卵 3000 枚甚至更多，但幼小的龙虾却并不能全部长大，因为它们是其他一些鱼类的美食。龙虾生长缓慢，一般需要 6 年才能长到 1 磅（一只 15 公斤重的龙虾可超过 50 岁），有的寿命可高达 50 年。

大部分野生龙虾都是绿褐色，但因为捕食一些含有虾青素的动物而在虾壳表皮下面聚集了很多虾青素，当它们被加热煮熟时这些色素从虾壳上的天然色与蛋白质之间上升涌现，就会变成引人瞩目的红色。

如今全世界每年捕捞的龙虾数以百万吨计，是重要的经济海产品。法国西北部布列塔尼半岛出产的蓝龙虾的肚子、尾巴是深蓝色的，外观优雅，要比常见的波士顿龙虾的价格贵好几倍，主要是在高级日料店中做龙虾刺身或者其他昂贵的菜式。美国渔民捕捞的波士顿龙虾大多以鲜活的形式销往餐馆和超级市场，活龙虾在被触摸后尾部会卷曲，如果被触摸后没有反应，则很可能已经死亡。近年来龙虾加工生产商开始使用低温冷冻技术（使用氮和二氧化碳）冷冻熟龙虾和生龙虾。这种产品与鲜活龙虾烹制后的食用品质相差无几，人们通常买来白灼、干酪焗或者配着意大利面吃。

吃龙虾在华南沿海有悠久的历史，如汉代《尔雅》、唐代《北户录》曾提到海里有"大虾""大红虾"，晋代人所著的《广州记》中还记载了一则趣事，一位北方人到广州担任刺史，刚到时有本地人告诉他有种大虾的触须有一丈长，刺史责备此人胡说，这人到海边取来一丈四尺的虾须，刺史才知道真有这样的动物，为自己的失言表示道歉[①]。

唐代诗人在诗文中以海中"龙""虾"两种动物并举来表示大小、高低的对比，真正把"龙虾"当作一种动物描述似乎是在明代，《大明漳州府志》记载了"其大如臂"的"龙虾"，清初屈大均在《广东新语》记载东莞、朝阳等地出产的龙虾"巨者重七八斤"，色彩斑斓、肉甜而口感粗糙，显然就是现在人所知的龙虾，他还说海边人拿龙虾壳作"龙虾灯"，会发出赤色的美丽光线。

吃龙虾在国内流行起来是港式粤菜20世纪90年代传入内地才兴起的，和鱼翅等一样，它是昂贵的商务宴会的主菜之一，成为了许多人心目中的奢侈食物。有类似日式刺身的吃法是把鲜活的龙虾切片后生吃，这对保鲜要求比较高。最常见的还是"龙虾三吃"，即用龙虾头和外壳熬粥，肉身油泡龙虾球或者生吃，尾部煮龙虾汤。后来因为出现养殖的龙虾，价格有所下降，华南很多小餐馆都用龙虾煮粥或者白灼，价格也不算贵。

---

① 郝懿行. 郝懿行集 [M]. 济南：齐鲁书社，2010：3657.

螃蟹：

横躺在饮食大道上

　　近年来德国内河众多的淡水螃蟹引起了中国人的特殊关注，很多中国人好奇那些螃蟹为什么没有出现在德国人的餐桌上，政府竟然要花费精力试图控制它们。这些螃蟹和中国还有更悠远的关联。19世纪末五口通商时期，荷兰人的商船从长江口的上海、宁波等地港口将中国的茶叶和瓷器运到欧洲，为了增加商船的稳定性，蓄水舱中都会灌满压舱水，大闸蟹的卵和蟹苗就随着压舱水到了荷兰的港口，大闸蟹就在欧洲的荷兰、德国等地水系繁衍生息形成了种群。之前德国等地捕捞螃蟹主要用于制造肥料或动物饲料，近年来还向亚洲的超市、餐馆出售，主要是中国、越南移民购买食用。

　　近现代欧洲人注意到中国人极爱吃螃蟹，但是并没有因此模仿，这有着多种原因。一是《圣经·旧约·利未记》认为所有用腹部或四足行走的爬物都是"可憎"而"污秽"的，不主张人们吃，因此严格遵守教义的犹太教徒、基督教徒都避免吃螃蟹这类看似"爬行"的动物；二是一些蟹是肺吸虫病的寄主，偶尔有人吃

《荷蟹图页》　绢本设色　佚名　南宋　故宫博物院

了加工不到位的螃蟹后肺吸虫进入体内会得肺病，因此成为欧洲人的禁忌；三是螃蟹张牙舞爪，外观凶恶，加上壳硬肉少，吃起来太麻烦，大多数人都敬而远之，上不了台面。

不过，也有例外，地中海北岸的西班牙、法国、意大利南部的人一向有吃海蟹的传统。比如威尼斯人冬季爱吃地中海和大西洋中的一种"洋葱蟹"（*Maja squinado*），据说公蟹虽然个大肉少，可味道更为鲜美。托斯卡纳人更喜欢吃黄色的食草蟹，很多人喜欢用其煮汤或制作意大利面的酱料，也有少部分人打开蟹壳后挤上柠檬汁生吃。中世纪的时候，德国、荷兰等地也有少数人吃螃蟹，科隆瓦尔拉夫－里夏茨博物馆（Wallraf-Richartz Museum）收藏的一件1653年的油画上就出现了煮熟的红壳螃蟹。

鲁迅的名言说，"第一个吃螃蟹的人是很令人佩服的，不是勇士，谁敢去吃它呢？"这大概是因为他是江浙人，常吃螃蟹才有这样的突发奇想。距今5000多年的太湖流域良渚文化、上海地区崧泽文化的遗址里出土过大量蟹壳，可见那时候先民就采集螃蟹为食。螃蟹的种类很多，中国出产的蟹的种类就有600种左右，

《螃蟹上岸》 浮世绘 屋岛岳亭 1830 年

绝大多数生活在海里或近海区，也有一些栖于淡水或陆地，常见的有大闸蟹（河蟹、毛蟹、清水蟹）、梭子蟹、青蟹、蛙蟹、关公蟹等。

　　文献上最早对于蟹的记载见于《周礼·庖人》，说周天子吃的食物"荐羞之物谓四时所膳食，若荆州之鱼，青州之蟹胥"，那时候的"青州"指山东半岛一带，很可能是指把海蟹（梭子蟹）的蟹肉剁碎腌制成的蟹酱。《楚辞》中也出现过"蟹胥"一词。直到汉代，人们还多将蟹制成蟹酱或蟹菹食用，后代的糟蟹即由此而来。北朝时《齐民要术》有"藏蟹"，将蟹放入盐蓼汁中，类似醉蟹。东汉郭宪所撰的《汉武洞冥记》卷三写道："善苑国尝贡一蟹，长九尺，有百足四螯，因名百足蟹。煮其壳胜于黄胶，亦谓之螯胶，胜凤喙之胶也。"此书多记怪异之事，善苑国是西域诸国之一，恐怕并不产这样的大螃蟹。

　　江浙沪一带地处长江三角洲，水网交错，虾蟹众多，有吃蟹的便利和传统。东晋以后随着江南的开发和逐渐富足，江南的吃蟹之风就闻名起来。最初人们看重吃蟹螯，东晋人毕卓就说过："右手持酒杯，左手持蟹螯，拍浮酒船中，便了一生足矣。"诗人李白曾赞道："蟹螯即金液，糟丘是蓬莱。且须饮美酒，乘月醉高台。"南北朝和隋唐时盛行用糖腌制的"糖蟹"，宋代黄庭坚还曾称赞"海馔糖蟹肥，江醪白蚁醇"。

　　吃蟹黄开始还被北方人鄙视，据《洛阳伽蓝记》卷二记载，北魏人杨元慎讥讽南方人"菰稗为饭，茗饮作浆，呷啜莼羹，唼嗍蟹黄。手把豆蔻，口嚼槟榔"，可见吃蟹黄与品莼菜羹、嚼槟榔都被视为典型的南方饮食。第一个大吃蟹黄的北方名人是后汉皇族刘承勋，别人吃蟹螯，他则爱吃蟹黄，号称"黄大"，引领了一时风尚。

　　北宋时期江南文人写出了第一本有关螃蟹的专著《蟹谱》，《东京梦华录》记载北宋都城开封有螃蟹卖，但内陆大部分地区对此十分陌生，曾在陕北任官的沈括在《梦溪笔谈》中说"关中无螃蟹，怖其恶，以为怪物。人家每有病疟者，则借去悬门户"。可见当时陕西一带的人对此物相当陌生，"不但人不识，鬼亦不识也"。另一则故事说大臣吕颐浩镇守霸州时朝廷曾飞马快递大螃蟹若干给他享用，他好心分给手下的武官，可大家并不知道这是用来吃的，反而挂在大门上辟邪。

南宋把杭州做首都后，皇族权贵、文人墨客对螃蟹就都熟稔了起来，这一时期歌咏、赞美、议论螃蟹的诗歌大量涌现，蔚为壮观。南宋高似孙在《蟹略》记载，各地名品有洛蟹、吴蟹、越蟹、楚蟹、淮蟹、江蟹、湖蟹、溪蟹、潭蟹、渚蟹、泖蟹、水中蟹、石蟹，称西湖蟹"天下第一"。

大臣张俊请宋高宗吃的宴席上包括三道有关蟹的菜式：螃蟹酿枨、洗手蟹、螃蟹清羹。据说宋高宗还爱吃一种称为"尤可酱"的螃蟹羹。南宋《梦粱录》卷十六中记载，当时临安的饭馆中有赤蟹、醋赤蟹、白蟹、辣羹、溪蟹、奈香盒蟹、辣羹蟹、签糊齑蟹、枨醋洗手蟹、枨酿蟹、五味酒酱蟹、酒泼蟹等菜品。螃蟹酿枨即螃蟹酿橙，"枨""橙"同音，当时是通用字，是把成熟的橙子的顶部削平，剜掉肉瓤后留一点橙汁，将蟹黄蟹肉塞入，再将刚削掉的盖子盖上放入蒸锅，加酒和醋蒸熟了吃。南宋林洪的《山家清供》中记载了自己改良的做法："橙用黄熟而大者，截顶，剜去瓤，留少液，以蟹膏肉实其内，仍以带枝顶覆之，入小甑，用酒、醋、水蒸熟，用醋、盐供食，香而鲜，使人有新酒、菊花、香橙、螃蟹之兴。"因为文人开始提倡做法简单的日常饮食，吃水煮、清蒸的螃蟹逐渐流行开来。

螃蟹是吃饱了饭的权贵、文人和生产此物的江南等地人的爱好，随着唐代以来江南文人逐渐在科举文化中占据优势，他们的爱好也通过诗文扩大为全国性的"文化共识"。明清时候富庶的京津和江南是吃蟹的中心。如明末太监刘若愚所著的《酌中志》中记载，皇宫中流行中秋吃蟹，"宫眷内臣吃蟹，活洗净，蒸熟，五六成群，攒坐共食，嬉嬉笑笑。自揭脐盖，细将指甲桃剔，蘸醋蒜以佐酒。或剔蟹胸骨，八路完整如蝴蝶式者，以示巧焉。食毕，饮苏叶汤，用苏叶等件洗手，为盛会也"。

静物《螃蟹、鱼、虾等》　油画　克莱拉·佩特斯（Clara Peeters）　1611 年　马德里普拉多博物馆

清代畅销书作家、戏曲班主李渔是江浙人，河蟹爱好者，夸赞螃蟹"鲜而肥，甘而腻，白似玉而黄似金"，他称秋天为"蟹秋"，要专门攒钱大吃螃蟹，还为此备下"蟹瓮"和"蟹酿"来腌制"蟹糟"，以便冬天继续享受螃蟹的鲜味。父祖辈曾在南京担任织造的曹雪芹对螃蟹也不陌生，他在《红楼梦》里写了贾府的螃蟹宴，公子小姐们赋菊花诗，讽螃蟹咏，一派风雅，村妇刘姥姥倒是算了一笔账，"这样螃蟹，今年就值五分一斤。十斤五钱，五五二两五，三五一十五，再搭上酒菜，一共倒有二十多两银子。阿弥陀佛！这一顿的钱够我们庄稼人过一年了"。

清代时候河北白洋淀产的"胜芳蟹"、江南丹阳大泽的"花津蟹"、太湖产的蟹、淮河流域出产的淮蟹、晚清民国时的嘉兴南湖大蟹都很著名。推崇阳澄湖的大闸蟹则是晚清以来随着上海经济的发展，阳澄湖的大闸蟹就近供应上海，就成为当地人最为推崇的螃蟹，受到官、商、文各界名人的推崇，也因为上海在近代商业、文化、传播上地位而在各地造成广泛影响，让阳澄湖成为当代最有名的蟹产地，其实各地螃蟹口味的差别并没有商家宣传的那么大。

上海人的讲究还传到了日本，日本把大闸蟹称为"上海蟹"。包笑天写的《大闸蟹史考》中说"大闸蟹"三字是因为当时捕蟹者在港湾间"必设一闸，以竹编成。夜来隔闸，置一灯火，蟹见火光，即爬上竹闸，即在闸上一一捕之，甚为便捷，之是闸蟹之名所由来"，个头大的就称为"大闸蟹"。现在的学者定的学名是中华绒螯蟹。

"秋风响，蟹脚痒"，从寒露到立冬，是太湖蟹大量上市的季节，诗曰"九月团脐十月尖，持螯饮酒菊花天"，有幸逃过人类口舌之劫的螃蟹会沿着河流游弋到河口浅海繁殖后代。第二年的初夏，蟹苗再溯江而上，进入淡水中"安家落户"，经过多次蜕壳，生长成熟。1949年以后，因沿江建闸，蟹苗难以洄游，1959年以后很多都是捕捞天然蟹苗然后进行人工放流，1971年更是出了人工繁殖河蟹苗，1977年台湾地区试验池密集式养殖大闸蟹获得成功，并大量出口日本。90年代以来中国更是大规模人工养殖螃蟹，成为世界上最大的出产国和消费国。

比起淡水大闸蟹的流行，海蟹在国内长期不温不火，主要是华南、江南沿海的人吃得较多。常见的海蟹主要包括花蟹、青蟹、梭子蟹等几种。青蟹产于咸淡水交界处，主要在广东地区和港澳地区生产，雌性青蟹膏黄十分丰满，被称为"膏蟹"，雄性青蟹被称为"肉蟹"，脐尖和双螯十分肥大，华南人喜欢用来做蟹粥、炒蟹之类的粥菜。花蟹因其背壳上美丽的彩色花纹得名，最早在香港流行并进行人工养殖，当地人常用来煮粥，蟹膏和蟹黄比较少。

梭子蟹的形状就像织布机上面的一只梭子，这种蟹曾经遍布沿海各地，除鲜食外，还可晒成蟹米、研磨做成蟹酱、腌制成卤螃蟹、制成罐头等。据《元和郡县志》记载，唐代时明州（宁波）每年都要向皇室进贡海味，有淡菜、海蚶子、红虾米、红虾等，而唐玄宗除自己食用外，还屡屡送给大臣，李林甫就曾多次收到玄宗赐的蛤蜊、车螯、生蟹等。

四川人苏东坡见多识广，也爱吃螃蟹，他写的《丁公默送蝤蛑》中有"半壳含黄宜点酒，两螯斫雪劝加餐"之句，赞美的是海边人家用梭子蟹制作的蟹酱，至今江浙一带沿海人家还喜欢将梭子蟹腌制成咸蟹下饭。渤海、东海近海所产的三疣梭子蟹在 20 世纪曾是内地重要的出口畅销品之一，主要输往日本、中国香港、中国澳门等地。20 世纪 90 年代以来多是养殖品种，消费的主力也变成了内地城市的人。

现在一些日料店也能见到所谓的帝王蟹，主要是刺石蟹、短足拟石蟹两种，这是北海道北方鄂霍次克海域出产的，在日本称之为"鳕场蟹"，它们只有三对脚加上一对蟹钳，脚向后弯。以前日本渔民多是在帝王蟹凌晨 3 点多到近海出没猎食时捕捞，渔夫穿着潜水装从海中的岩石缝中捕捉；另外也有人使用坚固的铁丝网做成大的四方形诱捕笼，在其中放置鲜鱼、蛤蜊作为诱饵，沉入海底诱捕帝王蟹。

英国人也爱吃海滨小城克罗默（Cromer）等地出产的克罗默蟹，自 18 世纪以来就有传统的"填蟹盖"，做法是把白水煮熟后的螃蟹肉剔出来，将白色的蟹肉和蟹黄分开填在蟹盖里，做成所谓的"Dressed Crab"，在上面撒点椒盐和香料，滴上几滴柠檬汁吃。不过总体而言，英国人对吃海鲜的兴趣没有南欧、北欧人兴趣大。

南太平洋的帕劳人喜欢吃椰子蟹，这是在太平洋和印度洋小岛上常见的一种寄居蟹，属于歪尾下目，与短尾下目的螃蟹不算太亲近。它平时攀附在椰子树上，一半约有 20～30 厘米大，成年后一般重达 2～5 公斤，个别甚至可以长到近 1 米长，不仅是最大的陆生蟹类，也是最大的陆生节肢动物。这种蟹以椰子维生，长相乍看颇像是只长了硬壳的大蜘蛛，两只巨螯坚硬锋利，可以将椰子从树上剪下，然后不停敲击和凿开椰子壳，享用里面的椰肉。它的肉有点像龙虾肉，尾部的蟹黄蟹膏十分美味。

牡蛎：

在"蚝山"相遇的东西食客

　　小时候中学课本上有法国小说家莫泊桑写的《我的叔叔于勒》一文，里面提到法国人吃牡蛎，当时只能想象这是什么好东西，或许是类似蜗牛的东西吧。20世纪90年代香港、广东吃海鲜的风气逐渐波及内地，在饭馆见识到清蒸"生蚝"的时候还不曾把"牡蛎"和"生蚝"对等起来，在我看来这东西似乎并不算赏心悦目，口味也说不上多好，人们对它的过分重视似乎完全来自文化上的阐释——因为它在文化上有如此的说法和历史，所以它才显得好吃？

　　生活在浅水中的巨蛎属和牡蛎属的各种牡蛎总计有100多种，分布范围很广，除寒带的某些海域外，它在热带、亚热带、温带和亚寒带均有分布，几乎遍及全世界，中国沿海约有20多种。巨蛎属有伸长的、深杯形的壳，其中美洲大西洋海岸牡蛎、葡萄牙牡蛎和日本牡蛎比较受欢迎。牡蛎属的牡蛎壳平圆，常见的是人工养殖的欧洲平牡蛎、美洲太平洋海岸牡蛎、北美牡蛎，后者原产于圣劳伦斯湾到西印度洋群岛，

《端牡蛎的女子》 油画 卡尔·古梭 (Karl Gussow) 1882 年

已引进北美西海岸，长 15 厘米，雌体一次排卵可达 5000 万枚，在北美的食用贝中商业价值最大。

2000 多年前罗马人爱吃牡蛎，开始是作为点心菜肴，后来演变成一道前菜，还有人捣碎牡蛎做成调味汁。因为需求量大，出现了人工养殖牡蛎的产业，公元 4 世纪，罗马人把牡蛎引入阿尔卑斯山以北的地区。法国本土的高卢人是受罗马官员的影响才欣赏起牡蛎的鲜味和爽嫩的肉质，曾任高卢行省长官的罗马诗人奥索尼乌斯（Decimus Magnus Ausonius，约 310—395）喜欢不加任何佐料吃略含海水的牡蛎，他赞叹"这甘甜的汁液，其中混合了妙不可言的大海之味道"[1]。曾参与罗马皇位之争的不列颠总督阿尔拜努斯（Clodius Albinus）是个大胃王，据说有一餐吃了 500 个无花果、一篮子桃、10 个瓜、20 磅葡萄、100 只菜园鸟、400 只牡蛎[2]。

中世纪和文艺复兴时期牡蛎依旧是美食，15 世纪的英格兰厨师将牡蛎放在加了香料的杏仁汁及酒中煮熟，16 世纪的意大利人将牡蛎放在用精细可口的奶油蛋羹做成的馅皮中焙熟，17 世纪的法国则把牡蛎用作鳕鱼的填料[3]。19 世纪，由于那时牡蛎出产相当丰盛，从权贵阶层普及为城市中产的风尚，甚至工人阶级也可以一饱口福。作家巴尔扎克以爱好吃牡蛎著称，他喜欢在午夜起床一直阅读、写作到下午五点，然后吃晚饭睡觉，下午五六点这顿晚餐他的大胃可以吞下 60 只生牡蛎、3 只鸡。许多法国人喜欢用小刀撬开生蚝壳，挤几滴新鲜的柠檬汁进去后，先含一口壳里的海水，再咀嚼柔韧爽脆的生蚝肉块。

这个时期法国的语言、文学和画作中都出现了各种"牡蛎"。法语里形容某人困得"像牡蛎一样打呵欠"，还有"沉默得好似一只紧闭的牡蛎"等俗话。以

---

① 菲利普·费尔南多-阿梅斯托. 文明的口味 [M]. 广州：新世纪出版社，2013：2.

② 菲利普·费尔南多-阿梅斯托. 文明的口味 [M]. 广州：新世纪出版社，2013：125.

③ 菲利普·费尔南多-阿梅斯托. 文明的口味 [M]. 广州：新世纪出版社，2013：151.

牡蛎为题的文学作品先后有《牡蛎盘运工》《从安琪儿到牡蛎》以及《牡蛎安魂曲》等，画家经常描绘的餐桌静物中也出现了牡蛎，如18世纪洛可可画家让－费朗索瓦·德特洛伊应法国国王路易十五的定制，描绘凡尔赛宫廷的贵族狩猎归来后，享受牡蛎、香槟的欢宴场景。印象派绘画大师也创作过静物画《牡蛎》和人物画《脚下有牡蛎的乞讨者》等多幅出现牡蛎的画作。

希腊神话中代表爱情和肉欲的女神阿芙洛狄忒（对应罗马神话的维纳斯）是从沧海的泡沫中诞生，她缓缓从巨大的贝壳中走出来生下爱神厄洛斯。深受古希腊文化影响的法国人认为，牡蛎不只是孕育和生产的象征，更是壮阳食品。拿破仑有句名言“征服敌人和女人的最好武器就是牡蛎”，其中暗示牡蛎有壮阳的作用。香港、广东兴起吃牡蛎也和这种滋补的心态有关。

吃牡蛎流行起来后，产量小且不稳定的野生牡蛎供不应求，所以19世纪中期拿破仑三世御赐一块海域让阿加松人在海湾人工养殖牡蛎。法国是近代第一个大规模养殖牡蛎的国家，目前还是欧洲最具规模的牡蛎产地，有多达数千个牡蛎养殖场。法国牡蛎的品牌也有几千个，每个品牌旗下的生蚝都宣称因海水、潮汐、养殖技术的差异而具有特殊的口感。其他地方如澳大利亚、新西兰、美国、日本等地也有众多牡蛎养殖场。

在养殖场中，孵化后的牡蛎幼苗会先经历一段时间的浮游生活，之后它们会找到一个地方安家，而养殖场为了增加口味，还会多迁移几个地方，牡蛎一岁左右成年，三到四岁的时候口味最佳，一般此时出售出现在餐桌上，而野生牡蛎的寿命其实可以长达几十年。这曾经是一个高度依赖天气、环境质量的产业，要经受暴风雨、海域污染等各种危险，当然，现在人们已经有了更为周全的措施对付各种危机。除了常见的牡蛎外，法国还有少部分人喜欢带有独特的金属味的所谓“铜蚝”，一些养殖场专门出产这个口味的产品。

中国近海产蚝、东南沿海地区吃蚝的历史也很悠久。早在新石器时代先民已

《牡蛎午餐》 布面油画 180×126cm 1735 年 让－弗朗索瓦·德特洛伊（Jean-Francois de Troy）

尚蒂伊孔代博物馆

静物《牡蛎和葡萄》　油画　杨·戴维茨·德·希姆（Jan Davidsz de Heem）　1653 年
洛杉矶郡艺术博物馆

开始采集牡蛎，在有些贝丘遗址还发现当时采集牡蛎用的"牡蛎啄"，这是一种
鸟喙状撬蚝壳的专用工具，大连人至今还用它，广西东兴考古时曾发现 200 余件
此种工具。汉代已开始养殖牡蛎，它在当时还是一种药物，壳也有用处，三国《临
海水土异物志》中记载有"古贲灰"，是用蚝壳烧制的建筑材料，功能有点类似
现代人用的水泥。

　　牡蛎在汉魏时候的名称是蛤或蛎，如《说文》称蛤厉，《神农本草经》称蛎蛤，
《南越志》称蚝，《江赋》称玄蛎，唐代《韩愈昌黎集》才称之为"蚝"，有诗云：
"蚝相黏为山，百十各自生。"

　　唐代以来，江南、华南文人描绘牡蛎的诗文甚多。南宋时宫廷、民间常吃以牡蛎为料的菜，如煨牡蛎、牡蛎炸肚、酒掇蛎、生烧酒蛎等。南宋天台诗人戴复古曾到访福建莆田，和一僧一俗两位朋友到城外鱼市买牡蛎大快朵颐，留下一首风格清新的诗歌：

> 出郭断虹雨，倚楼新雁天。
> 三杯古榕下，一笑菊花前。
> 入市子鱼贵，堆盘牡蛎鲜。
> 山僧惯蔬食，清坐莫流涎。

明代《本草图经》中记载闽广人爱吃牡蛎，"今海旁皆有之，而南海闽中及通泰间尤多。此物附石而生，相连如房，故名蛎房，一名蚝山，晋安人呼为蚝莆。初生海边才如拳石，四面渐长有一二丈者，嶄岩如山，每一房内有蚝肉一块，肉之大小随房所生，大房如马蹄，小者如人指面，每潮来则诸房皆开"。明末清代的屈大均在《广东新语》中记载当时东莞等地已经出现商业化的养蚝场，类似种田一般，当地人把这种行为称为"种蚝"，把海中养蚝的水域称为"蚝田"。

闽南有种地方食品"蚝仔煎"就是用蚝肉、薯粉、蒜段和在一起加水搅拌均匀，加入适量酱油后放在平底锅中用猪油煎制，里熟边透即可。从用到红薯粉可以判断，这种做法可能是清代红薯流行后才有的。当然，现在各地常见的还是直接蒸、炭烤了吃。

内陆人吃生蚝在 20 世纪 90 年代后才多起来，因为需求量大，海边的各种"蚝山"很快就被采收一空，于是湛江等地就开始人工养殖近江牡蛎、长牡蛎、褶牡蛎和太平洋牡蛎等，现在已经成了沿海的一大产业。或许是信不过国内养殖的水质，一些高级餐厅用于生食的生蚝多是从法国、新西兰、南非、爱尔兰、美国等地进口的。

贻贝：

壳上的舞蹈

  在西班牙旅行时常见餐馆中有人吃香烤贻贝、芝士焗贻贝、白葡萄酒浸贻贝之类的菜，还有人在菜市场买回贻贝，洗净入锅，将微热的橄榄油倒入水中，挤点柠檬汁、喷些白葡萄酒煮开口即可。如果不自己做，超市中也到处都有各种口味的贻贝罐头，打开就可以食用。

  还在西班牙西北部的加利西亚海边见过养殖地中海贻贝的场景，是在近海的水中安置了许多木筏和旧木船，上面系着无数根绳子，垂入水下供贻贝卵黏附在绳子上。4个月后，贻贝卵长到2厘米时，人们把绳子从水中打捞出来，用手将贻贝苗剥下来，放在有铁棚的桌子上，把成团的贻贝苗拆开，分出等级，然后再将分出等级的贻贝苗放在不同的养殖绳上，让它们继续发育。

  贻贝是南北两半球较高纬度分布的物种，特别是在北欧、北美数量最多。中国北部沿海也有很多，尤其是在大连等地，在退潮的时候，沿海岩岸以及码头、堤坝的石壁上都可以见到密集的贻贝。

《静物》 油画 扬·范·奥斯（Jan van Os） 18 世纪后期

J. Van Os fecit.

《捡贻贝的人》 水彩 温斯洛·荷默（Winslow Homer） 1881—1882 巴尔的摩美术馆

贻贝在中国北方称为海虹，还有青口、壳菜等别名。这种常见的双壳类软体动物外壳黝黑，能分泌足丝把自己牢牢固着在岩礁上，靠过滤流经身边的海水从中获取微小的浮游动物、藻类或其他有机质为食。它狭长的三角形硬壳中深藏着滋味鲜美的贝肉，稍加烹调之后就是美味，还可以煮熟、去壳、晒干，加工成干品，因煮制时没有加盐，故称"淡菜"，以滋味鲜美著称，明代以来就是著名的海珍之一。

中国人吃贻贝的历史很早，唐朝陈藏器的《本草拾遗》中记载："东海夫人，生东南海中，似珠母，一头尖，中衔少毛，味甘美，南人好食之。"宋朝孟铣所写的《食疗本草》记载可以把贻贝同一点米一起煮，以便除去毛，然后再加入萝卜或紫苏、冬瓜煮后滋味更妙。目前这仍然是中国人主要吃的贝类之一，可以蒸、煮食之，也可剥壳后和其他青菜混炒，每年的七八月份东海贻贝最为鲜美的时节，福建、浙江产的贻贝大量上市，许多人都会购买大吃，通常只需要在清水中将外壳洗刷干净就可以直接下锅煮或者蒸。之后，更北边山东、辽宁等地的贻贝会陆续上市。现在国内的贻贝养殖量很大，算是大众化的海鲜。

人类食用贻贝的历史可以追溯到石器时代，世界各地的海边部落都曾采集食用。法国人因为爱吃地中海贻贝（*Mytilus edulis*），早在13世纪，就开始用海底插竿的方法进行贻贝养殖，18世纪以后荷兰人也在他们的海域如法炮制，而西班牙在1946年才开始人工养殖贻贝。目前这几个国家依旧是欧洲著名的贻贝生产国。因为"二战"后南欧、美国等地对贻贝的需求量颇大，现在世界许多地区都有养殖，特别是北欧、北美、澳大利亚、智利等地区盛行养殖贻贝。

中国常见的养殖贻贝品种主要有厚壳贻贝、翡翠贻贝、紫贻贝等。野生的厚壳贻贝自日本沿海至中国的福建厦门沿岸都有分布，目前在浙江沿岸养殖较多，以个大肉肥著称。翡翠贻贝是中国南海的种类，因贝壳的周围是翠绿色而得名，贝壳内侧具有珍珠光泽，在华南沿海和东南亚沿海都有分布，福建平潭等地养殖较多。紫贻贝在北方海边常见，个头小、贝壳薄，外壳是紫黑色。此外还有少数地区养殖或者进口蓝贻贝（紫贻贝）、地中海贻贝、南美岩贻贝、新西兰贻贝、智利贻贝、韩国贻贝、比利时贻贝等。

养殖贻贝比野生贻贝生长快、含肉量高、个头也大，因此很多养殖贝的售价甚至高于野生捕捞贻贝。但有个问题偶尔会发生：个别贻贝接触了含有毒素的有毒海藻后几天或几小时内会获得很强的毒性，多出现在水温较高、赤潮发生时，如果不幸吃了这种贝类，有可能引发严重的疾病。

蛤蜊：

埋头吃蛤不闻天下事

2006 年，英国班戈大学的科学家们前往冰岛研究气候变化，他们在大西洋北部的冰岛海底捕捞到许多空贝壳和存活的北极蛤，然后冷冻带回实验室分析。科学家发现有一只北极蛤可能已经有 507 岁，是世界上已知最年长的动物，科学家命名这只标本为"明代"，因为它出生的年代正好是中国的明朝。北极蛤属帘蛤目，生长在水温寒冷的北极深海，其细胞代谢的过程极为缓慢，所以往往能长命百岁。

北极蛤是美国东北部民众爱吃的蛤蜊浓汤的主要食材，不难想象，美国人大口喝汤的时候可能已经消灭了诸多"百岁寿星"。蛤蜊浓汤是美国新英格兰地区的传统食物，据说是 300 多年前乘坐"五月花"号前来的最早一批英国移民传入的做法，也是英国或法国渔民的做法，劳作一天后把吃剩下的面包、海鲜等一锅煮，慢慢演变出各种浓汤的做法。这种浓汤更接近羹，是用牛奶、奶油、黄油做底，加入配料蛤蜊肉、土豆和洋葱炖熟，看上去呈乳白色，最传统的浓汤会

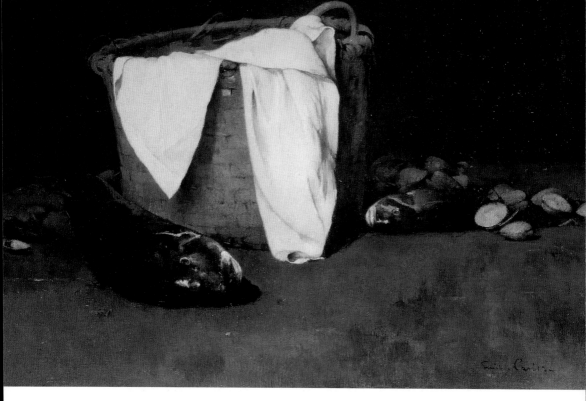

《黑鱼和蛤》 布面油画 87×97 cm 1880—1890 爱米·卡尔森（Emil Carlsen）
纽约大都会博物馆

加入面包末来增稠，现在一般用面粉让它变得更加醇厚黏稠，也可以加入切成细
丁的芹菜、胡萝卜和红酒醋调味，然后把做好的汤汁盛在特制的酸面包"碗"里，
厚厚的面包外皮十分坚硬，不会泡软，里面则十分松软，吸收了汤汁的味道，可
以挖下来一块块配着浓汤一起吃。

《富岳三十六景之登户浦》（捡蛤蜊）　浮世绘　葛饰北斋　约 1830 年

南欧人也爱吃蛤蜊，在西班牙旅行时常见当地人吃白葡萄酒烩蛤蜊，意大利人也常吃蛤仔和金星蛤，前者的壳是棕色的，带有不规则的同心凹槽，后者则是圆形，带点土红色，很多是从土耳其进口的养殖产品，主要作为比萨、意大利面的配料，也可以烹饪成菜吃。

现在中国人常吃的蛤是小个头的"菲律宾蛤仔""黄蚬子"和大个子的"文蛤"，有时候都被称为"蛤蜊"，这是人们对多种双壳纲帘蛤目帘蛤科和蛤蜊科动物的俗称。菲律宾蛤仔俗称花蛤、蚬子，贝壳上有明显的纹路，因为生长迅速、适应性强、离水存活时间长，适合于人工高密度养殖，20 世纪 90 年代以来各地大量养殖，是中国四大养殖贝类之一，各地海鲜餐馆常见。

黄蚬子学名叫"中国蛤蜊"，是帘蛤目马珂蛤科马珂蛤属的一种，在中国、朝鲜、日本海域常见，其壳肉呈黄色，在东北亚海边是常见的海鲜之一。

西汉《淮南子·道应训》中记载，有个叫作卢敖的人到"北海"的最北边游历，在"蒙谷"看到一位隐士蹲在龟壳上吃蛤蜊，对外人的到访不感兴趣，不问世事，以后成为人们引用的典故之一。著名史学家陈寅恪也曾在1940年抗战期间自嘲"食蛤哪知天下事，看花愁近最高楼"。

北宋官二代王巩写的《清虚杂著补阙》中提到宋初首都开封没人吃蚬蛤、蛤蜊，后来五代时期曾割据吴越的钱氏家族从杭州搬迁到开封，其中钱惟演更是做到宰相的高位，这位浙江人怀念家乡的河鲜海味，曾到开封附近的蔡河特意寻找蚬蛤吃，还喜欢吃浙江亲友送来的蛤蜊酱，带动了首都官僚对于海味的认知和欣赏，那以后开封市场渐渐就能买到海味了。《东京梦华录》记载当时饭馆中已有卖炒蛤蜊菜品的。

在南宋首都临安自然常能吃到蛤蜊，据《梦粱录》记载，饭馆中有酒鲜蛤、蛤蜊淡菜、米脯鲜蛤、鲜蛤等几道菜品。诗人、宫廷琴师汪元量在《鹧鸪天》中提到吃蛤蜊的事情：

激滟湖光绿正肥。苏堤十里柳丝垂。

轻便燕子低低舞，小巧莺儿恰恰啼。

花似锦，酒成池。对花对酒两相宜。

水边莫话长安事，且请卿卿吃蛤蜊。

南宋偏安江南，人们在温柔乡里卿卿我我。可惜这般好时光没有持续多久，南宋皇帝就在蒙古骑兵围攻下投降，汪元量以宫廷琴师的身份随太皇太后北上燕京，屈辱的经历让他的诗词风格也变得沉郁，写了许多记载亡国前后所见所闻的诗歌，时人称许是"宋亡之诗史"。

《烤蛤蜊》 水彩 1873年 温斯洛·荷默（Winslow Homer） 克利夫兰美术馆

　　明代人屈大均曾在词里写过华南人送别时吃"紫蟹""黄蚬"，清代郭麟曾在《桂枝香·黄蚬》中以"俊味江乡堪数"来称道丹东临海地区盛产的黄蚬子。海边渔民有"凉水蛎子热水蛤"的谚语，牡蛎在春季性腺发育饱满而又未繁殖时最肥美，所以要趁天气还凉的时候捕捞食用，蛤蜊恰相反，在夏季8月发育，秋高气爽天热时吃最为鲜美。

　　由于连年捕捞以及受海水污染、极端气候等因素影响，中国的野生蛤蜊产量近年来逐年减少。从2013年开始，中国科研人员对蛤蜊实施人工育苗，然后将养殖的幼贝冲洗出池，放流到海滩适宜其生长的自然海域，试图恢复这种海洋资源。

　　比黄蚬子更大的美食是"文蛤"。"蛤"这个字早在周秦时就有了，据《礼记·月令》记载，古代传说鸟雀、野鸡入水变成"蛤""蜃"之类的海洋生物，战国时史官编写的《周礼·天官·鳖人》中有"蜃，大蛤"的说法。《酉阳杂俎》中记载"隋帝嗜蛤，所食必兼蛤味"。南朝梁元帝作《谢车螯启》，赞美一种叫"车螯"的贝类味道鲜美，后人认为这种车螯（蚶螯）"如蚬而大"，或许就是文蛤。北魏贾思勰所著的《齐民要术》"炙法第八十"篇中记有"炙车熬"之法："炙如蛎，汁出，去半壳，去屎，三肉一壳。与姜、橘、屑，重炙令暖。仰奠四；酢随之。"
这种烤文蛤的吃法与"白灼文蛤"有近似之处，可见那时候已被当作美食。宋朝
仁宗皇帝也把车螯视为珍品美味，欧阳修、王安石等文人吃过车螯后曾写诗感叹，
欧阳修说鸡豚鱼虾都不能与车螯比美。

就生物学而言，文蛤属软体动物门双壳纲帘蛤目贝类。中国沿海有文蛤、丽
文蛤、斧文蛤、中国文蛤、帘文蛤和台湾文蛤等六种。其中文蛤分布在山东、江苏、
浙江、福建一带浅海滩涂，自然蕴藏量最大。它壳厚而光滑，略呈三角扇形，有黄、
褐、黑（极少）等色泽斑纹，蛤顶稍突出，有一同心点，其生长线清晰，呈放射状。
壳内面为瓷白色，藏有肉身。文蛤多栖息于海滩的浅沙泥中，喜欢生活在有淡水
注入的河水湿地与潮间带等地区。在中国大陆、中国台湾地区、日本和朝鲜半岛
都有分布。早在上万年前的渔猎时期，沿海部落先民就采集文蛤食用了。

元末画家倪瓒所著的《云林堂饮食制度集》中的"新法蛤蜊"是一种生吃的
方法："用蛤蜊洗净，生擘开，留浆别器中。刮去蛤蜊泥沙，批破，水洗净，留洗水。
再用温汤洗，次用细葱丝或橘丝少许拌蛤蜊肉，匀排碗内，以前浆及二次洗水汤
澄清去脚，入葱、椒、酒调和，入汁浇供。甚妙。"倪瓒生于无锡城东约二十里
的梅里抵陀村，可以推断此法即无锡等地至今还流行的"生炝文蛤"的文雅做法。
明清时候江南等地盛行吃海鲜河鲜，明代刘基所撰《多能鄙事》中记载的"蛤蜊酱"
是把鲜蛤肉装进罐或瓶，放上盐、姜、葱、酒等作料，再将口封上，置于阴凉通风处，
过上一段时间等发酵后食用，可作早晚下饭小菜。清代美食家袁枚写的《随园食单》
中提到了烹车螯、文蛤饼等。

20 世纪 70 年代后中国开始人工养殖文蛤，当时主要是为了出口，80 年代就
快速发展到近百万亩，90 年代后更是南到广西北海、北至辽宁各地纷纷养殖，不
仅供应国内市场，还长期出口日本、欧美等国家和地区。

龟鳖：

吃不吃都有误会

　　"中国人什么都吃"是许多外国人通过媒体得到的"刻板印象"，很大程度是因为中国人多，所以一旦吃起任何一种食材来，消耗量就很可观，可是平均下来，中国人均吃的某样东西未必算得上多。比如说吃龟、鳖，中国是世界上消耗最多的，可是嗜好它们的不仅仅是中国人，只不过那些食客分散在全球许多地方，食用的总量不那么引人瞩目罢了。

　　在国外许多地区，龟肉都是极重要的动物性蛋白质来源，如巴西亚马孙河、开曼群岛等地方的部落一直有吃龟肉的习俗。考古学家发现40万年前特拉维夫附近的史前洞穴中居住的直立人先民就喜爱吃烤乌龟，洞中发现的龟壳上有烧痕，还有龟壳被敲破、被燧石刀宰杀的痕迹。以色列北部加利利地区一个洞穴中还曾发现71只乌龟和3头野牛的残骸，可能是12000年前的部落举办宴会和进食的残迹，这是现代人类祖先举办的最早的宴会活动，考古学家推测早期人类开始组织宴会和耕作产出食物，是由于早期人口数量快速增长、拓展生活区域导致的。

《海龟》 木刻版画 安娜·赫维特·泰勒（Anna Heyward Taylor） 1929 年 格贝斯美术馆

　　吃龟肉在欧洲也有悠久的历史。早期欧洲海上探险家长途航行时，因无法保存新鲜肉类食物，会捕捉大型陆龟或海龟置于船上，以便随时都可补充肉类蛋白质。19 世纪维多利亚时期英国人把乌龟汤当成美味，19 世纪末 20 世纪初美国也曾流

《龟游荷叶洗》 玉雕　11.5×11.6×3.5cm　南宋至元（12—14 世纪）　台北故宫博物院

行海龟汤，以致出现了假冒的海龟汤，当时纽约的许多餐厅会在门口钉上一块龟壳，显示自己可以提供真正的绿海龟汤[①]。

乌龟，别称金龟、草龟、泥龟和山龟等，在动物分类学上隶属于爬行纲龟科龟亚科，是最常见的龟鳖目动物之一。在中国各地几乎均有乌龟分布，但以长江中下游和广西等地为多。

分子生物学家发现龟的 DNA 接近鳄鱼、鸟和恐龙，距今约 2.5 亿年前龟与鳄鱼、鸟、恐龙的共同祖先分化，开始独立进化。这期间正值二叠纪末的物种大灭绝，

① 任韶堂. 食物语言学 [M]. 上海：上海文艺出版社，2017：22.

《神龟图卷》 绢本设色 张珪 金朝 故宫博物院

可能是引发物种大灭绝的地球环境变化促进了龟的祖先诞生。如 2.6 亿年前栖息在南非的正南龟，外形酷似蜥蜴，肋骨宽广而平坦，上腹部呈圆形，颇具龟壳的外形。正南龟那些宽广而平坦的肋骨和脊椎骨在进化的过程中渐渐连在一起，逐渐形成由 50 个左右碎片组成的龟壳。最神奇的一点是，在进化的过程中乌龟的先祖们采用了一种新的呼吸方式：一般的动物是通过肋骨间的肌肉组织扩张压缩胸腔来呼吸的，由于乌龟的肋骨是连在一起的，它们就依靠腹部肌肉扩张压缩腹内气体进行呼吸。

2008 年在贵州省关岭县距今 2.2 亿年的晚三叠纪早期地层中发现了一批原始龟类化石，这是迄今为止发现的最原始的龟类化石。由于它们具有细密的牙齿和雏形状态的甲壳，所以被命名为半甲齿龟。半甲齿龟的肋骨比正南龟的还要宽，胸前长有跟乌龟大致相同的腹甲，可见它的腹甲的形成远远早于其背甲，当腹甲已经进化到与现代龟类差不多时，背甲才刚出现。龟的背甲形成始于脊椎位置，可能是肋骨逐渐加宽、融合后形成的。这种原始龟类很可能生活于海滨或者河流三角洲地带，其适应水生环境的程度与今天的甲鱼相似。

战国时代的《山海经》中就有吃龟的记载。乌龟肉、汤和蛋都是传统美食，

一向被人们当作美味佳肴。这时候中国人只是老老实实吃龟，还没有赋予它多大文化意义。古印度神话认为大地是由巨龟背负着的，战国以后传入中国也就有了类似的说法。

除了吃，龟的有关文化历史也值得一说。殷商时期，商王朝将龟图案铸在青铜器上。商代人利用龟壳占卜、记事，形成了特有的甲骨文。周代以来龟被当作"四灵"——麟、凤、龟、龙——之一，作为吉祥、长寿的象征，古人将龟视为神灵，常将龟雕于印鼻，或将龟铸刻于铜器之上，宋代以前民间凡有嫁娶、生育、贺寿、建房等喜庆场合，均有龟的工艺品摆放于厅堂上。《淮南子》中即云："龟纽之玺，贤者以为佩。"汉代大官所用金印的钮饰都是龟形；到了唐代，武则天特地把五品以上官员的佩袋由鱼形改为龟形，分为金、银、铜等三种，以金龟袋为最高的官阶，因而唐朝的李商隐曾有"无端嫁得金龟婿，辜负香衾事今朝"的诗句。

宋代以后，"乌龟"才逐渐转为负面的代名词，例如有许多传说认为龟会与蛇交配而产卵，被用来影射男女间的暧昧关系，因而"乌龟"变成骂人的形容词。此种误解可能与许多种类的雌龟能长时间保存雄龟精子有关，目前已知一些种类的雌龟在与雄龟交配后，历经数年之后仍能产下可受精发育的龟卵。古人没有这样的科学认知，有人误以为龟与蛇交配也能产卵，如明代李时珍在《本草纲目》中就说它们"亦与蛇匹"。

南北朝时候人们开始用龟的甲壳做中药，认为龟鳖本身寿命长，所以吃它有助于人长寿，后世更是发展出系统的说辞，以为"龟首常藏向腹，能通任脉，故取其甲以补心、补肾、补血，皆以养阴也"。其实，把龟鳖作为长寿的代表是古人的误会，龟鳖的平均寿命并非如传闻的那般长寿，许多淡水龟鳖的平均寿命可能少于30年，陆栖性种类可能较长，也不过50年多点而已，因此传说动辄千年神龟、百年老龟的故事并不可信。

近代出现了龟苓膏这种两广人爱吃的药用食品。龟苓膏一般是黑色的膏状，主要以鹰嘴龟和土茯苓为主要原料，再配以生地、蒲公英、银花等，广东人说龟苓膏可以清热解毒、滋阴补肾。

以前人们都是捕捉野生龟吃，种类以乌龟、黄喉拟水龟、黄缘盒龟、三线闭壳龟居多。到了20世纪80年代中期，野生资源大量下降，药用、食用、观赏等方面的需求则在上升，为了满足饕餮之客的口舌之欲和药厂熬制龟胶所需，三线闭壳龟、周氏闭壳龟、草龟、斑点池龟、凹甲陆龟、黑凹甲陆龟、四爪陆龟等纷纷陷入濒危险境。除了本地所产，还大量从东南亚地区进口，对其原产地龟类的生存造成极严重的威胁。

1985年后湖南、安徽等地开始探索乌龟、黑颈乌龟、黄喉拟水龟、平胸龟等传统龟鳖品种的养殖。90年代江苏省宝应县、山东省诸城市等地出现了规模不等的养龟场，随即在全国各地遍地开花，养殖的种类也不断增加，除了以食用和药用为主要目的外，观赏性龟类的人工养殖开始迅速发展，尤其是江苏省太仓、无锡等地的绿毛龟养殖已形成规模化。

90年代食用和药用需求的激增催生了龟鳖市场的形成，粤式海鲜野味酒店、饭庄和制药厂、保健品厂是主要买主，形成了从产地或进口口岸到全国各大城市收购、运输、销售一条龙的龟鳖销售体系。这个销售体系围绕广州、深圳、南宁、凭祥、瑞丽、昆明、海口等大批发市场进行货源集散，然后以海鲜的名目，利用长途汽车、火车、飞机甚至邮政专车等现代化运输工具，把大量的龟鳖运送到北京、天津、大连、沈阳、郑州、南京、上海、福州、成都、兰州、西安等大中城市进行销售，再通过上述大城市又继续延伸到周边的中小城市。

鳖：千家万户开吃王八蛋

比起吃龟，现在吃鳖肉、鳖蛋的情形更常见，人工养殖的数量也更多，东亚、东南亚都在广泛养殖和食用。日本人除了吃炖甲鱼，也吃甲鱼刺身，有的人还特别爱吃甲鱼的肝、心、蛋，觉得生吃格外鲜美。

鳖，俗称"甲鱼""团鱼""王八"，广东也叫"水鱼"，属于爬行动物。中国原产的甲鱼品种主要有中华鳖、山瑞鳖和斑鳖，后两种数量很少，故被国家列为保护动物。野生的鳖栖息在河湖、池沼中，白天喜欢潜伏水底，有时也露出水面呼吸新鲜空气。它除在水中掠食鱼虾螺蚌之外，也会爬上岸来猎食蚯蚓等小动物，饱食以后又潜往水底。由于它经常栖息在水底泥沙中，故身上往往沾满了青苔等附着物，每当晴朗暖和的天气，会爬上岸来晒晒太阳，以便让身上的污秽物质晒干而脱落。

鳖的警惕性异常高，只要附近有声响就会飞快逃回水中。科学家发现鳖的嗅觉也非常灵敏，它的基因组包含1137个编码合成嗅觉受体的基因，以嗅觉灵敏著称的狗也只有811个同类基因，所以鳖分辨各种物质气味的能力甚至超过狗。

鳖一般可以活五六十年，在三五岁时就能产卵繁殖后代。春天来临时，雌鳖在傍晚或清晨爬上岸，选择一处比较湿润的泥沙地，用它的前后爪挖出一个如漏斗形状的洞穴，把卵产在穴中，一次产卵十余个，产卵后便用泥沙把洞穴重新填平，最后还利用腹甲压平地面才安然离去。鳖有一段较长的冬眠期，当水温降到 10 摄氏度以下时，基本上不食不动，进入休眠状态，这也是它成长较慢的一个原因。

鳖在西周已经见于青铜器和文献，《小雅·六月》曾提到周宣王五年（公元前 823）周师击败进犯的狁狁部落后，大将尹吉甫宴请友人吃的是"龟鳖脍鲤"，估计是烧甲鱼、生鲤鱼片或丝。《大雅·韩奕》也载有："其肴为何？龟鳖鲜鱼。其簌维何？维笋及蒲。"唐代大臣韦巨源请唐中宗吃的宴席也上了一道"遍地锦装鳖"，据分析是用羊油、鸭蛋脂烹甲鱼。

五代起还出现了吃鳖的裙边的讲究，据北宋《五代史补》记载，南唐首都南京有个叫谦光的僧人讲究吃喝，曾经感叹"但愿鹅生四掌，鳖留两裙足矣"，估计那时候已经有鳖裙羹这一道美食了。北宋时宋仁宗接见江陵（今天的湖北荆州）大臣张景时问当地的特产是什么，张回答说是"新粟米饮鱼子饭，嫩冬瓜煮鳖裙羹"，到南宋，临安饭馆中有出售"团鱼羹"。

明代人重视滋补养生，到处搜刮山珍海味，富贵人家大为流行吃鳖肉，尤其在江南、华南更是如此，"甲鱼""团鱼"这种形象好记的名字在明清时代的通俗文学中常见，文人雅士一般还是称为"鳖"。清代美食家袁枚在《随园食单》中提到"金陵人好以海参配甲鱼，鱼翅配蟹粉，我见辄攒眉。觉甲鱼、蟹粉之味，海参、鱼翅分之而不足。海参、鱼翅之弊，甲鱼、蟹粉染之而有余"，他是讲究食物的鲜味、本味的，看不上富商官僚叠床架屋的吃法。

由于野生甲鱼数量稀少、难以捕捉，20 世纪七八十年代在国内的价格一度达每公斤五六百元，其销售价格之高令人咋舌，普通老百姓可望而不可即。1979 年湖南师范大学和汉寿县特种水产研究所刘筠等人进行鳖的人工养殖研究，弄清了鳖的性成熟年龄、生殖细胞发育规律、胚胎发育过程及影响胚胎发育的环境因素等情况，发现雌雄鳖在交配后，雄性精子可以在雌鳖生殖道内存活并保持受精能力达半年之久，从而在人工繁殖上提出雌雄 4∶1 的比例，有关研究被推广应用到汉寿等地，此后全国的甲鱼养殖得到快速的发展。

人工养殖的鳖开始主要出口至港澳地区，到 20 世纪 80 年代后期内地对鳖的需求量急剧上升，出现了工厂化的养鳖场，90 年代更是形成吃鳖的潮流，1996 年鳖的价格达到每公斤六百元，此后人工池塘和工厂化养殖也得到快速发展，最早主要养殖中华鳖、山瑞鳖，1996 年以后还陆续从国外引进了日本鳖、珍珠鳖（佛罗里达鳖）、泰国鳖、刺鳖（原产美洲）等进行养殖。因为出产量大增，这以后鳖的价格一路下跌，也出现在了平民百姓的餐桌上。

鼋：吃不上的"后悔药"

中国人最熟悉的鼋（yuán）是《西游记》里的那只。当年唐僧师徒前往西天时路过通天河，被八百里河水阻隔，有只大鼋浮水作舟驮着师徒四人和白马过河，乘机请唐僧在佛祖面前给自己美言几句。可后来唐僧忘了这事，更糟的是他们回程还是搭乘这只大鼋过河，气得大鼋把他们师徒丢在河水中就跑了，导致唐僧的取经事业遭遇重大损失，很多佛经都被冲走了。

鼋是龟鳖科中的一属，特点是体形大，体重可达 100 公斤。该属共有 3 种动物，其中两种生活在新几内亚岛，另外一种癞头鼋生活在亚洲，主要分布在中国长江流域以南地区以及东南亚、南亚，由于过度捕杀已经极度濒危，属于世界濒危保护动物。

传说周穆王东征到达江西九江时，曾大量捕捉鼋等爬行动物来填河架桥，留下了"鼋鼍为梁"的成语故事。东汉时的许慎在《说文》中指出："甲虫惟鼋最大，故字从元，元者大也。"因为鼋的头颈后部常有疣状的突起，所以在中国民间还称它为"癞头鼋"，并认为其十分凶猛，可以伤人。它的力气的确很大，可以驮数百公斤重的物体而依旧行动自如。

春秋时代为吃鼋发生过一桩著名血案。郑灵公即位的第一年（公元前 605 年），楚国人打鱼捞出来一只足有二百多斤的鼋，为了换赏钱就献给了新君郑灵公。郑灵公吩咐厨房把老鼋炖成羹与贵族大臣分享。郑国王室贵族公子宋、公子归生应召走去王宫的路上，公子宋的食指跳了起来，他兴奋地对公子归生说：以前我的食指跳的时候都意味着可以吃到难得的美食，看来今天又有好吃的。公子归生摇头表示不信，结果进入王宫看到厨师正在分割老鼋要炖汤，公子宋和公子归生不约而同哈哈大笑。郑灵公笑着问他们有什么事儿这么乐呵，公子归生就把路上公子宋食指跳动的事儿讲了。

不知道为什么郑灵公有意怠慢公子宋，后来开宴以后命令侍者从炖鼋的大鼎中给到会的贵族一一呈上羹汤，唯独不赏赐公子宋，公子宋真是又气又急，他愤而起身走到大鼎前，把手伸到里面沾了一下，放在嘴里尝了下鲜就拂袖而去。郑灵公自然恼怒，想要找碴收拾公子宋，公子宋回家以后想已经得罪郑灵公，干脆一不做二不休，和公子归生一起密谋，于这年夏天杀死郑灵公。

看来，不仅吃不饱会要人命，吃得不顺心也会有严重后果。

火腿：

伊比利亚黑猪的传奇

    在西班牙经常吃火腿，可以直接切片摆在一个盘子里当菜生吃，也可以配酒、面包。和中国传统上用烟熏或者火加工的"火腿"不同，它们是盐腌风干的，餐馆中最常见的是"塞拉诺火腿"，用常见的白蹄猪腿腌过后风干制成，贵的是用纯种伊比利亚黑猪做的"伊比利亚火腿"。他们的餐馆、酒吧都讲究随叫随切，厨师能切出薄薄的火腿片给食客享用，最好立即就吃，放得时间长了会变干走味。

    曾在卡塞雷斯附近的牧场中参观过专门用于制作火腿的伊比利亚黑猪，都是散养在牧场中吃草和饲料，据说顶级的牧场会特意种植橡树，让黑猪吃橡子、橄榄等，据说可以带给猪肉和火腿类似榛子味的芳香。这样养殖的黑猪有着强健的四肢、窄窄的黑色蹄子，一岁到两岁的时候就会被宰杀，前腿精瘦肉少，肉质较硬，不如肥瘦相间的后腿可口圆润。有经验的食客可以通过蹄子鉴别火腿来源，如果蹄子较厚，那或许就是混种猪而不是纯种黑猪的腿，蹄子有磨损则证明

《精品食品铺》 布面油画 153×218 cm 1888 或 1889 年 丹伯格斯（Édouard-Jean Dambourgez）

毕沙罗描绘了小镇上的露天肉食铺，而在大城市巴黎，画家丹伯格斯描绘了中央市场里的一间主要销售猪肉制品的精品食物杂货店，这里窗明几净，装饰着巨大的镜子以增加房屋的光亮，营造更好的空间感受，食品也分门别类摆放。

是在牧场中散养的。如果在西班牙购买的火腿是没有蹄子的，很可能并非品质最高的火腿。

《火腿》布面油画　50×58 cm　高更（Paul Gauguin）　1888 年　华盛顿菲利普斯收藏

　　罗马帝国时代，西班牙行省就开始制作火腿了，考古学家曾经在加泰罗尼亚
地区发现过已石化的发酵火腿，距今近 2000 年。卡塞雷斯所在的埃斯特雷马杜
拉自治区自从中世纪以来就以养殖黑猪著称，16 世纪时，在附近的普拉森西亚镇
（Plasencia）每年的 11 月 30 日圣安德烈日举办的市集上，会交易多达四万只伊
比利亚黑猪，可见规模不小。

　　西班牙大多数地方把用后腿制作的火腿叫"Jamón"，前腿制成的叫"Paleta"，
唯独在加泰罗尼亚地区常用"Pernil"一词称呼火腿，这是流传至今的中世纪拉丁

语的叫法，意思是"动物大腿可以食用的一部分"。传统的西班牙火腿都是整根连蹄带骨的生火腿，现在常见的则是去骨的。

韦尔瓦山脉、萨拉曼卡、安达卢西亚地区的伊布果村、贝多切斯谷和科尔多瓦等地都以出产火腿出名。真正让西班牙火腿名声传遍欧洲的还是18世纪西班牙旅游业发展以后餐厅需求增多。以前的家庭作坊之外，1879年伊布果村出现了第一家伊比利亚纯种猪屠宰厂，后来发展成为一家至今还在的著名火腿厂。当时火腿主要供应大城市的餐馆，到20世纪70年代以后大规模生产的火腿才成为西班牙人的日常餐食。

西班牙人的做法是先把切割下来的生猪腿靠近猪臀部位的皮削去以便腌制入味，用粗海盐在低温环境下渍一二十天，然后用温水清洗干净，穿绳上架，送入低温储藏室进行一个月左右的低温脱水，等肉质稳定后挂在通风的干燥室或回廊自然风干进行熟成，至少几个月后再转移到温度较低的地窖中任其"长霉"——这被认为是火腿风味形成的关键，此时各地、各个厂家或作坊的环境不同会滋生不同的霉菌、酵母菌等，让火腿的口味产生微妙的差别。

据说用纯种伊比利亚黑猪的后腿腌制的顶级火腿要在地窖中放三年以上，所以六至八公斤的火腿往往动辄数百上千欧元。除了前后腿做火腿，猪的其他部位会被制成西班牙辣肠、肉条干之类吃食。

金华火腿

"火腿"虽然有火字，却并非火烤，而是用猪的腿腌制或熏制而成的风味食品。腌制是历史上最古老的食物保存方法之一，古埃及人便已经使用腌制法保存肉类，在世界各地都有类似的发明。如公元前500多年的春秋战国时期就有用盐腌制的"干肉"，孔子当年说如果有人敬送一束（十条）干肉拜师，自己就要尽到做老师的责任教育他，这在后世成为典故，把送塾师、教师的酬金称为"束脩"。

全球范围内很多地方都有传承了几百上千年的地方性名产，如法国烟熏火腿、苏格兰整只火腿、德国陈制火腿、意大利帕尔玛火腿、西班牙黑猪火腿等，中国也有著名的金华火腿、宣威火腿等。

据《齐民要术》记载，五六世纪黄河流域民众常制作五味腊肉，会加入香辛料调味。至唐宋腊味更加普及，常作为佐酒佳肴。据《东京梦华录》记载，北宋首都汴京的饮食店铺、摊贩均有腊肉出售。《武林旧事》中记载，南宋将领张俊在杭州的府邸宴请宋高宗时菜单上就有"脯腊"。当时民间农户在春节等节庆宰杀的年猪，在短时间内自食有余，便用食盐腌制贮藏以便随时食用。为防止动物啃咬，常悬挂在灶间，无意间发现烧火的烟气熏烤、长期发酵后味道特殊，除自食外还用于馈赠亲友、集市出售。

明末浙江商业逐渐发达，这才出现手工作坊出产的火腿，成为一种地方著名商品。金华最早的地方志《嘉靖浦江志略》记载了"擂茶、火腿"两种吃食，明末火腿已是官府派征的物产，万历三十四年（1606）《兰溪县志》载："肥猪、肥鹅、肥鸡、火肉皆每岁额办之数派办。"浙江嘉兴、嘉善一带至今还称火腿为火肉。到17世纪末期，金华火腿和"龙井茶"一样运到广州甚至远销海外。

清代金华各地对所产的这类肉食的名称还不尽相同，康熙二十年（1681）《东阳县志》称火腿为"兰熏"；康熙二十二年（1683）《金华府志》称火腿为"烟蹄"；嘉庆七年（1802）《义乌县志》称火腿为腌腿，似乎之后才逐渐流行"火腿"这个名号。"火腿"的由来，有两种传说：一种说法是因火腿切开后瘦肉颜色嫣红如火；另一说是要悬挂在灶火上烟熏故而得名。或许悬挂在灶火上烟熏最早并非出于美食的需求，完全是为了安全保存的考虑：悬挂在客厅、卧房显得不雅和可怕，而挂在少有人去的库房之类的地方容易被老鼠等啃噬，那就挂在厨房中，还可以每天几次看看肉的情况，后来发现烟熏除了可以驱除蚊虫，还带给火腿特殊的风味，这才成为一种"惯例"。也因为长期烟熏加上最下面要"滴油"，因此吃整支火腿要把最下面那部分油烟味大的地方削裁掉，否则不堪入口。

当时流行的吃火腿方法是蒸熟了吃，而且对于前腿后腿的肉质也有区别，光绪十一年（1885）《本草纲目拾遗》载："其腌腿有冬腿春腿之分，前腿后腿之别，冬腿可久留不坏，春腿交夏即变味，久则蛆腐难食，又冬腿中独取后腿。以其肉细厚可久藏，前腿未免较逊……以金华冬腿三年陈者，煮食香气盈室，入口味甘酥。"讲究的人认为"所腌之盐必台盐，所熏之烟必松烟"才能味道香烈，这倒是和西班牙人讲究用海盐腌制、猪要吃橡子有类似的地方。

清末民初民营经济大发展，火腿生产也更为兴盛，光绪三十一年（1905），在德国莱比锡举办的国际博览会上，金华火腿首次获得金奖。民国时期兰溪、东阳、义乌等地都以出产"金华火腿"著称，各有十到数百家专门制作火腿的作坊，逐渐还出现了收购新鲜猪腿进行工厂化规模生产的厂商。1929 年，上海六家出口火腿商集资兴办中国制腿公司，在如皋设立火腿厂并建立新式屠宰场生产火腿，国民政府实业部批准这个公司享有出口专卖权，年产量曾达 12 万只，制腿的技工均系浙江兰溪人。据 1933 年《中国实业志》记载，1931 年、1932 年金华所属各县的火腿产量分别为 81.4 万只和 69.2 万只。上海、杭州等地熟食铺中常年出售熟火腿，店员以利刀切成薄片，是佐酒下饭的佳肴。

当时中国产的火腿质优价廉，曾通过上海、九江、杭州、镇江、广州、宁波、腾越、蒙自等地出口港澳地区、东南亚、印度、英国、日本、美国、苏联等地。据 1929 年《国际贸易导报》第二卷第一号《二十年来之火腿出洋事业》载："民国二年（1913），火腿出洋数量为 448 吨，价值 18.8 万海关两，造成贸易史上空前之记录。往后 11 年间，屡进屡退，至民国 18 年数量为 802 吨，价值达 77.82 万海关两。以后英美等国因

《早餐静物》（火腿、面包、白葡萄酒）　木板油画　39.6×55.8cm　1640—1649
彼得·克莱兹（Pieter Claesz）　巴尔的摩沃尔特斯美术馆

我国制造的火腿，猪口未经宰前宰后检验，缺乏公共屠宰场等为词，相继禁止我国火腿入口。"

　　1949 年后中国逐渐建立计划经济体制，火腿变成了主要对外销售的出口商品，当时金华、宣威、如皋等传统的火腿产地新建了一批工厂，湖北、四川等省也引进金华火腿加工技术生产火腿。有意思的是，从 1956 年冬季起浙江省规定金华地区 23 个县市的国营厂家统一使用"浙江省食品公司制""金华火腿"商标标识，这是为了对外销售之便。其他县市生产的统一标识为"浙江火腿"。1979 年金华地区东阳、金华、永康三个县试办了使用金华火腿商标的乡镇火腿厂，之后在 20

世纪 80 年代乡镇企业快速发展，大量生产火腿，这才让火腿产量达到民国时期 1932 年的规模，90 年代后因为市场经济更为发达，火腿产量比之前更是翻了几番，国内的消费量也逐渐增多。

宣威火腿

云南出产的"宣威火腿"似乎是受到金华火腿的影响才出现的。用盐腌制风干的腊肉虽然在云南的市镇比较常见，但是专门腌制整条腿肉似乎到清代才在云南出现。明代在宣威地区驻军屯田，农耕经济才成为当地主流的经济形态，本地民众才流行养猪，腌制火腿的历史自然要更靠后一些。清雍正五年（1727）编撰的《宣威县志》中记载城乡集市上有火腿出售，清光绪年间，曾懿编著的《中馈录》中收有"宣威火腿"的制法。也许可以猜测火腿的做法或是明末清初才从东部传入云南。云腿一般比金华火腿要大一些，脂多肉厚。

清初逐渐有少量宣威火腿远销滇川，清末才出现较多商业开发。清宣统元年（1909），浦在廷、陈时铨等人集资 4 万银元，创办了"宣和火腿股份有限公司"，收购鲜腿腌制加工宣威火腿，或从市场购进优质宣威火腿后销往东南、华南地区，同时派人入粤学习土法加工火腿罐头，开发出可以长期保存、方便食用的火腿罐头，受到欢迎。1918 年浦在廷又创办"宣和火腿罐头股份有限公司"（后更名"大有恒"），进口美国机械设备开发生产"火腿罐头""蹄筋罐头""鸡罐头"等，年产 10 万罐，远销东南亚。1923 年，该公司生产的火腿罐头在广东举办的全国地方名特产品赛会上获优质奖章，孙中山题赠"饮和食德"，从此宣威火腿名声大振，远销东南亚和港澳地区。

1949 年后实行计划经济，改为国营的宣威火腿生产数量长期止步不前，80 年代以后才出现较快增长。更匪夷所思的是，宣威县曾于 1955 年 7 月至 1958 年 12

月被上级更名为"榕峰县"，"宣威火腿"也改称"榕峰火腿"，让当地的火腿大面积滞销。为了改善出口经济，1959 年又复名"宣威县"，"宣威火腿"才又畅销起来。

火腿肠

如今中国常见的"火腿肠"严格说来是塑料包装的肉罐头而并非香肠，传统香肠是可以清晰辨认出肉块的，而所谓"火腿肠"里装的肉糜和淀粉经粉碎混合成一体很难辨认彼此，很难分辨肉糜到底是来自火腿还是其他部位，它的塑料外皮的功能是把肉糜塑造出香肠的形状，只能算包装而非肠衣。

火腿肠最早的雏形是"熟肠"。19 世纪中叶，德国法兰克福的贫民因吃不起纯肉香肠，便发明出用燕麦和肉糜混合灌入肠衣煮熟而成的另类香肠。由于它口感细腻颇受欢迎，久而久之，人们也把它划归到香肠门下。之前的香肠都是生的，要吃的话大多需要煮、烤、煎、炸、蒸，个别的则可以生吃。这类"熟肠"的代表除了上述法兰克福肠，还有慕尼黑香肠、俄罗斯红肠等，因为购买后可以直接食用，逐渐流行起来。许多熟肠为了方便咀嚼都会添加较多的肥肉糜、淀粉等，促使肥肉中的脂肪与瘦肉中的蛋白质形成牢固的胶体。

19 世纪末 20 世纪初，德国等地移民把吃法兰克福肠的习惯传入美国，1910年出现了工业化生产的火腿香肠。而现在常见的裹着塑料外衣的火腿肠则是"二战"后日本、欧美出现的快餐食品，里面到底有多少火腿往往要打个问号，实际上很多所谓的火腿肠只会用到一点后腿的精肉，其他都是肥肉、淀粉之类。

这种塑料外包装的肉泥火腿肠进入中国的历史并不长。1986 年，洛阳肉联厂的代表在国际食品博览会上见到一套日本火腿肠生产样机，就买了这套机械设备，生产出了中国第一批火腿肠。由于它可以批量快速生产，价格低廉而又方便食用，大受欢迎，从此河南等地掀起了火腿肠设厂、生产、销售的热潮，仅仅十几年的时间就发展成了中国肉制品市场的主导产业之一。

21 世纪初火腿肠产量一度占整个肉制品产量的二分之一，年销售额达 500 亿元。东北、华北地区的消费力最大，北方的市场明显好于南方，生产企业也主要位于河南、山东两省。中国人每年要吃掉几百亿根这样的火腿肠，现在不仅仅打"火腿"的名号，鸡肉肠、牛肉肠等类似的肉泥肠都很常见。

香肠：

为了保存而生，为了美味而活

  在西班牙吃过布尔戈斯血肠（Morcilla de Burgos），是猪血混合大米、盐、胡椒粉以及辣椒粉做成的，这让我想到了国内一些地方的血肠，估计都是原来物质匮乏时代人们"物尽其用"发明的做法，舍不得浪费，便追求把动物的每一处都利用。比如德国的肉冻血肠（Zungenwurst）是用猪或牛的血、舌条肉冻、面包屑和燕麦混合制作而成。在中国，唐代《卢氏杂说》记载唐玄宗曾经命人射杀鹿"取血煎鹿肠食之，谓之热洛河，赐安禄山及哥舒翰"。东北流行的血肠则可追溯到女真萨满的祭祀仪式，《满洲祭神祭天典礼·仪注篇》记载祭祀过程中要当场杀猪煮肉，还把猪血灌于肠内一起煮，参与者要集体吃"白肉血肠"，后来沈阳和吉林等地开设的白肉馆都兼营血肠，成为东北三省满族的传统菜式。

  将动物的肉绞碎，加入盐、香料，再灌入猪或羊的肠衣制成的长圆柱体就是香肠，这是一种非常古老的食物生产和肉食保存技术。美索不达米亚出土过公元前3000年的香肠遗迹，做法可能就是从那里传播到世界各地的。

静物《火腿、香肠等》 油画

路易斯·欧热尼奥·梅伦德斯（Luis Egidio Meléndez） 1772 年 普拉多博物馆

　　在没有冰箱的年代，肉类很容易腐败变质，对古人来说如何保存肉类是件头疼的事，他们摸索出腌制、风干的处理方式。最早人们制作香肠主要是为了保存和充分利用肉食，多选用边角料的肉碎、脂肪或是内脏混合食盐、香料加工而成，可是当人们喜欢上这种美味后就出现了许多精心制作的香肠。

《四旬斋前的寻欢作乐者》 布面油画 131.4×99.7cm 1616—1617
弗兰斯·哈尔斯（Frans Hals） 纽约大都会博物馆

中世纪开始一直到 18 世纪，许多地方的基督徒都讲究在复活节前的 40 天斋戒，禁止吃肉食、饮酒，因此在进入
斋戒之前的几天人们常常会饮宴狂欢。当时荷兰各个城市的画家行会也在这期间邀请戏剧演员在宴会中举行表演，
哈尔斯这幅画描绘了两位戏剧杂耍演员和画家们狂欢的场景，桌子上摆着各种食物，左侧可以看到切开的一截香
肠，穿黑衣服的演员似乎也披着一长条香肠。

公元前 8 世纪，古希腊史诗《奥德赛》中写到"心事重重的奥德修斯辗转反侧，苦思难眠，像一条翻烤的大香肠"。奥德修斯也曾享用填充了血、脂肪的烤山羊肚，类似后世西班牙人用山羊肚做的"莫里亚血肠"（Morcilla）或者苏格兰人的羊肚包（Haggis）。古罗马人很爱吃各种香肠，留下了众多菜谱，一般灌香肠的材料是猪肉和牛肉，用猪、牛的血液制成的血肠也极为常见。

公元前 8 世纪高卢地区（今法国及比利时一带）的游牧民就以制作香肠著称，公元前 2 世纪古罗马征服高卢后曾从这里大量进口香肠到罗马城。也是罗马人将高卢香肠传播到他们征服的广大地区，成为欧洲的主要肉食，在各地形成了丰富的香肠做法，牛肉、羊肉、猪肉、鱼肉、动物内脏、凝固的血块都可以作为原料被剁成肉碎，挤入动物的肠衣之中。尤其是中欧、东欧国家，以前人们几乎每天都吃香肠，种类也多，单是德国便有超过 1500 种。

如今常见的意大利萨拉米肠是当地农民为了能长久储存肉而发明的"盐腌的肉"，把肥猪肉经过长时间风干、烟熏制成，干而硬，意大利人经常切成薄片作为前菜生吃。

地理大发现以后，欧洲的香肠做法更是被推广至全世界。由于香肠需求量大，肠衣供不应求，20 世纪末工厂提取动物皮革中的胶原蛋白或多糖纤维素制成 "人造肠衣"，与天然肠衣一样可以吃掉，因此得到大规模应用。

腊肠

香肠是当代才流行的名称，以前中国人把这类食物叫作"腊肠"，为什么有这个名字，有两种说法：一说传统上香肠制作时间都在寒冬腊月；另一说"腊"在古代也读作 xī，是晾干、风干、火烤熏干的意思，说的是腊肠的制作工艺。后来，由于消费者常误听"腊"为"辣"，熟肉店才改用"香肠"这个名字。

西汉时期中国才有了腊肠的记载，很可能这是西域或北方游牧民族传入的做法。北魏《齐民要术》记载了制作腊肠的"灌肠法"，可见当时主要在北方流行。不过明清以后南方的腊肠最为出名，著名的有江苏如皋香肠、广东腊肠、四川麻辣腊肠等，这可能是因为明清时期江南、华南商贸经济和城市消费发达，对腊肠的消费更多，也容易形成相关商品的名声。

广东腊肠多是以猪肉为原料，切碎或绞碎成丁，用食盐、白糖、曲酒、酱油等腌制后，填入用猪小肠制成的肠衣中，经晾晒、风干或烘烤等工艺而制成的一类生干肠制品。近代以来广东受到中西食风影响，香肠花样繁多，有生抽肠、老抽肠、鲜鸭干肠、腊金银肠、猪心肠、瘦猪肉肠、蚝豉肠、鲜虾肠、蛋黄肠、玫瑰猪肉肠、牛肉肠、鸡肉肠、鸭肉肠、冬菇肠、鱿鱼肠、尧柱冻等几十种。

不论东方西方，制作香肠的方法都类似，都要把肉分选、切碎，加入各种调料腌制，再灌入薄薄的肠衣中变成一条条"肉棍"，最后风干而成。传统的腊肠都是不加淀粉的，加入淀粉的众多打开即食的"火腿肠"是 19 世纪的人为了方便和廉价发明出来的，以法兰克福火腿肠、俄罗斯红肠为代表。

俄罗斯红肠是最为中国人所知的"外国食品"之一。俄罗斯红肠原产于立陶宛，后来流行于俄罗斯一带。特点是配料中多加淀粉，口感富有弹性，因煮熟后经过较长时间烟熏，有浓重的烟熏味，因肠皮被熏成了深红色，常被中国人称作"红肠"。

1897 年俄罗斯投资在东北修建东方铁路，许多俄国人和其他国家的人来到哈尔滨，他们带来了俄罗斯口味的食品和相应的需求。1900 年俄罗斯商人伊万·雅阔列维奇·秋林在哈尔滨市创建了秋林洋行经营进口红肠，1909 年一名立陶宛员工组织在秋林灌肠庄生产立陶宛风味的香肠，俄罗斯人称为"立多夫斯香肠"，俗称"里道斯香肠"，后来因为香肠颜色呈红色，东北人因而称为红肠。本地人也逐渐喜欢上这种食物，随后哈尔滨一带出现了很多制作红肠的店铺，至今哈尔滨出产的红肠还颇为有名。

鱼罐头：

金枪鱼和鲮鱼的东西"流浪"

在西班牙旅行时我吃过不少小食"Tapas"，多是在烤热的小块面包上放各种小菜，最常见的是腌辣椒、鲜番茄碎、腌制的鱼块之类，和国内味道浓厚的豉汁鲮鱼罐头不同，这里的人多喜欢橄榄油浸的鲜味鱼罐头。

在我印象里西班牙人、葡萄牙人或许是全世界最爱吃海鲜罐头的了，超市里能看到各式海鲜罐头，最常见的是金枪鱼罐头，很多饭馆、家庭都会储备一些，可以直接配面包吃，也可以和其他配料一起加工成菜。因为爱吃汞含量较高的各种金枪鱼罐头，2013 年有学者研究发现西班牙人血液里的汞含量普遍较高，可能对健康不利。

西班牙南部一些地方的渔民还和 3000 年前定居于此的腓尼基人一样，使用传统的"Almadraba"方法捕捞金枪鱼：每年五六月份，金枪鱼群要通过直布罗陀海峡从寒冷的大西洋迁游至地中海产卵，渔民就提前在海床上布下迷宫式的连环渔网，鱼一旦进入就

葡国老人牌金枪鱼罐头

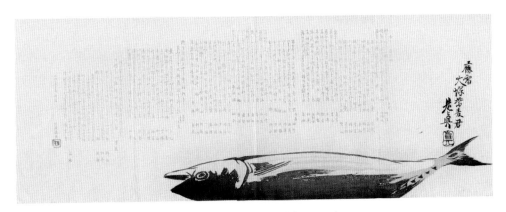

《金枪鱼》 浮世绘 柴田是真 1882 年

无法挣脱，然后他们每天会抬起渔网收获金枪鱼。北部的巴斯克地区几百年来也以出产腹部银白色的长鳍金枪鱼著称，以前渔民清晨打鱼回来，需要赶在中午变热之前就把收获送到工厂，据说这样可以保存鲜味。现在保鲜技术进步了，人们可以随时把收获的鱼运输到低温厂房中进行清洗、蒸煮，然后装罐，封口后为了杀菌还要进行第二次加热蒸煮。

西班牙是全球数一数二的海产品罐头出口国，沿海渔民捕捞的黄鳍金枪鱼、大眼金枪鱼、鱿鱼、墨鱼、沙丁鱼、鲣鱼、扁舵鲣、鲭鱼乃至扇贝、贻贝等海鲜大多都被处理后迅速装罐，用橄榄油、葵花子油、水或腌泡汁之类浸泡锁住鲜味，然后出售到欧洲各地，有的还漂洋过海到了遥远的美洲、亚洲。

人们通常把鱼类中鲭科、箭鱼科和旗鱼科约 30 种鱼类都称作金枪鱼，如大西洋蓝鳍金枪鱼、太平洋蓝鳍金枪鱼、马苏金枪鱼（南方蓝鳍金枪鱼）、大眼金枪鱼、黄鳍金枪鱼、长鳍金枪鱼、鲣鱼等。金枪鱼是欧美人、日本人最爱吃的鱼类之一，所以产量巨大，2014 年的时候上述金枪鱼和类金枪鱼的总产量高达 770 万吨，其中鲣鱼占了约四成，黄鳍金枪鱼占约两成，而价格更贵的大西洋蓝鳍金枪鱼、太平洋蓝鳍金枪鱼、马苏金枪鱼产量合计只有约 4 万吨，主要提供给高级餐馆做刺身。

大西洋、太平洋、印度洋中都分布有不同的鲣鱼，是目前最重要的食用鱼类之一。其中太平洋鲣鱼每年顺着黑潮在日本南九州到东北的海洋之间回游，因此日本海边渔民很早就开始捕捞食用。早在701年日本天皇颁布的《大宝律令》中就有"坚鱼煎汁"的记载。927年醍醐天皇时，烧津浦地区的人已经把"坚鱼""煮坚鱼""坚鱼煎汁"当作地租，这时候的"坚鱼煎汁"应该是熬煮鲣鱼得到的胶状汁液，人们或许是作为调味品使用。

据说1704年时日本和歌山县的一个渔民想出用熏干法处理过剩鲣鱼的做法，后来人们发现熏制的鲣鱼配饭、调汤风味独特，就当作一种特别的调料用了。做法是把捕来的新鲜鲣鱼去掉头和内脏后切成条状或者片状，在热水中煮一两个小时后去皮、拔刺，然后反复烟熏多次，晾晒后削除表面的焦油，再放入阴凉的、容易长霉的房间中，等它长霉后拿出来再晒干并擦去霉菌，如此反复几次后就得到了干硬如柴的"柴鱼"，又被称为"鲣节"，熬制高汤的时候现削一小片放在汤里就能让滋味顿时丰富起来。后来为了方便人们食用，商家还推出了削成片的柴鱼片，当代还有厂商把柴鱼磨碎和味精等组合制成颗粒状的调味品"柴鱼精"。

四百年前镰仓时代鲣鱼不受重视，富贵人家不吃，奴仆下人也排斥。而到了江户时期，鲣鱼已经广受欢迎，许多俳句诗人就写到这一点，如素堂写人们期望吃新鲣的名句："满目绿叶翠，杜鹃声声啼鸣中，又见新鲣时。"晚清诗人黄遵宪1877年以外交官身份驻扎日本四年多，他注意到当时日本人普遍吃鲣鱼、用柴鱼调味，"大者尺余，小九寸许，能调和百味。自王侯至黎庶，聂而为脍，卤而为脯，风而为挺（指柴鱼），渍而为醢，煎而为膏，函封瓮闭，苞苴千里，无日不享其用。而挺之用最广，岁时吉席，无此不成礼，饮馔调和，无此不成味"。

其实，日本寿司最初常常用淡水鱼而不是鲣鱼这类海鱼，在天保年（1830—1844）以前，手握寿司更是完全不使用金枪鱼。到天保八年左右，江户（东京）

近海渔民捕捞到大量金枪鱼，苦于无法处理而向寿司店进行推销，但多数寿司店拒绝使用，只有日本桥马喰町"惠比寿寿司"试着使用，发现金枪鱼做的寿司味道不错，食客也给予好评，此后其他店面才开始纷纷用来做寿司、刺身。当时还没有冷藏设备，店家会将金枪鱼用开水焯后用酱油腌制备用。

"二战"后日本经济再次繁荣，金枪鱼的消费大增，因此 20 世纪 70 年代出现了网箱养殖金枪鱼的试验，80 年代开始日本、加拿大、西班牙等地开始产业化养殖大西洋蓝鳍金枪鱼、太平洋蓝鳍金枪鱼、马苏金枪鱼、黄鳍金枪鱼等高价金枪鱼。地中海的蓝鳍养殖场、日本的太平洋蓝鳍养殖场和澳大利亚的南方蓝鳍养殖场大多是从野外捕捞回野生金枪鱼幼鱼苗养殖，这类顶级金枪鱼主要用于供应日益膨胀的寿司市场。近年来日本已经成功地让蓝鳍金枪鱼从实验室里的鱼卵成长为全尺寸的成年鱼，这样就不必去捕捉野生幼鱼，这类人工养殖的太平洋蓝鳍金枪鱼在市场上被叫作"近畿金枪鱼"。

南欧的西班牙、葡萄牙、法国，北欧的冰岛、瑞典这些国家因为靠近海洋，水产丰富而且捕鱼传统悠久，几个世纪以来一直有腌、晒海鲜以便长期食用的传统，比如葡萄牙的农村在中世纪就有用盐水腌制沙丁鱼的传统。

1810 年法国人尼古拉斯·阿培尔（Nicolas Apppert）发明的食品罐头技术公布后引起广泛关注，人们纷纷尝试把各种食材做成罐头。1824 年约瑟夫·科林（Joseph Colin）在南特首先尝试制作沙丁鱼罐头，之后美国出现了鲑鱼罐头，移民到美国的意大利人开始制作金枪鱼罐头，之后各地都出现了各种材质的海鲜罐头。如今欧美最流行的是金枪鱼罐头，占鱼肉罐头市场近乎一半份额，有水浸金枪鱼、五香金枪鱼、油浸金枪鱼、蔬菜金枪鱼、茄汁金枪鱼等不同口味。

当葡萄牙殖民者占领澳门后，也把他们的罐头和吃鱼的习俗带入澳门，比如澳门人至今还常吃的"葡国老人"牌沙甸鱼（沙丁鱼）罐头的生产厂家早在 1912 年已成立，此后长期向澳门出口沙丁鱼、吞拿鱼（又名鲔鱼、金枪鱼）罐头，有

鲣鱼（日本又称条纹金枪鱼）和竹叶（局部）

日本画　窪俊满　1757—1820

关吃法也在澳门极为普及。澳门人爱吃的"辣鱼包""辣鱼面"的主要材料就是用橄榄油、辣椒和黄瓜浸制而成的辣味鱼罐头。

　　也是在欧洲人的启发下，近代中国人开始制作鱼罐头。光绪三十二年（1906）

甘竹牌豆豉鲮鱼罐头

南洋华侨在上海建立了中国第一家罐头厂"泰丰罐头食品厂"，他们曾生产鸡汁鱼翅、五香梅鱼、黄花鱼、凤尾鱼、四鳃鲈鱼、五香鲍鱼、清蒸水鱼、红烧水鱼等水产类罐头，主打中国传统风味，主要向南洋出口。原来在济南的泰康罐头食品股份有限公司，民国十二年（1923）南移上海设厂，生产的福牌五香凤尾鱼上市后风靡全国大中城市，基本取代了进口沙丁鱼罐头，还曾外销至美国、东南亚以及中国香港等地区。后来1956年国有化以后上海所有罐头厂的出口罐头都挂"梅林"商标，凤尾鱼罐头在1960年曾大量出口，后来因为捕捞过度缺乏原料才减产。1970年上海出产的马面鱼罐头也曾经在东北、西北流行过一阵子。

今天中国最流行的鱼罐头是豆豉鲮鱼罐头。和作为海鱼的金枪鱼不同，鲮鱼是淡水鱼，主要生长在珠三角地区的河网，水温低于5℃就无法存活。鲮鱼生活在水的最下层，取食水中的浮游生物，生长周期慢，肉质鲜嫩，一向是广东人喜欢的美食。当时广东人也爱吃豆豉，尤其是阳江出产的很著名。19世纪末许多广东人前往南洋谋生，乡愁的对象之一就是家乡的食物。路上带的食物需要长久保存，人们就把煎过的鱼干、豆豉油浸放在瓦罐中携往异乡享用。商人们觉得有利可图，1893年有家叫广茂香的作坊学习洋人制作罐头的做法，开始生产装在铁罐中的豆豉鲮鱼。这可以说是中国本土发明的罐头品类。广茂香开始是小作坊手工操作，后来发展为机械生产，1912 年还在香港注册了"鹰金钱"商标。

后来这家厂先后更名广奇香、广利和，1950 年公私合营后又在苏联的援助下扩建为当时亚洲最大的罐头厂——广东罐头厂，主要生产"红旗牌"鲮鱼罐头，在香港以"鹰金钱"商标出售。有意思的是，之后二十年这家罐头厂的出品绝大部分都是出口到港澳地区换汇，而计划经济时代本地普通人收入极其微薄，要弄到这样的吃食很不容易，不仅仅价格相对本地人的收入较高，而且还需要批条才能购买。直到 80 年代改革开放后豆豉鲮鱼罐头才逐渐从奢侈品变成日常消费品，人们可以在商店中容易买到了。这时候民营的厂家也多起来，各种品牌、口味、价位的产品都在竞争获取食客的好感。

90 年代是豆豉鲮鱼这类肉罐头的极盛年代，它以油脂和咸鲜为最大的特色，是非常下饭的东西。豆豉鲮鱼油麦菜——也许是广东人发明出的新菜式——也是在那时候在大江南北普及的。这以后因为食品种类的丰富、保鲜手段的发达和超市的普及，人们对食物的兴趣也出现转变，饮食的风尚也更加追求生鲜，罐头食品的诱惑力大为下降，已经算是颇为边缘的品类。

午餐肉罐头：

封存的味觉记忆

　　90年代以后长大的人可能很难想象以前一盒午餐肉罐头对平民家的孩子们意味着什么，在那个绝大多数人都处于物资匮乏状态的时代，肉是十天半月才能尝到一点的好东西，午餐肉罐头常常是生病了、过节了才能吃到的"奢侈品"。打开罐头盖子的时刻充满了仪式感：孩子们围在大人周围，看父母托着那盒罐头，用改锥之类的工具缓慢而郑重地起开盖子，飘出浓厚的肉香来。随后粉红色的块状肉糜被整体倾倒出来，切成一片一片，可以直接吃，也可以煎、炒、煮汤。

　　午餐肉罐头的源头在英美。午餐肉是对英文"Lunch meats"的翻译，在英国、美国指鸡尾酒会、冷餐会等场合冷盘中使用的冷切肉，如各种香肠、火腿、肉卷、熏肉、烤肉、肉冻等。19世纪末，针对市场需要，尤其是为了便于长途贩运和长期保存，在英国出现了加工后的牛肉罐头，美国出现了五香火腿罐头，因为多用于午餐的冷盘，也被一些商家称为"午

《午餐》（火腿等静物） 布面油画 73×92.1cm 1870 年 菲利普·卢梭 纽约大都会博物馆

这幅作品描绘了这位巴黎画家自己的日常午餐细节，桌子上的碟子里有一只大火腿，点缀着一簇月桂树叶。桌子上还放着《费加罗报》和一封家信。

餐肉"。当时这些罐头多是大包装，主要批发售卖给各个零售食品店冷藏，店家根据顾客具体需求再切成小块卖。

20 世纪 30 年代美国经济大萧条时期，荷美尔食品公司推出了廉价碎猪肩肉和食盐、水、糖及亚硝酸钠加工制成的小包装五香火腿罐头（Hormel Spiced Ham），每罐仅有 12 盎司（336 克）重，适合家庭单次使用，而且不需要冷藏。

这种罐头慢慢打开了一定市场，1937 年他们还在里面加入了一点火腿成分并更名为"世棒"猪肩肉加火腿罐头（SPAM，Shoulder of Pork And Ham）。

真正让这种罐头流行的契机是"二战"。这种好保存、价格便宜的罐头被美军大量采购和配发给军人食用，军人常常一天三顿都要吃煎、烤的午餐肉，很多人对它们都感到厌烦。尽管如此，"二战"中它还是随着美军传播到亚欧大陆各地，曾作为军需大量运到英国、苏联等地援助盟军，最高峰时期每周就有 1500 万个罐头被吃掉。美军把午餐肉传入夏威夷、菲律宾后当地人也开始大量食用，如菲律宾人就组合出午餐肉饭团等一类食物。美国出产的午餐肉在"二战"前后也传入上海等地，少部分人曾有幸吃到这种洋货。

罐头类食品的出现和军事、战争需求密切相关。战争中维持给养、让士兵吃饱吃好自古以来就是大难题，尤其是海军军舰需要长时间在高温下航行，烟熏、日晒、盐腌等传统方法制作的食物不敷使用，1795 年法国政府为此重金悬赏征求保藏军用食品的方法。1804 年在巴黎一家食品店工作的阿培尔发现将肉和黄豆装入广口瓶中，再轻轻塞上软木塞放在热水和蒸汽中加热半小时到一小时，然后趁热将软塞塞紧并涂蜡密封就能让这一罐食物保存好几个月，此后进一步试验成功用玻璃瓶加热并密封保藏食品，1809 年这项发明获得拿破仑政府颁发的一万二千法郎的奖金，次年阿培尔还出版著作介绍罐藏保存食物的方法。1812 年，他开设了世界上第一家罐头厂——"阿培尔之家"。

这项发明立即引起欧洲其他政府和商人的注意。1810 年英国人杜兰德（Peter Durand）发明了镀锡薄板金属罐，这要比玻璃瓶、瓷罐之类耐摔和便于运输，开始有了手工作坊生产罐头食品，英国海军很快就把保质期长、携带和食用方便的罐头作为标准口粮大量订购。起初普通人并不喜欢吃罐头，除了口味，还因为当时开罐头往往要用锤子、凿子之类工具大动干戈，一点也不方便。到 1847 年美国人发明开罐器后这一难题才得到缓解。

刊登在女性杂志上的 SPAM 午餐肉罐头广告　荷美尔（Hormel）　1943 年

1821 年，英国人安德伍德（William Underwood）在英国波士顿设厂生产瓶装水果罐头，19 世纪 30 年代欧美的商店开始提供鱼罐头和肉罐头。钢铁工业和机械工业技术的应用让制罐越来越高效，逐步实现了机械化规模生产。南北战争时，商人包登（Gail Borden）制造罐头牛奶，并给里面添加了糖让味道更为可口，开启了后世各种口味的罐装牛奶产品的先河。1864 年，巴斯德（Louis Paster）发现让食品变质腐败的罪魁祸首是各种微生物，阐明了加热杀菌的科学原理和生产工艺，极大促进了罐头食品业的科学化发展，各种罐头食品开始大规模发展，1880 年光法国西岸的罐头厂就出产了 5000 万盒罐头。

19 世纪末 20 世纪初，欧美罐头传入中国后，有人模仿建立罐头厂，最早的是光绪三十二年（1906）南洋华侨王拔如创设的泰丰罐头食品厂，以“囍”字商标制造禽类、肉类、鱼类和果蔬类罐头。他们用西方的罐装工艺制成中国传统风味的罐头产品，如红烧猪肉、红烧牛肉、红烧羊肉、鸡汁排翅、八宝全鸡、陈皮全鸡、陈皮全鸭，还搜罗山珍野味制作烧野鸡、子鸡肉、佳制鹌鹑、五香禾雀、鲜炸禾雀、梅花北鹿、五香乳鸽等肉罐头，主要出口到南洋华侨集中的城市。1911 年起产品还多次参加意大利都灵博览会、美国旧金山太平洋 – 巴拿马世界博览会等并获奖，是民国初年的知名企业。

其他知名企业还有广州广茂香罐头厂、厦门陶化大同食品厂、上海梅林罐头食品厂、泰康食品厂、宁波如生罐头厂等，很多产品还远销东南亚地区。如广茂香的豆豉鲮鱼罐头、梅林的五香凤尾鱼罐头、葱烤鲫鱼罐头、泰康的福牌凤尾鱼、如生的油焖笋罐头都有相当的知名度。

中国自己生产午餐肉要拜捷克人的传授。20 世纪 50 年代中国和苏联、东欧社会主义国家交好，1957 年捷克食品专家到国营企业上海益民食品二厂（今梅林食品厂）指导生产了第一罐午餐肉，是按照西式菜肴做法开发的，可以凉拌，也可以炒、煮，不容易被煮烂、煮化，之后绝大部分出口东欧，1959 年益民又开发了西式风味的火腿罐头销往港澳市场。

80 年代之前，午餐肉等罐头主要供出口以及军需，国人要购买还要凭票证或者找关系走后门。到 80 年代午餐肉罐头才大规模走向中国的城乡，成了之后二十年最具有知名度、诱惑力的罐头食品之一。

"梅林"是中国最早的罐头厂之一。1929 年春，石永锡、戴行水等几名年轻的中国西餐厨师集资数百元，购置土灶、蒸锅等简陋的工具，在法租界蓝维霭路的一间石库门小屋试制辣酱油、果酱、番茄沙司等西餐佐餐食品；1930 年 7 月正式成立上海梅林罐头食品厂，"梅林"是从罗马文"MALING"音译而来，显示它一开始就带有上海的洋派风格。

梅林推出了中国自己生产的第一瓶番茄沙司罐头，主要供给上海的西餐馆，随后还陆续开发了辣酱油、果酱、青豆等瓶装食品，价廉物美，打破了进口洋货一统天下的局面。三年后更多西餐商加入投资，合股成立了新的上海梅林罐头食品股份有限公司，在虹桥购地，大量购置外国机器，聘请立陶宛专家为工程师，以国际标准生产各种瓶装食品、罐头食品，很快取代了进口罐头的大块市场份额，成为当时上海乃至全国最著名的罐头品牌，还曾出口到美国、东南亚等地。

当时的梅林对市场需求极为敏感，如针对国人的口味开发了红烧扣肉、红焖牛肉、红烧鸡、油焖笋尖、四鲜烤麸、五香禾花雀、凤尾鱼等罐头食品，极受欢迎。可惜 1953 年公私合营成为国有企业后，出产的商品种类就相对单调了。值得一提的是，梅林出产的酸黄瓜罐头曾出口苏联、波兰、捷克等社会主义国家，1954 年制作的糖水橘子罐头也曾外销英伦三岛。计划经济体制下人们对品牌的概念很模糊，如"梅林"因为在国外有知名度，1956 年公私合营后，上海各个罐头厂的产品出口时都统一使用"梅林"牌商标和包装，后来一度发展到江浙沪大大小小的罐头厂的出口罐头都冠以"梅林"牌包装，其实并非上海梅林厂出品。

水果罐头：

甜蜜的负担

　　在西班牙、意大利时常能看到黄桃罐头，餐馆中常常用它做菜，比如黄桃配鸭胸肉、黄桃做配料的甜点等。至于著名的冰淇淋糖水桃子（Pêche Melba）则是法国厨师、餐馆老板和烹饪作家奥古斯特·埃斯科菲耶（Auguste Escoffier）的发明。他是19世纪末20世纪初法国最著名的厨师和烹饪推广者之一，号称"厨中之王"。

　　19世纪末，在澳大利亚出生的女高音歌唱家海伦·米切尔（Helen Porter Mitchell）在欧洲以内莉·梅尔巴（Nellie Melba）的舞台艺名著称，1892年她在伦敦演出时住在泰晤士河畔的沙威酒店（Savoy hotel），埃斯科菲耶当时正在酒店内担任厨师长，他在奥尔良公爵为梅尔巴举办的晚宴上做了一道特别的甜点：把半个在沸水中煮过的桃子放在淡香草味糖浆上，配上香草冰淇淋及覆盆子浓汁。这一做法很受欢迎，后来他就以梅尔巴的名字命名这道甜点，现在各地西餐厅都常见这种做法的甜点，也可以用草莓等替代桃子。

《黄桃罐头》 油画
克劳德·莫奈（Claude Monet）
1866 年/
德累斯顿现代大师画廊

黄桃的视觉效果非常诱人，有一种丰满而甜蜜的感觉，在南欧各国的美食中占有一定位置，而在中国常见的都是白色瓤的水蜜桃，黄桃极为罕见，20 世纪 90 年代以后才在市场能见到新鲜的黄桃，才能在个别超市看到从希腊、西班牙进口的黄桃罐头。

桃树是蔷薇科李属桃亚属的植物，原产地是中国的西南地区。2015 年中国科学院西双版纳热带植物园古生态研究组和美国宾夕法尼亚州立大学、昆明理工大学的科学家研究发现，云南省昆明市北郊出土的约 260 万年的桃核化石已经和现代栽培桃的基本形态类似，2014 年中国分子生物学家所做的基因研究认为，桃的原生种是目前还在西藏和四川西南生长的野生光核桃，之后可能是自然杂交演化出山桃、甘肃桃，然后形成了人们栽培食用的普通桃。

几万年前，早期人类可能直接采食野生状态下的桃子，很长时间以后才试图栽培桃树，形成种类繁多的现代品种。距今约 8000—9000 年的湖南临澧胡家屋场、7000 年前浙江河姆渡新石器时代遗址都出土过桃核，不过那多半是人们随手采集吃的野桃。可是桃核掉在土里非常容易长出新苗，也许那以后不久有的部落就开始种桃了。河北的藁（gǎo）城台西村曾经出土过距今约 3000 多年的两枚桃核和六枚桃仁，形状类似今天的栽培品种。

《诗经》中有"园有桃，其实之肴"的说法，表明当时的魏国（今山西南部安邑附近）可能已经在园圃中栽培桃树，可见"投我以桃，报之以李"的送礼方式多半有果园做支持，那时候的人除了吃鲜桃，还会煮桃子做成桃脯。

桃和李、梅、杏、枣被《礼记》同列为祭祀的"五果"，因而也被作为随葬品，各地的战国墓和汉墓中经常发现桃核。成书约在战国末年的《尔雅》记载了两种桃树："旄，冬桃。榹（sì）桃，山桃"。冬桃在农历十月果实成熟，味美可食；山桃果实小而多毛，酸苦不堪入口，后来常用作栽培桃树的砧木。

桃树耐旱耐寒，比较容易栽植，桃林开花时云蒸霞蔚，煞是好看，在北方园

《明缂丝蟠桃献寿图》
丝绸织锦　116.8×61cm
明代　16 世纪
纽约大都会博物馆

东方朔是汉武帝的文学侍从
之一，以言辞诙谐机智著称，
东汉以后他被传奇化，传说
他曾到西王母的果园中偷取
长生不老的仙桃吃，因此成
了神仙，明清画家创作的贺
寿画常以此为主题。这件作
品曾是清宫旧藏，清末流散
到海外。

《蟠桃图》 绢本设色
232×76.5cm
慈禧太后叶赫那拉氏
清末 台北故宫博物院

林中常见，魏晋时期的《西京杂记》里称汉武帝扩建上林苑的时候，里面已经有秦桃、
榹桃、缃核桃、金城桃、绮叶桃、紫文桃、霜桃、胡桃、樱桃、含桃等十种"桃树"，
其中包括胡桃（核桃）、樱桃这些现在看来并不同类的"桃"。据载，晋代宫囿
华林苑有桃树七百三十八株、白桃三株、侯桃三株。唐都长安宫苑有"桃花园"，
唐太宗李世民曾写《咏桃》诗称赞："禁苑春晖丽，花蹊绮树妆。"

约在 3700 年前桃树就传到了印度、中亚、西亚等地，并出现了当地培育的新

品种。唐代高僧玄奘在《大唐西域记》中曾记述公元 1 世纪时甘肃一带商人把丝绸和包括桃的各种水果带到印度，在那里播种桃核，长成桃树。印度梵文中至今仍称桃为"clnani"，意为"秦地来的果实"。韩国、日本的桃树应该是到唐朝留学、贸易的遣唐使、僧人传播过去的，不过在古代日本，桃子好像并没有大面积流行开来。1876 年，日本冈山县园艺场从上海、天津引进水蜜桃树苗，这种桃子很受欢迎，之后他们培育出很多新品种，并获得商业上的成功。

公元前 300 年，亚历山大大帝东征时把桃树从波斯引种到希腊，公元前 3 世纪的古希腊博物学家提奥夫拉斯图斯（Theophrastus）认为桃来自波斯，因此称之为"波斯果"。公元 1 世纪有罗马文献提到他们从波斯进口桃子吃，可能当时传入的桃子品种不佳，小、硬、涩，导致这种水果并没有在欧洲各地流行开来。直到 9 世纪摩尔人进入南欧，再次把阿拉伯地区的黄桃树引入，至今希腊、意大利、西班牙等南欧地区的人还是最爱吃桃子的欧洲人。15 世纪英国才有了栽培桃树，17 世纪的时候在英国、法国引种桃树还颇为新奇，当时他们种植的是比较原始的带酸味的黄色果肉桃子，而同期中国人正在享用各种甜软的白色果肉的桃子。

16 世纪以后，西班牙、法国殖民者又把欧洲、亚洲的桃子带到美洲去种植，印第安人喜欢这种硕大的水果，将种子拿到各地去种植，桃树很快就在一些地方成片长起来，以致新移民还以为这是美洲土生的果树。有明确记录的是 17 世纪的园艺家乔治·米菲（George Minifie）在北美殖民地种下第一棵桃树，但是仅仅是作为园艺树种或者在庭院零散种植，到 19 世纪才出现了商业化的桃果种植园。20 世纪初期，美国园艺家又从中国引进数百个桃树品种，通过杂交和嫁接选育出了多种更适应美国亚热带气候的良种，让美国发展成世界上最大的桃果生产国之一。

中国古人培育出的桃子品种和变种是最多的，宋代就有油桃和蟠桃，至于大个的寿星桃则是明代培育出来的，但是中看不中吃，往往只是盆栽赏玩而已。直到现在，桃树在中国还是除苹果和梨以外最重要的温带果树。目前世界上的桃树品种已达上千种，一般按花、叶的观赏价值及果实品质分为观赏桃与食用桃两大类。近年来中国每年生产超过一千万吨桃子，产量超过全世界的一半，是世界上最大的桃子生产国和消费国。

但是唯独黄桃似乎并非中国人培育出来的，可能是在中亚某地杂交后出现的新品种，唐代时撒马尔罕的康国曾经向唐太宗进献"黄桃"，"大如鹅卵，其色如金，亦呼金桃"，唐太宗让人在皇家花园中栽种，可能因为它仅仅颜色好看但滋味硬涩，皇帝并不欣赏，以后就少有人关注了，只在诗歌中作为神奇之物出现过。

欧洲人也意识到黄桃过于硬涩，需要放置一段时间经过"后熟"味道才可口，19世纪以后更是大多制成罐头吃。它的果肉比白瓤的水蜜桃结实和细腻，加工成罐头后不易散架而又比鲜果酥软，外观也鲜亮，常能给餐桌带来一丝轻快甜美的气息。

和黄桃罐头在南欧的地位可以媲美的是糖水橘子罐头在中国曾经的流行。1906年南洋华侨在上海建立了中国第一家罐头厂——泰丰罐头食品厂，他们在民国时期就生产花地杨桃、莱阳蜜梨、淡水沙梨、鲜制菠萝等水果罐头，这时候橘子因为太软还没有用于制作罐头。1956年上海梅林罐头食品厂才开发出500克大口瓶装糖水橘子、糖水杨梅等罐头新品。

三四十年前，糖水橘子罐头曾是很多人家期盼的美食，尤其是嘴馋的小孩子。罐头对当时的平民家庭来说是稀罕的东西，是送礼或者重要节庆才吃的。对小孩子来说，最渴望的是糖水橘子、菠萝这类罐头，不仅有软甜可爱的水果，还有那甜丝丝的糖水。当时的水果罐头装在宽口玻璃瓶里，黄铁色的盖子很不容易开启，用改锥之类的工具撬封口盖的时候不小心就会将玻璃瓶打碎，即便这样人们还是会小心地把汁水收集起来畅饮。有的人则会用刀子在盖子中间戳开个小洞，先把橘子水倒出来喝，然后再打开铁盖吃里面的水果。

那时候除特权阶层，常能吃到这些罐头的还有军人家庭，70年代末军队大量配给761压缩干粮、午餐肉罐头、糖水菠萝罐头、糖水橘子罐头等，常有军人节省下来带一些回家，和他们家小孩交好的小朋友偶尔也能享受一点口福。到80年代中后期，糖水橘子罐头才逐渐变成了大家都吃得起的东西，这以后人们开始大吃新鲜柑橘，加上对过量摄入糖分的担忧，这类糖水罐头就不怎么流行了。

　　糖水水果罐头在日本、欧美至今还有不少人喜欢，觉得有特别的风味，中国一些地方至今还在出口这类罐头。我曾经参观过制作糖水橘子罐头的工厂，为了外观上的整齐好看，首先需要在厂房外面就筛选出大小符合标准的橘子，然后焯水使橘子皮膨胀起来以便剥皮，再通过专用的入口放到传送设备上送进厂房，工人们剥掉皮、分开瓣，再放入水槽中用安全的药品将橘子瓣外面的那些薄皮溶解掉，挑选未破裂的橘子瓣装入罐头瓶中，然后在罐中注入由高纯度的白砂糖熬制而成的糖浆，封上盖经过高温杀菌就好了。

《篮里的桃子》　布面油画　32.07×48.9cm　1818年　拉斐尔·皮尔（Raphaelle Peale）
新不列颠美国艺术博物馆

羹、粥、汤：

碗里的柔情蜜意

在西班牙安达卢西亚时吃过凉菜汤（Gazpacho），通常是当地的雪梨醋、橄榄油打成的糊糊中拌上可生食的番茄、黄瓜、洋葱的碎块，也可以加面包屑，弄得看上去像是糊装的甜点而不是中国人熟悉的汁水比较稀的汤。最早关于凉菜汤的英文文献记录出现在1845年的《西班牙旅行日记》里："一种蔬菜凉汤，将原料洋葱、大蒜、黄瓜、辣椒切碎后和面包屑混合，然后加入一碗添加了油和醋的水。"这种汤可能源于阿拉伯人吃的泡汤面包。公元711年起，北非信仰伊斯兰教的摩尔人曾经占据伊比利亚半岛南部几个世纪，直到1492年才被基督教联军赶回非洲。可能是摩尔人把阿拉伯的面包泡汤吃法传入这里，然后经改良出现了这种凉菜汤。

现在人吃羹、吃粥、喝汤、喝糊糊，最多算是汤汤水水的一道菜、一碗柔软的辅食或甜点、一道宵夜小食，但是在上古，羹、粥是主食，甚至是许多人常吃的唯一饭菜。先民们最开始可能是煮肉羹，后来农

《施粥所分发热汤》 水彩 梵高 (Vincent van Gogh)
1883 年 阿姆斯特丹 梵高博物馆

业发达以后才煮黍、稷、粟、麦、稻的种子吃，当时还没有设计合理的石磨，最多是用石块或者木棒把谷物碾碎成为碎块状的"糁"，用它煮出来的已经算是比较可口的粥了。简单地说，羹是肉煮成的，后来也可加入谷物、蔬菜，但还是主打肉，唐宋以后则可荤可素，发展成汤了；粥是用谷物煮成的，也可以加入各种配料提味，但主要还是突出谷物的味道。

粥

周代典籍中已经出现了关于粥的记载，《礼记·檀弓》有"饘（zhān），粥之食"说法，浓稠的是"饘"，稀软的是"粥"，战国时候《逸周书》中有"黄帝蒸谷为饭，烹谷为粥"的说法，可见粥食可能是伴随着谷物种植出现的。去壳后的谷物也可以烤熟了吃，可是干硬难以下咽，所以人们主要采用煮、蒸的方式加工，让谷粒软化，做成水稍多的粥或者水少的蒸饭吃。

谷物的种子包裹着外壳，古人最开始可能是用石块砸、磨才能勉强去除，后来有人发现用石磨盘、石磨棒、木杵在石臼中捣去壳的效果更好，就逐渐流行起来。这对古人来说是了不起的发明，因此《易经·系辞》中说"黄帝尧舜垂衣裳而天下治……断木为杵，掘地为臼，臼杵之利，万民以济"。

六七千年前的河南新郑裴李岗文化遗址、浙江余姚的河姆渡遗址及陕西西安的半坡遗址等陆续出土了石磨盘、石磨棒、木杵、石杵、石臼、地臼等去壳工具，也多有出土陶鼎、陶釜等煮粥的厨具。

值得注意的是，东汉之前可以把麦粒磨成面粉的石磨还没有普及，所以即使是麦子，在此之前也是直接拿麦粒煮成粥吃。不像现在，粥一般都是大米、小米煮成的，没人会用麦粒熬粥了。

古代吃粥的人有四个类型：一类因贫困只能常常吃粥，一般平民和贫苦人家是穷得不得不吃粥。吃不起肉，只好举家食粥，有时候缺乏谷物，还要吃杂粮粥甚至"瓜菜代"粥。古代诗人喊穷的时候常常举吃粥为例，如晋代束皙《贫家赋》里说穷人只能"煮黄当之草菜，作汪洋之羹饘"，吃的是野外发黄的藜草，喝的是大碗的稀粥。北宋秦观诗云："日典春衣非为酒，家贫食粥已多时。"《红楼梦》作者曹雪芹中晚年贫困潦倒，也是"举家食粥酒长赊"。当发生饥荒的时候，政府、寺观、权贵富豪也常常施粥，开设粥局、粥场救济难民，最早见于《礼记·檀弓》，当时卫国发生饥荒，官方"为粥活国之饿者"。

第二类是因为牙口不好只能多吃粥，如老年人。《礼记》中已经有"仲秋之月养衰老，授几杖行，糜粥饮食"的说法。白居易七十五岁的时候在家闲居，说自己"粥美尝新米，袍温换故锦"，想来也是和年老、养生等有关吧。

三是能吃饱饭的人讲究吃点粥，是把粥当作特色吃食。这又可以分成两类，一类是大富大贵人家，如《世说新语·汰侈》中记载的石崇和王恺斗富，石崇招待客人吃豆粥，很快就能端上桌，众所周知豆子是最难煮烂的，如此快的速度让人惊叹，王恺买通了石崇府中卫队长才知道石家事先就把豆子烤熟或者煮熟做成豆末，煮白粥快熟的时候再把豆末加进去就成了豆粥。想来吃遍各种大餐的富人并不把粥当主食，小小一碗当成配菜浅尝辄止罢了。唐朝时的高官韦巨源请唐中宗吃的"烧尾宴"中也有一道"长生粥"，主要是口彩好。另一类就是苏东坡这样的文人，他被贬到穷乡僻壤多年，"卧听鸡鸣粥熟时，蓬头曳履君家去"，常常吃粥，也曾写诗称赞豆粥是"人间有真味"。等到了南宋，林洪在《山家清供》中记载了豆粥、梅粥、真君粥、荼蘼粥、河祗粥等，看名字都是出自文人，突出的是"清切"之味，代表简朴、原味、清淡、悠闲的生活方式，也就是说，要"清闲"，不像官僚那样忙着迎送、处理公事。

四是追求食补的人。据《史记·扁鹊仓公列传》记载，西汉阳虚侯相赵章得了重病，名医淳于意诊断后判断他五天之内就要死亡，结果赵章到第十天才病亡，淳于意说这是因为病人嗜好吃粥，适度吃米谷利于内脏和身体，这才拖得久一点。淳于意也使用米谷熬成的"火齐米汁""火齐粥"治病。这一点好像在西汉已经流行，如湖南马王堆西汉墓中出土的医书也记载米谷熬成的粥可以治病，这一时期成书的《黄帝内经》中有"五谷汤液"的记载，并有"五谷为养，五果为助，五畜为益，五菜为充，气味合而服之，以补精益气"的"食养"观念。到东汉又发展出米谷和其他药材配合的方剂，如名医张仲景在《伤寒论》里记载的"白虎汤""桃花汤""猪肤汤"等。东晋医学家陶弘景在《名医别录》中说各种谷物都有益气、补中乃至治病的效果，这一点被后世的各种医药书籍不断承袭。

唐代名医孙思邈在《备急千金要方》中明确提出"食治"的观点，还在《千金翼方·养老食疗》中提供了 14 个食疗方剂，可谓以食物养生的各种说法的滥觞。孙思邈的方剂中提到只有"羊骨方"可以用羊骨加米谷做羹、粥、面食，他的弟子孟诜撰的《食疗本草》记载了近两百食疗品种，只有茗粥、柿粥、秦椒粥、蜀椒粥、椿豉粥、乌贼鱼粥、麻黄粥、鳗鲡鱼粥等几种粥方，也并不突出粥的地位。晚唐昝殷所撰的《食医心鉴》收载了 57 道药粥方，数量已经大为增加。

宋代以后为养生、滋补吃粥的人多起来，促进了粥的花样翻新和普及，宋代已经出现了专门卖粥的店铺，《夷坚志》中记载了两个开粥铺的人的传奇故事。宋代官修的《圣济总汇》收录粥品 113 方，《太平圣惠方》记载 129 方，陈直写的《养老奉亲书》记载了 35 个食疗粥方，突出了粥养胃、养老的功用，对后世影响深远。明代《普济方》集录了 180 个有关方子，清代乾隆时期曹庭栋出版的《老老恒言》记载了适宜老年人养生的粥方百种，光绪年间黄云鹄编写的《粥谱》记载的粥多达 247 种，他记载当时"都邑豪贵人会饮，必继以粥，索粥不得主客皆不怿"，可见当时酒后喝粥已经是一些富贵人家的习惯。

如今南北各地有各种粥，多数地方都是半流质的稀粥，唯有个别地方素来爱喝稠粥，如潮汕人称粥为"糜"，稀粥叫"清糜"，他们最爱喝的是黏稠的"厚粥"，只用大米煮的叫"白糜"，以大米为主，调配其他食品的则有番薯糜、菜糜、芋糜、豆糜、鱼糜、肉糜、蚝糜等。

潮州人吃粥的最早记载见于元人李杲的《食物本草》，说是苏轼在书信中写过朋友吴子野劝自己吃白粥，"云能推陈出新，利膈益胃。粥既快美，粥后一觉，妙不可言也"。吴子野是潮州人，是一位受道家思想影响的文人，和苏轼于北宋熙宁十年（1077）在济南相识，后来苏轼被贬官黄州、惠州，吴子野都曾去看望并教苏轼养生方法和气功，在惠州相见时攀谈到晚上，苏轼感觉肚子饿，吴子野就将几个芋头削皮，用湿纸包了放在点燃的牛粪堆边煨熟，苏轼吃了两个又软又糯的芋头后，乘兴写了著名的《煨芋帖》，并赋诗一首——《除夕访子野食烧芋戏作》。潮州人至今还是讲究早晚吃粥，晚上夜宵常常就是一碗白米粥。

20世纪90年代还出现了各种速食粥产品，已经熬煮熟的八宝粥、银耳粥等装在无菌罐头中，打开就可以吃，宣传的卖点则是营养丰富、健康美味、清淡、养生、低热量等，成了一种常见的罐头。不过在住家附近的人，还是习惯自己熬粥或者到餐馆中点粥。

羹

用肉煮成的羹在文化上的意义更大，起源也更早，远古人类采集、渔猎维生，把打猎所得的野兽宰杀后放在陶罐中煮成羹分享的历史有上万年。为了方便喝羹，古人还发明了一种专用的青铜餐具汤勺，现代仍有人称汤勺为"羹匙"或"调羹"正是由此而来。"羹"字在甲骨文中上部左边是一块肉，下有小点表示汤汁，右边则是一把勺子（匕），下部是盛食器。

上古先民"食草木之食，鸟兽之肉，饮其血，茹其毛"，在渔猎采集时代初期尚不知吃盐、用盐，祭祀也就是白水煮成肉羹进献，后世遵循古礼，祭祀所用的

《松下煮羹图》 纸本设色
团时根
清代
旅顺博物馆

最隆重的"大羹"（如"太牢"就是牛肉羹）就是不加盐的。可当尝到了盐的鲜美，人们就忍不住要在各种食品中应用，而且当时没有罐头技术和冷藏技术，盐腌也可以长久地保存食物。

商汤时期，伊尹借谈论烹调滋味的机会向成汤进言，劝说他实行王道。殷高宗时，任命傅说做宰相，"若做和羹，尔惟盐梅"（《尚书》），以"调羹"比喻治理国家政事。《战国策》记载一则传奇故事说中山国君宴请众士大夫，因羊肉羹做得太少，司马子期没能吃到，一怒之下叛离中山投奔楚国，并煽动楚王讨伐中山，中山国君只好逃往国外，因羹而身死国灭，实在发人深省。当时贵族宴会上吃羹讲究细嚼慢咽，要用右手拿盐、梅之类调料。

《礼记·内则》说"羹食，自诸侯以下至于庶人，无等"，就是上上下下各个阶层都吃的食馔，大概都是浓稠的，但具体的配料还是有差别，王室贵族能吃到鸭羹、羊羹、犬羹、鳖羹、兔羹、熊羹、雉羹等，还讲究不同的饭食配以不同的羹汤，"食蜗醢（hǎi）而菰食雉羹，麦食脯羹鸡羹……"是说以螺为醢，以菰米为饭，宜配以雉羹，以麦为饭，宜配以脯羹、鸡羹，以碎稻米为饭，宜配以犬羹、兔羹。祭祀用的是肉熬出的"大羹""鉶羹"，大羹是用纯肉熬出来的，不加任何调料；而鉶羹则是放了盐和菜的肉汤。《左传》中还记载了一种"和羹"，是把鱼或者肉放入清水中煮，加入酱汁、苦酒、肉酱、盐、梅子这五种调料调味。据《礼记》记载，当时上层社会的饮食习俗是"凡进食之礼……食居人之左，羹居人之右"。

穷人吃的则是蔬菜和主粮搭配的豆饭藿羹，具体有黍羹、芹羹、葵羹、豆羹、藿羹等。《庄子》里说孔子当年奔波各地传播学说的时候曾经被敌人追赶，连续七天没能生火煮羹，只好吃没烧熟的"黍羹"。郑庄公赐食颍考叔，颍考叔故意不吃肉，庄公问原因，颍考叔说："小人有母，皆尝小人之食也，未尝君之羹，请以遗之。"庄公为之感动，后以"遗羹"赞颂孝道。当然，也有不怎么孝顺的流氓作风，秦末项羽、刘邦相争，项羽威胁烹杀刘邦的父亲，刘邦却叫人对项羽说：我们曾经结为盟友，我爸爸就是你爸爸，你如果一定要杀了你爸，"则幸分我一杯羹"，后来"分我一杯羹"就成了典故，比喻从他人那里分享利益。

魏晋南北朝时代人们还常常吃羹。西晋末年吴地士人张翰在洛阳做官，看到权贵内斗，天下即将大乱，就有了辞职回家乡的念头，在秋风吹起时"乃思吴中菰菜、莼羹、鲈鱼脍"，就匆匆辞官返家了。后人常以"莼羹鲈脍"比喻怀念故乡的心情。莼羹以莼菜的清、软、嫩为特色，世家大族吃厌了肉羹才会追求这样的风味吧。

此时北方政权多数都是游牧部族建立的，所以仍然重视吃肉羹，北魏时毛修之做了美味的羊羹献给魏太武帝，太武帝尝后大喜，毛一下子平步青云当了大官。

汤

隋唐以来人们主要以蒸煮的米、面当主食，各种肉菜素材也分别制作，这时候人们已经不把肉羹当主食吃，反倒把"羹"与"汤"连到一起，成了"羹汤"，越来越稀，做法越来越追求审美，成了辅助性的一道"菜汤"。这以后羹汤就不是以肉论多少，而是看创意、比口味。比如老年人牙口不好喜欢吃细软的饭菜，王建的《新嫁娘》就有"三日入厨房，洗手做羹汤"，新婚三日后，新嫁早上到厨房做的第一件事就是为公婆做羹汤，显露一下持家奉老的技术。当然，富贵人家另有做派，中唐时期曾任宰相的李德裕讲究奢侈享受，家里是用珠玉、雄黄、朱砂碾碎为羹，号称一盅三万钱，从今天的科学观点看，吃多了这种羹恐怕要导致重金属中毒吧。

到北宋时开封饭馆中已经出现了十种市民阶层消费的羹汤，南宋《梦粱录》里记载的临安餐馆中出卖的羹达三十多种，有百味羹、锦丝头羹、十色头羹、间细头羹、莲子头羹、百味韵羹、杂彩羹、叶头羹、五软羹、四软羹、三软羹、集脆羹、三脆羹、双脆羹、群鲜羹、三色肚丝羹、江瑶清羹、青辣羹、四鲜羹、石首玉叶羹、鲈鱼清羹、假清羹、鱼肚儿羹、虾玉辣羹、小鸡元鱼羹、小鸡二色莲子羹、小鸡假花红清羹、辣羹、蝤蛑辣羹、蚶子辣羹、灌鸡粉羹、细粉小素羹等。看名字就可以想象当时的餐饮业多么发达。

文人雅士也在这方面有所发挥，南宋文人林洪的《山家清供》里提到十来种以蔬菜为主的雅羹，以笋做的叫作"玉带羹"，以芙蓉花配豆腐叫"雪霞羹"，以山药、栗配羊汁为"金玉羹"，以葵与芹相配称"碧涧羹"，还有"石子羹"是从"溪流清处取小石子或带藓者一二十枚，汲泉煮之，隐然有羹之气"。如林洪这样讲究，估计要在临安有好几处房产或者家族有矿有地才能维持。他还提到一款"山海羹"的做法是"春采笋（笋）、蕨之嫩者，以汤沦之，取鱼虾之鲜者同切作块子，用汤泡里蒸，入熟油酱、研胡椒和，以粉皮盛覆，各合于二盏内蒸熟。今后苑多进此，名'虾鱼笋蕨羹'"。把山珍中的新笋、嫩蕨与河海鱼虾组合烹调，以后成为庖厨的常用做法。

元代《居家必用事类全集》所列的肉羹食品中，便有羊肉汤（骨插羹、炒肉羹）、萝卜汤（萝卜羹）、鸡汤（假鳖羹）、螃蟹汤（螃蟹羹）、老鳖汤（团鱼羹）等多种美味羹汤。

流传到现在，似乎最好吃各种羹、粥的是广东人，还嗜好特别的羹如蛇羹。战国时成书的《山海经》就有南方人吃蛇的记载，西汉人刘安编著的《淮南子》中也有"越人得蚺蛇以为上肴"，南宋人还在惊叹岭南人"不问鸟兽虫蛇，无不食之"，到后来就演变出各种"蛇馔"。广州等地的传统名菜"三蛇龙虎烩""龙虎凤大烩"等就是选用秋天的肥蛇，再加上猫、母鸡一起熬制成汤，再烩成羹。

在国外，羹汤也经历了由主食到配菜、由质朴到讲究、由浓到稀的饮食文化演进。英语中"汤"（Soup）这个词的来源有两种说法：一种说法是喝汤时要发出咕嘟咕嘟的声音，呷汤时则发出"嗖嗖"的声音，"嗖嗖"的声音和"Soup"这个词的发音很相似；另一种说法是"Soup"这个词可能起源于德文"Sop"，

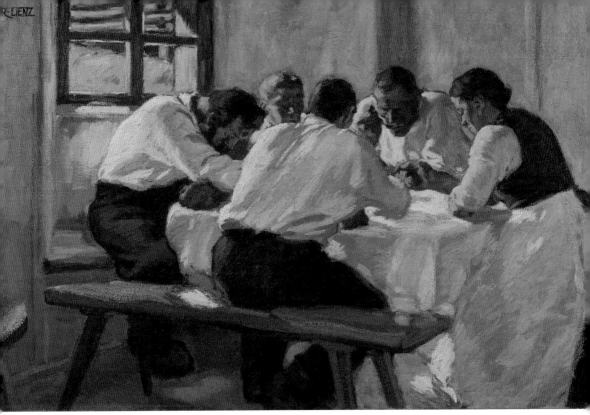

《午餐》(汤) 布面油画　91×121cm　1910 年　阿尔宾·艾格－利恩茨（Albin Egger-Lienz）
维也纳利奥波德博物馆

即一种浇有肉汤或浓汤的面包。

　　考古学家发掘的文物表明，约在公元前 8000 到公元前 7000 年间，近东地区的人就会将所栽培出来的谷物放在粗陶器中煮成粥喝。据记载，在古希腊奥林匹克运动会上，每个参赛者都带着一头山羊或小牛到宙斯神庙中去，先放在宙斯祭坛上祭告一番，然后按照传统的仪式宰杀并放在一口大锅中煮，煮熟的肉与非参赛者一起分而食之，但汤却留下来给运动员喝以增强体力。

　　公元前 2 世纪以前，罗马人的典型食品是一种叫作"普尔斯"的大麦粥。用去皮大麦、各种豆类作为主料，加上切碎的莒荬菜或卷心菜、香草、油脂和鱼酱，煮成糊状后食用。公元前 2 世纪以后罗马与东方的希腊等地交流增加，饮食习惯开始发生变化。他们喜欢上了面包，并以此作为饱腹的主食，逐渐放弃了喝大麦粥的生活，当时的罗马权贵喜欢进口的调味品、上等葡萄酒和来自黑海南岸本都王国的樱桃、亚美尼亚的杏、非洲的椰枣等新奇水果。

中世纪以来，欧洲各地发展出许多不同的汤品，如意大利有用青豆、通心粉作为作料煮成的浓肉汁菜汤，法国北部兴起了菜肉浓汤（Pottage），俄国有罗宋汤，后者是近代中国人最为熟悉的西餐汤品。罗宋汤发源于乌克兰，是俄罗斯和中东欧流行的一种浓菜汤，成汤以后冷热皆可享用。在这些地区，罗宋汤大多以甜菜为主料，常加入马铃薯、红萝卜、菠菜和牛肉块、奶油等熬煮，因此多呈紫红色。

十月革命之后，有大批俄国人辗转流落到了中国东北和上海，他们带来了俄式的西菜，上海第一家西菜社就是俄国人开的。"罗宋"这一名称据说是上海的洋泾浜英语对"Russian soup"的音译，罗宋即"Russian"，罗宋汤在中国东北的一些地区也被称为"苏波汤"，是对"Soup"的音译。

面包：

欧洲人的主食

在中国大中城市，面包房越来越多，商场里、街道上光鲜的面包房展示着多种多样的面包，咖啡馆中也常备有几款经典面包，而我父母那代人常吃的馒头只有犄角旮旯的地方才有个窄小的门脸，或者放在超市的熟食区一角等着大爷大妈的选购。如此的场景也曾经发生在两千年前，古罗马的作家也曾感叹罗马人爱上了从希腊传来的面包，冷落了自己曾经长期当作主食的大麦粥。

现在的面包一般以小麦、黑麦等面粉为主要原料，加入水、盐、酵母揉制成型，经烘烤而成。考古学家推测，早在三万年前，瑞士地区生活的原始部落先民就把采集的野生谷物或植物根茎磨碎，摊在平的大石头上，下面架火烤，这可以说是"饼"的雏形。约在一万年前北美的古代印第安人也用橡实和某些植物的籽实磨粉制作"烤饼"。

当然，用麦子面烤面包的历史还要追溯到一万两千年前西亚新月沃地的部落，他们率先开始种植小麦，

《人们从面包房购买面包》 湿壁画 庞贝遗址面包房出土 公元 79 年之前

《烤面包的女人》　油画　让－弗朗索瓦·米勒（Jean-Francois Millet）　1854 年
奥特洛克勒勒—米勒博物馆

最开始也是直接吃烤熟、煮熟的麦粒。大约六千年前在美索不达米亚生活的先民尝试用石头敲碎小麦，然后将粗糙的麦面加水做成面糊，铺在经柴火烤热的石头上烙熟，这样就能得到扁平状的薄饼，可以说是最原始的不发酵面包，相比发酵面包它更为干硬，也没有发酵后的甜香。现在很多地方仍然有类似的食物存在，如中国西北人常吃的烙饼、西藏地区吃的传统食品"馕"就是如此。

此后这种烤面饼向四周传播开来。埃及卢克索和阿斯旺之间曾发现一个五千五百年前的面包作坊，已经出现专门烤制面饼的店铺了[①]，古埃及人在无意间发现和好的面团在温暖处放久了会膨胀和变酸——这是受到空气中酵母菌的侵入产生的发酵过程，再经烤制便得到更加松软的面包，好闻好吃。于是古埃及人纷纷开始制作这种面包。那时候还没有像今天常见的面包那样蓬松，可能更接近新疆等地可以见到的馕那样的扁平模样。埃及人发明的"烤箱"是一种底面平整的"缸炉"，下端用热源加热，上面有一层陶隔绝火源，上端没有顶。面包师最初是用酸面团发酵，后来改进为使用经过培养的酵母（面肥）。法老拉美西斯三世的墓穴中的壁画上有面包的传统制作流程。

古王国时期埃及人已经可以制作多达 16 种面包，既有发酵面包也有不发酵面包。有的面包中间有一个凹坑，可以放上蔬菜或者鸡蛋吃[②]。埃及的面包产量相当巨大，修建金字塔的劳役工人也是以面包充饥，当时每天五个圆面包和两罐啤酒是最低生活标准。约在公元前 13 世纪，摩西带领希伯来人大迁徙，将面包制作技术带出了埃及。至今，在犹太人的"逾越节"时，仍制作一种那里叫作"马佐"的饼状不发酵面包，以纪念犹太人从埃及出走。

---

① 贡特尔·希斯菲尔德. 欧洲饮食文化史：从石器时代至今的饮食史 [M]. 桂林：广西师范大学出版社，2006：31.
② 贡特尔·希斯菲尔德. 欧洲饮食文化史：从石器时代至今的饮食史 [M]. 桂林：广西师范大学出版社，2006：36-37.

约在 4000 年前，发酵和烤面包的技术传入西亚的阿卡德王朝，当地人开始使用馕坑（Tandoori）烤制面包，在阿卡德语中"Tan"是泥的意思，"doori"意为火。这种馕坑是在地上挖个坑，通过里面的木炭和烤热的岩石加热食物，后来就发明了泥制、陶制的烤炉。

约在 3700 年前，制造面包的技术传到古希腊。希腊人对面包的制作工艺及烤箱进行了革新，发明了适合家庭使用的小型可移动陶制烤炉，平板烘烤的方式代替了馕坑的垂直烘烤，可以让面饼较好地保持形状，他们还在面包上撒上月桂叶和芝麻，成为制作芳香面包的鼻祖，还把这种美味的面包当作祭祀用品。

在工业酵母尚不存在的年代，古人靠保存的老面团（面肥）帮助发酵，这是一种以面粉和水为主要成分的菌落培养基，有利于酵母菌和各种细菌栖居。为了每天都能制作面包，面包师们需要以适当的条件保存老面肥，比如每天都留下一部分老面，然后在一天工作后添入新的面粉和水以提供新的酵母。把老面肥混合到新做的面团中等待十多个小时，微生物会启动酒精发酵和乳酸发酵两种发酵程序，酒精发酵会让面团膨胀起来，乳酸发酵过程中扮演主角的乳酸菌则会让面包拥有不同味道和芳香气味，如此才能烤出香喷喷的面包。

面包师根据自己的经验掌握面包的发酵时间和温度，于是面包就有了不同的口感。在发酵过程中还可以加入其他食材，比如富含酵母的葡萄干。总之，有多少制作面包的面包师，就会有多少种老面肥，就有多少种口味。

之后古罗马人也接受了这种美味，讽刺作家普劳图斯（Plautus，公元前254—前 184 年）记录说罗马人原来最常吃的是粥，可是公元前 1 世纪希腊传入的面包很快取代了粥的地位，成为人们的主食[①]。当时罗马市民一天三顿都吃面包，

---

① 杰弗里·M.皮尔彻.世界历史上的食物 [M]. 北京：商务印书馆，2015：13.

早上是面包配蜂蜜或奶酪，午餐也是面包，有点凉肉或是水果更好，晚上则是面包加蔬菜、水果、葡萄酒①。

罗马城中有专门的规模化的面包房，他们用砖石累成的烤炉（Masonry oven）类似窑炉，有顶，可以更有效地利用热源，也让面包受热更为均匀，公元2世纪烤面包已经成为罗马上上下下都吃的日常食品。碰到重大节日，甚至会由政府组织出面给市民发放免费的面包。公元2世纪末，罗马的面包师行会统一了制作面包的技术和酵母菌种。他们经过实践比较，选用酿酒的酵母液作为标准酵母。

在中世纪，精制面粉做的白面包是上层权贵们吃的奢侈品，普通大众只能以裸麦制作粗糙干硬、满布面糠的黑面包为食。不分贫贱和大小场合，他们经常会把面包放到酒、汤和酱汁内混合食用，这种湿吃面包在英语中称为"Sop"，而在西班牙语中称为"Sopa"。有人推测当时欧洲人一天会吃1～1.5千克的面包，有时也会把麦粒煮成稀粥、乳粥（Frumenty）和面条吃。乳粥的做法是把麦片压碎、煮滚，加入牛奶、蛋或肉汤烹调，亦可放入扁桃、葡萄干、糖、橙味水等调味，这种做法在今天欧洲的一些地方仍有遗留。

中世纪的行会最初就是由面包师傅组成的，政府也时常干涉面包的价格以防人民抱怨。如1266年，英国曾制定《面包和麦酒法令》（Assize of Bread and Ale），指定每便士必须购得多少面包。在欧洲大陆，德国的面包文化颇为突出，各地发展出了繁多的面包类型，有约300种面包（Brot）和1200种不同类型的小点心（Brötchen）。通常面包是用小麦面粉或粗磨的谷粒、水、发酵面块和盐，但德国北部的人喜欢把小麦面粉和黑麦面粉混合使用，也很喜欢将燕麦、大麦和佩斯尔特小麦、洋葱、果仁，尤其是谷粒和香料放到生面团中。如裸麦粗面包是威斯特法伦农民的食物，最早完全是由黑麦粒做成的，且不是烘烤而是蒸熟的，

---

① 贡特尔·希斯菲尔德. 欧洲饮食文化史：从石器时代至今的饮食史 [M]. 桂林：广西师范大学出版社，2006：63-64.

《烤面包师》 油画 乔·安德利亚斯·贝克赫德 (Job Adriaensz Berckheyde)
1681 年 沃切斯特美术馆

因此既坚硬又多汁，可以长期保鲜。对本地面包的喜爱曾让戏剧家贝托尔特·布莱希特（Bertolt Brecht）1941 年流亡美国时在自己的日记中哀叹："美国没有真正的面包，而我喜欢吃面包。"

相比之下，他们的邻居法国人更喜欢吃小麦粉制作的白面包。1600 年，意大利佛罗伦萨的美第奇家族的玛丽·德·美第奇嫁给法国国王亨利四世，跟随她一同前往的面包匠将佛罗伦萨的多种面包制作技术传到了法国。

至于法国人爱吃的牛角面包据说和中世纪的"维也纳之围"有关，1683 年，维也纳（奥地利的首都）被奥斯曼土耳其人围困了几个月之久，传说奥斯曼军队偷偷在城墙下挖地道试图进行偷袭。幸运的是，一些在夜里工作的面包师听到了动静，通知城市守军挫败了敌人的阴谋。不久，波兰国王约翰三世带领部队赶到，击败了土耳其人，迫使他们撤退。为庆祝胜利，维也纳的几位面包师制作了形如敌人军旗上的新月形状的糕点，他们将这种新糕点命名为"Kipfel"，这是"新月"的德语叫法，之后许多年，它一直被用来庆祝 1683 年奥地利对土耳其人的胜利。直到 1770 年，这种糕点才以牛角面包的名字流传开来。这种广受欢迎的糕点是对擀成薄片的发酵面团进行烘烤制成，或者是纯面团，或者配上馅料和巧克力等装饰配料。

后来，15 岁的奥地利帝国公主玛丽·安托瓦内特嫁给了法国国王路易十六。为了向新王后致敬，巴黎的面包师制作了他们自己的"新月形面包"，唯一的区别是，他们用"新月"的法语来为之命名，那就是"Croissant"。这种糕点在巴黎和在维也纳一样受到欢迎，从此，巴黎的面包师就一直做这种糕点，并把它传播到全世界。典型的牛角面包都使用大量奶油，烤出来后外焦里嫩，面包皮酥脆而不扎口，各层都有足够的延展性，能够很容易分开，散发天然奶制品的香味。

英国移民将面包传入北美大陆后，在面包中加入很多黄油、白糖，以迎合美国人的口味。直到 19 世纪，面粉加工机械得到很大发展，小麦品种也得到改良，面包变得更加软滑洁白。就在大众吃的面包越来越白的同时，也出现了一派追求回归田园的素食风潮，19 世纪 30 年代宗教复兴派牧师格雷安（Sylvester Graham）提倡吃全麦面包、南瓜等素食，还有商人及时推出了冷食的早餐麦片①。后世出现

---

① 菲利普·费尔南多－阿梅斯托. 文明的口味 [M]. 广州：新世纪出版社，2013：56-57.

了很多类似他的浪漫田园派，他们多数都主张多吃蔬菜水果，或者有机食品等，对工业化、大规模种植、使用农药等持反对态度。

可是这无法阻挡工业化对面包制造的改变。1893 年，苏格兰人阿伦·马克马斯特斯发明了第一台电烤面包炉；1905 年，两名芝加哥人发明了合金烤面包机，提升了其耐火性能；1913 年出现了全自动翻转烤面包机，可以在面包烤熟后自动关闭，机器的发明大大提高了制作面团、烤制的效率。之后发酵技术也出现了革命性的变化：1950 年，美国开发了液体发酵法；1961 年英国开发了快速发酵法；70 年代后冷冻面团、发酵面粉陆续问世，人们可以直接买来后稍作处理就进行烘烤，这都让在家吃面包变得越来越简便。当然，不愿意自己做的，也很容易在超市和面包连锁店中购买现成的面包。

明万历年间来华传教的意大利传教士利马窦等人曾将烤面包的技术传入中国东南沿海和北京，但是并没有流行起来。19 世纪中期中国和外国通商以后，外商再次开始传入面包的做法。如哈尔滨人熟悉的俄罗斯大列巴是 19 世纪俄罗斯人传入东北的。俄罗斯农村的每个村庄一般只有一个面包炉，各个家庭到这个面包炉定期烤一批面包，平时只在家中吃储存的面包，因此面包制作的量非常大，也需要耐储藏，吃时取出来切下几片即可。大列巴是以酒花酵母发酵，加入适量的盐，用椴木或桦木烤制，味道偏咸所以比较耐储藏，烤制好的大面包有半个篮球那样大，夏季可存放一周，冬季可存放一个月左右。

近代时，进入东北的俄罗斯商人、外交官、侨民就把俄式食品传入东北。其中最著名的就是秋林洋行出售的大列巴、香肠之类的俄国货。俄国人伊·雅·秋林 1857 年开始了在俄罗斯远东地区的商业活动，1867 年他和合伙人开办了秋林公司，并在俄国很多远东城市设立分公司。随着中东铁路的建设，他于 1900 年在哈尔滨创办秋林洋行，在进口中国货物的同时，把俄罗斯的许多日用品带到中国，出售给俄罗斯侨民，其中包括"大列巴"（列巴是俄语面包的音译）。1904 年，日俄战争结束后，俄国退伍军人及其他国家的几万人来到哈尔滨居住，消费人口激增，秋林洋行就在哈尔滨开设百货大楼，开办工厂生产烟草、弹筒、茶叶、香水香料、香肠、油漆、白酒、葡萄酒、肥皂、酱醋、皮毛、面包等产品，发展成东北亚的一家跨国商贸公司。

1917 年十月革命后，新成立的苏联政府把俄国国内的秋林公司全部收归国有，秋林公司董事长卡西雅诺夫等从莫斯科逃至哈尔滨，哈尔滨成为秋林的总部。此时有大量俄罗斯人涌入东北，哈尔滨的外国人口激增近 10 万，秋林公司继续得到发展。可惜此后东北形势动荡，日本人大量倾销商品，1934 年秋林洋行因为无力偿还贷款，改归英国汇丰银行所有，1941 年太平洋战争爆发又被伪满洲国中央银行接管，1945 年又被苏联人接手，1953 年苏联有偿移交中国政府后成为了一家国有企业，现在哈尔滨仍然有用秋林字号的国有企业存在。

面条：

中西各有千秋

　　面条是常见的大众食品，到底是哪一种文化首先发明了这种食品是个挺有趣的话题。中国人、意大利人和阿拉伯人都有悠久的食用面条的历史，早在公元前 7 世纪，当时居住在今天意大利北方的埃特鲁斯坎人就已经开始制作面条，托斯卡纳地区发现的公元前 4 世纪的埃特鲁斯坎遗址中出土了用来和面的木桌、煮面条的厨房用具。公元前 1 世纪，希腊人也吃一种切成薄片的煎面团，叫作千层面。

　　公元前，屋大维把罗马共和国变成罗马帝国的时期，罗马城的人口多达 150 万。罗马人借鉴希腊人的办法，将面粉先和成面团、压成薄纸状，然后用刀子将面团切成片状面食（Lagana），这种片状面条可以覆盖在食物上，做成千层面焗熟食用。其后，人们想到将面团切成小块状或条棒状的细长面条吃，还可以在太阳下晒干后长期保存。那时候平民人家已经把它当作主食吃，而贵族和富人还是吃现做的、口感更好的面条。随后还出现了各种如何吃这种片状面条的食

制作面条 《健康全书》插图（*Taccuino Sanitatis*） 14 世纪

《健康全书》是 11 世纪阿拉伯医学家伊本·布特兰（Ibn Butlan）关于健康的专著，涉及饮食、睡眠、排泄、精神等各个方面，其中饮食部分强调了各种有益健康的食物，比如书中认为用大麦制作的通心粉对炎热天气下人的胃部有好处。

番茄意面
《意面烹饪艺术》插图
(*The Art of Italian Pasta Cooking*)
珀西瓦尔 (Percival Seaman)
1843 年

谱，公元 5 世纪有一本菜谱提到了把"Lagana"面片和肉一层一层叠起来的菜，后来发展成为意大利千层面。

　　公元 6 世纪阿拉伯人把条状面食传入地中海地区。当时阿拉伯行旅商队为方便旅行饮食，把易腐坏的麦粉加水揉和后切成面条状并风干，利于外出携带、保存。摩尔人于公元 7 世纪攻占西西里后带来杜兰硬小麦粉（Durum）种植，这种小麦粉所含面筋成分相当高，做出来的意大利面散发出原味的麦香，软硬适中。之后，西西里开始生产面条，1154 年一位诺曼贵族就见到了从西西里进口的干面片，12 世纪时西西里产的硬质小麦做成的干面条闻名地中海世界，帕勒莫东边的小镇特拉比亚（Trabia）的溪流沿岸有许多水磨在转动，作坊工人把面粉和水放进木槽内，人拉着绑在屋顶横梁上的绳子，用脚踩着面团揉面，制成众多干面条出售到意大利各地，并整船整船地运到伊斯兰国家和基督教国家。各地也创制了各种新奇的形状和花样，酱汁也随之日渐丰富。

当时人们吃的意大利面可能会煮上一两个小时之多，可能更追求软烂而不像今天的人喜欢吃有嚼劲的硬面条。16世纪时那不勒斯制面工会规定，面条必须使用附有螺旋的青铜制面机压制而成，那以后螺旋形面条就大行其道。当时的铜造模子较粗厚而且凹凸不平，导致面条表面较容易黏上调味酱料，这以后也成为意大利面的特色之一。17世纪工业化的面条工厂大规模生产干面条，人们用各种肉

《通心粉食客》 风俗画 19世纪早期 萨维里奥·德拉·加塔（Saverio della Gatta）

酱拌面条吃。那不勒斯人首先用西红柿制作酱汁搭配面条，大受欢迎，到 1790 年有本菜谱书提及配面吃的番茄酱的做法。

直到 19 世纪，晒干的意大利面条才成为欧洲各国比较常见的餐桌美食。而在美国，虽然早在 1789 年担任驻法国全权公使的托马斯·杰斐逊就曾把通心粉面条机带回家，可是并没有让周围的人喜欢上这种面食。到 19 世纪意大利移民大量来到美国，他们热爱家乡风味的食物，喜欢在老乡开设的杂货铺购买鳗鱼、凤尾鱼、干鳕鱼，到肉贩子那里购买羔羊肉、山羊肉、动物内脏、香肠等烹饪家乡的菜式，这些都是盎格鲁-撒克逊移民并不常吃的东西，他们觉得这些意大利人在饮食上太过奢侈，总是吃太多肉和昂贵的菜，可是也忍不住要去意大利馆子里尝个新鲜，或者买点意大利货自己做。

随着美国经济的发展和消费的发达，在 19 世纪末以后各种节日盛宴上，番茄通心粉、浓缩咖啡、奶酪等都进入了美国普通人的日常饮食中[①]。意大利面也形成了多姿多彩的吃法和花样，如形状上有长的、圆的、扁的、螺旋的、中空的、实心的，色彩上有用鸡蛋染成黄色的、用菠菜染成绿色的、用墨鱼染成黑色的、用胡萝卜或者番茄染成深红色的、里头填上奶酪的……再搭配酱汁的变化组合，可做出数以百计的意大利面料理。目前每年全世界消耗的意大利面条超过 1000 万吨。

也许是厌倦了吃面条，意大利未来主义艺术的倡议者、爱好发各种宣言的诗人马里内蒂 1930 年 12 月 28 日在都灵一家报刊发表了《未来主义烹饪宣言》，主张废除面食，声称面食会让人产生怀疑倦怠、悲观主义、和平主义等在他看来不合时宜的情绪，这当然激怒了许多意大利的面食爱好者，曾引起一阵口水仗[②]。未来主义者们的大多数主张都已经随风而逝，可意大利面仍然在意大利人的餐桌上稳居一席之地。

---

① 杰弗里·M. 皮尔彻. 世界历史上的食物 [M]. 北京：商务印书馆，2015：101.

② 伊恩·克罗夫顿. 我们曾吃过一切 [M]. 北京：清华大学出版社，2017：219-220.

中国的面条

中国考古学家在青海民和县喇家遗址发现了迄今为止世界上最古老的"面条"实物，长而细的一团黄色面条盛在一个倒扣的密封的碗中。四千年前，青海的这个部落已经开始食用面条，有意思的是科学家确定这种面条是用小米和高粱两种谷物制成的，小米是中国的本土谷物，在七千年前便被广泛种植，高粱则是数千年前从非洲传到中亚、东亚的粮食作物。问题是，现在无论在亚洲还是欧美，面条通常都是用小麦面粉制作的。因此青海发现的这一团四千年前的面条，到底后来是否得到广泛传播普及，值得怀疑。

根据现有的文献和考古证据看，在中国，把小麦磨成面食用是在汉代才出现的，而且最开始吃的并不是"条"，而是将面块擀成饼状，烤熟的叫"胡饼"，下到锅里煮熟的叫"煮饼""大溲饼"，还有蒸饼、煮饼、水溲饼、酒溲饼等（东汉《四民月令》），很多里面还加了各种馅。汉末刘熙的《释名·释饮食》中记载"蒸饼、汤饼、金饼、索饼之属，皆随形而名之也"。后人怀疑"汤饼"或"索饼"就是煮着吃的面条，也就是所谓的"索面""扯（抻）面"。据说三国时候魏国的大臣何晏脸色白嫩，以致魏明帝曹睿怀疑他是不是如同妇女那样擦粉，就故意请何晏吃热汤面，何晏虽然汗流满面但却没有白色粉末掉落。后人推测何晏并非擦粉的小白脸，而是因为长期服用当时流行的神奇药物"五石散"，导致重金属中毒症状让皮肤看上去白皙透明而已。

晋人范汪在《祠制》中称"夏荐下乳饼臛，孟秋下雀瑞，孟冬祭下水引"，弘君举的《食檄》提到"然后水引，细如委綖"，"水引"指的就是面条。南北朝时期"水引饼""水引面"已经是常见食物。《齐民要术》的"饼法"条中讲到，"汤饼"是用手将面团搓成筷子粗细，揪成一尺长，再水浸，食用前用手捻成"薄如韭叶"的样子，入沸水煮熟，类似今天的宽面条。有意思的是，至今西北拉面中最粗的那种面条依然叫作"韭叶子"。

《齐民要术》还介绍了一种叫"馎饦"的面食，把和好的面团用手搓成手指长，用水浸，下锅时用手捻薄，再用沸水煮熟，这很像山西至今还有的"搓面""揪片"。唐时叫"不托""不饪"或"蹲饪"，据说之前的面饼都是用手托起放入汤中，面条因为纤细不好用手拿，是搁在用刀面上放到滚水中，所以才有这个名称。

唐代还出现了过生日吃面条的习俗，每年的八月五日是唐玄宗生日，当时称"千秋节"，玄宗在这一天按习俗会吃"生日汤饼"，就是现在所说的长寿面。民间也是如此，如诗人刘禹锡给张寿盥的生日祝寿诗云："忆尔恳孤日，余为座上宾。举箸食汤饼，祝辞添麒麟。"食用"汤饼"要用筷子将其挑起，说明面条在此时已成为"条"状。唐代还出现了称为"冷淘"的凉面和温淘的过水凉面，《唐会要·光禄寺》载宫廷中夏天会吃"冷淘"，就是将面条煮熟后过冷水变凉再吃。诗人杜甫爱吃槐叶冷淘面，还专门为此写了一首诗："青青高槐叶，采掇付中厨。新面来近市，汁滓宛相俱。入鼎资过热，加餐然欲无。"

从事敦煌饮食研究的高启安教授在敦煌文献中发现，唐代时中原人已经在食用挂面这种"快餐"。当时的敦煌人还把叫作"须面"的挂面装入礼盒送人作婚俗中的聘礼，今日中国仍有地方将挂面称作"龙须面"。挂面之所以可以长期存放是因为它通过干燥脱水的过程去除了水分，保存时间自然长。它的产生可能和劳役、军卒、商人等需要快速解决就餐问题有关，家人为使亲人能吃上面条，便把擀好、切细的面条挂在竹竿上晒干、捆绑，这样便于携带和就地煮水下面，后来有人将晒面条改进为手工挂面。

从汉代到唐代虽然面食逐渐增多，吃的人也有增加，可是小麦种植的面积仍然落后于小米。按当时的租庸调制规定，凡属授田之民，每年要上交粟米两石，不产小米的地方才可以交稻和麦。大概到唐末，小麦才开始占据主流的地位。

宋代人正式使用了"面条"一词，面条已经成为大众食品，一些地方的民众生了小孩后的第十天举行"汤饼会"，会邀请亲朋好友来吃面条，以示庆祝。当时的人在面条的形状、配料、汤水上有了许多创新，《东京梦华录》《山家清供》等多种宋人笔记中所录的各色面条超过50种，如"梅花汤饼""五香面""八珍面""三鲜面""百合面""鹅面""大澳面""淹生软羊面""素面"等。"梅花汤饼"是用白梅花、檀香末浸泡过的水和面，擀成薄面皮，再用梅花状的铁模子压出一朵朵"梅花"，煮熟后捞入鸡汤中。"五香面"是用椒末、芝麻、酱、醋、煮虾的鲜汁，和面粉拌在一起，擀薄、切细，下入锅中。"八珍面"则用鸡、鱼、虾肉、鲜笋、香菇、芝麻、花椒与鲜汁共八种。

元明清时期，面条的制法更多，有擀、抻、切、削、揪、压、搓、拨、捻、剔、溜等制法，以及蒸、煮、炒、煎、炸、烩、卤、拌、烙、烤等调制法，演变出各地的风味面条，如北京的打卤面、上海的阳春面、山东的伊府面、山西的刀削面、陕西的臊子面、四川的担担面、湖北的热干面、福建的八宝面、广东的虾蓉面、贵州的太师面、甘肃的清汤牛肉面、岐山的臊子面、三原的疙瘩面、韩城的大刀面、西安的箸头面、菠菜面等。

中国的面食丰富多样，可如今流传广泛的是街头常见的牛肉拉面，90年代以来青海等地的老板、拉面师傅外出在全国各地开设面馆，算是国内快餐业流传最广的面食餐品，似乎比成都小吃、沙县小吃还要多。

民间传说喜欢把拉面的历史往古里说，其实从辣椒这一味调料是清代中后期才逐渐流行就可以推测，如今的牛肉面吃法不早于清中期。据史料记载，甘肃的东乡族马六七是从河南怀庆府清化人陈维精处学成清汤牛肉的做法，后来回到兰州经营流动的面摊。这种做法经后人陈和声、马保仔等人改良，逐渐形成了以"一清（汤）、二白（萝卜）、三红（辣子）、四绿（香菜蒜苗）、五黄（面条黄亮）"为特色的兰州牛肉面。

以前兰州的牛肉面馆也并不多，1949年前后不过二十家左右，到80年代才逐渐多起来，并把这种技术传播到附近的地区。80 年代末以穷困出名的青海化隆县人四处打工做生意，到厦门等地开设"清真拉面馆"，当时都是家族经营，"一台炉、两口锅、三个人、四张桌"，多是夫妻店、兄弟铺，一旦生意有起色，身边的亲友就纷纷有样学样，三十年来已经有好几万人到外地开了上万家面馆。反倒是兰州市内的老字号面馆虽然多，可是大概生意一直过得去，没有去外面闯荡的压力，到 90 年代后才出现在本市、外地开分店的情况。

牛肉面馆的流行有点像比萨店，具有一定的表演性和观赏性，拉面师傅操起面团，一搓一拉，连抻数次就能变戏法似的拉绕出细长的面条，按照客人的吩咐做成或宽或细的面。牛肉面的汤是另一大关键，最常见的是煮牛肉所得的汤，也有的会在牛肉汤里添加煮牛肝、羊肝的，后来也有用鸡汤做的，各具风味。兰州和附近地区的人把牛肉面当作早餐、午餐吃，以前下午两点以后多数面馆就停止卖面，因为经过了大半天汤料已经滋味惨淡，不够新鲜。

我的小学、中学时代在兰州边的小城白银度过，十来年间估计至少吃了一千来碗牛肉面，这还算少的，有的同学几乎是天天吃。大部分人吃牛肉面都要倒足够多的醋和油泼辣椒，趁热用筷子夹面吃，嘴里感觉又热又辣，需要不断吃面、喝汤缓解辛辣，因此多数人常常都是快速地吃个底朝天，然后满头大汗从面馆出来。

后来回想，或许，让小时候的我觉得兴奋和满足的并非那些硬而咸的面条，那几片牛肉也微不足道。真正让人过瘾的是满满放几勺油泼辣椒，油脂带来了热量，辣椒刺激着舌头，会让人的神经格外兴奋。

馅饼：

从封闭到敞开

馅饼，简单说就是外层是面饼，内里包裹着肉或蔬菜之类馅料的烤饼。这种吃法的源头可以追溯到四千年前的古埃及，那时候他们已经把馅料裹在面皮里烤熟了吃，如犹太人出走埃及后就一直保持着吃馅饼的习俗。

这种馅饼的做法约在公元前 1000 年传入希腊，公元前 100 年流传到古罗马，当时流行的是奶酪馅饼和蜂蜜馅饼。公元四五世纪时候美食家阿比鸠斯（Apicius）的食谱书中记载了一种叫作"Pisam fasilem"的肉酱馅饼，这是一种在陶器中烤熟的馅饼，里面铺着斑鸠、香肠、火腿、豆子做的馅料。

现今各个国家都有不同形式的馅饼，如法国流行的馅饼"Tourte"是把切碎的肉类或蔬菜包在用水油酥面团或千层酥面团做成的圆盒状外皮中，为了使烹饪中产生的蒸汽散去，要在馅饼上层的盖上戳几下开个缝，然后放入烤箱烤熟，这在法国很多地区是上桌食用的基本菜肴，并有着各种形状和专有名称。13 世纪时这种美食就已经出现在厨艺书《厨艺》（*Liber de Coquina*）中。

静物《土耳其派》　油画　彼得·克莱兹（Pieter Claesz）　1627 年　阿姆斯特丹国立博物馆

12 世纪，馅饼流传到英国，其中肉馅饼成为主流。英国西南部的德文郡发现的一本 1510 年的古书记载了最早传入英国的鹿肉馅饼的做法，后来邻郡康沃尔郡以出产牛肉加上洋葱和萝卜制造的半月形肉馅饼（Cornish pasties）著称，当地在 1746 年有了相关的文献记录。这曾经是康沃尔锡矿工人的主食，半月形方便矿工在矿井中把持硬硬的边缘，不用担心肮脏的手弄脏馅料。

三明治和汉堡

现在欧美吃那种封闭得严严实实的馅饼的人已经不多了，大家常见的其实是上下两片面包夹着中间的肉、蔬菜的三明治、汉堡之类的快餐食物，也可以算作是一种简化的馅饼。

在两片面饼中间放上肉、菜吃的做法早在公元前就在古犹太人中流行，后来在欧洲犹太人社区中一直有传承。但是叫"Sandwich"这个名称则是和英格兰桑威奇地区的第四代伯爵约翰·孟塔古·桑威奇伯爵有关，他迷上桥牌，常常舍不得离开牌桌去吃饭，就让俱乐部的厨师为他准备两片面包中间夹着冷肉的简便食物，这样他就可以一只手玩牌，另一只手拿着嚼，俱乐部里其他人看到他这么吃，也都开始"来份跟桑威奇一样的"，"三明治"（Sandwich）就这么诞生了。

1762 年，英国作家爱德华·吉本斯（Edward Gibbons）首次记载了这种食物的名称"sandwich"，觉得拿手来吃这种食物实在不算雅观。那时这还是富人们的新鲜吃法，之后迅速流行起来，成为各处都可吃到的便捷食品，至今还是许多英国人、美国人午餐的唯一食品，两片面包中间夹着肉或者奶酪，再放些生菜，涂上黄油或者蛋黄酱就可以充饥。

汉语"汉堡包"是对英文"Hamburger"的音译，还真是和德国著名的港口城市汉堡有点关系。据说古代鞑靼人有生吃碎牛肉的习惯，他们把碎肉放在马鞍下面，骑行过程中肉被压软压碎，休息时取出来吃正好，这种习惯先后传入巴尔干、中东欧地区，也从生吃变成了熟食，德国汉堡地区的人将其加以改进，将剁碎的牛肉泥揉在面粉中摊成饼煎烤，附近的人称这种牛肉饼为"Hamburger"。19 世纪大量德国移民到美国，把这种碎牛肉饼的吃法带到了北美洲的德国移民社区。

有好事者就参照三明治的样子，把油炸碎牛肉饼夹入表面撒有芝麻的小圆面包中作为主食，于是就诞生了美式汉堡包这种食物。具体是哪个人发明了美式汉堡还有争议，有人说 1836 年"汉堡牛排"（Hamburg steak）就出现在餐馆中了，而威斯康星州西摩市历史学会宣称，当地一个名叫查理·纳格林（Charlie Nagreen）的小商贩于 1885 年曾在一个博览会上贩售最早的汉堡包，当时人们就给他起了"汉堡包查理"（Hamburger Charlie）的外号。1904 年举行的圣路易斯世博会吸引了美国各地的商人、游客参观，当地流动商贩出售的汉堡包也就流传开来，成为全美知名的食物。

汉堡包是当代连锁快餐店的绝对主打食品。连锁快餐店在美国最早出现在铁路沿线，19世纪末出现了哈维餐馆，20世纪20年代城市里才出现标准化的连锁餐厅——白色城堡，在干净明亮的环境中给顾客提供汉堡包等食物，之后出现了豪生等沿着公路沿线开设的快餐厅，麦当劳兄弟1937年在加州的一条公路边设立了第一家店，1948年的时候他们对连锁餐厅进行了革命性的改变：取消了餐盘和刀叉，把菜单减少到可以手抓着吃的汉堡包、薯条、奶昔等有限的几种，然后利用机器、标准化制作流程、一次性纸杯、纸带等提高出产效率，同时降低食物价格，服务尽可能多的顾客，这果然取得了成功。

让麦当劳在"二战"后遍及全美的还在于他们实行特许经营权扩展企业，每一个独立的公司都可以申请在本地开设麦当劳餐厅，它需要向麦当劳缴纳品牌使用费，并接受严格的管理控制以确保统一的品质。麦当劳等快餐店以方便加工的汉堡作为主打食物，让它走向了世界各地。这以后汉堡花样不断翻新，中间夹的已经不仅仅是碎牛肉饼，"猪柳""鱼香""鸡肉"、蔬菜等都可以利用，还配有各种调味酱料。

烧饼

在中国，目前最常见的馅饼并不是烤熟的，而是在锅里煎熟的圆形肉馅饼或半月形的"盒子"，后者因为最初多用韭菜作馅，所以称"韭菜盒子"，也可用肉类、蔬菜、海鲜及蛋等作馅料，包裹在面皮中油煎或烙烤，表面酥脆，内里软嫩。清乾隆年间，袁枚所著《随园食单》对韭菜盒子的制法就有记载。

韭菜盒子这类馅饼的历史似乎可以追溯到汉代的"饼"这种食物。《汉书》中记载汉宣帝没做皇帝之前喜欢吃饼，每次到集市的店铺都买不少，让卖家感到惊奇。这时候似乎面饼已经是常见的食物，应该是一种小型的烤饼或者烙饼。

《有黑莓派的早餐》 油画 威廉·克莱兹·海达（Willem Clasz Heda） 1631 年 德累斯顿古代大师画廊

到东汉末，胡人传入一种大而薄、撒有芝麻的"胡饼"。据《续汉书》记载，汉灵帝好吃"胡饼"，引起京城人的跟风，《晋书》也有世家子弟王羲之在另一著名士族派人提亲时不在意地坦腹东床吃胡饼的记载，可见这是一种当时比较新奇好吃的面食。广义的"胡饼"则指发源于胡地的各种饼食，狭义的"胡饼"指类似今天新疆烤馕的芝麻烧饼，如汉末《释名·释饮食》中"胡饼"的特点是大，有些还在上面撒了芝麻（胡麻）提味，这都是在所谓的"胡饼炉"中烤制的，后在中原地区演变为形状较小的"麻饼""薄脆酥饼"等烤饼。

南北朝时记录的各种烤饼、馅饼更多，《齐民要术》中记载的烧饼是用"面一斗、羊肉二斤、葱白一合，带头汁及盐，熬令熟，炙之，面当令起"。可见是一种发面作为外皮、有馅料的馅饼，可能是在炉中烤熟或者锅中烙熟的，圆形的小饼，类似今天北方一些地方所见的小馅饼。

《齐民要术》还记载了几种没有馅的烤饼，如"髓饼"是用动物骨髓中的脂肪和蜂蜜和面做成的带甜味的油酥饼，是在"胡饼炉"中烤熟的，以"肥美"著称。"餢"（亦写作"餢飳"）是以发面为原料的油炸圆饼，其制作方法类似于现在的炸油饼，最早见于西晋人束皙所著的《饼赋》中，似乎开始也是烤制的，后来中原人改为油炸，所以颜之推才会特别提及"今内国餢飳以油酥煮之"。

唐朝与西域交流频繁，中原刮起了"胡风"，饮食方面也是如此，《旧唐书》曰："贵人御馔，尽供胡食"，"时行胡饼，俗家皆然"。慧琳在《一切经音义》提到当时的胡食包括毕罗、烧饼、胡饼、搭纳等。还出现了带肉馅儿并且烤熟的大馅饼"古楼子"，宋人所著《唐语林》中记载唐玄宗年轻时与长安豪家子弟一起喝酒，连饮三银船（船形酒器），吃了一巨馅，这个"巨馅"可能是个大馅饼，或许就是所谓的"古楼子"，做法是"起羊肉一斤，层布于巨胡饼，隔中以椒豉，润以酥，入炉迫之，候肉半熟而食之"。

到元代，《居家必用事类全集》中记录了"烧饼""肉油饼""素油饼""酥蜜饼""山药胡饼"等饼食。其中，"烧饼"是以鏊为炊具烤制而成，再由作料的不同而分出芝麻烧饼、黄烧饼、酥烧饼、硬面烧饼之类。至于肉油饼、素油饼、酥蜜饼、山药胡饼等，制作方法都是"入炉熻熟"，与汉唐以来胡饼的制作方法相似，这时似乎北方才常见烤炉，南方人口稠密之地的人多以蒸煮面食为主。

毕罗

还有一种曾经在唐代流行的食物，叫毕罗。它早在南北朝时就传入中国，南朝人写的《玉篇》中有记载，唐代更是曾经风靡长安，晚唐段成式在《酉阳杂俎》提到，当时长安城中有专门的饆（bì）饠（luó）店，人们会客喜欢在饆饠店一坐。胡人做的传统口味会在馅料中加入大蒜调味，口味辛辣，后经唐人发展和改良，还出现了天花饆饠、蟹黄饆饠、樱桃饆饠等。

大臣韦巨源请唐中宗吃的"烧尾宴"中有一道菜叫"天花饆饠"，"天花"指的是野生栝楼根切成的片，当时的人把这种"天花"的片磨成白色粉末当作药物煮汤服用，据说"虽稠滑如糊而毫不粘滞，秀色鲜明，清澈如玉"。用天花粉加上其他香料、油脂做成外皮的毕罗自然比较稀奇少见。

刘恂在《岭表录异》中说蟹黄饆饠的做法是"蟹黄淋以五味，蒙以细麦，为饆饠，珍美可尚"。晚唐《酉阳杂俎·酒食》记载当时有个叫韩约的人会做以樱桃为馅儿的甜口饆饠，制成以后樱桃的鲜艳颜色仍能保留。《太平广记》卷二三八中记载，晚唐高官刘崇龟喜欢对外人显示自己的清廉简朴，但实际上却喜欢享受、自私贪财，有一次他曾邀请同事官员一起吃用苦荬菜做的蔬菜饆饠，显示自己的清贫，但是有人私下问他的奴仆得知他早上自己吃的却是其他美食，后来他担任广州刺史的时候，在京城的贫困亲戚曾向他求助，可刘崇龟画了一幅《荔枝图》送来，并无钱物相助。他在广州逝世后家人拿着大批珍珠玉石到京城出售，当时人颇为鄙视他的虚伪。

宋代《太平圣惠方·食治》中还把"猪肝毕罗""羊肾毕罗""羊肝毕罗"当作一种补益食品。据《东京梦华录》记录，在宋徽宗寿宴上的下酒饭菜中，提到了一款"太平毕罗"。陆游的《老学庵笔记》卷一记载北宋皇帝在集英殿宴请金国使节吃的一道菜是"群仙炙太平毕罗"。

或许因为"毕罗"这个翻译的名称与实际所见食物的形状、颜色毫无关系，记忆和传播都不顺口，南宋以后渐渐就被淘汰了，人们另给它起了更为形象的名字。

对于毕罗的形状和做法，后世多有推测：一说可能是卷饼，如元代《居家必用事类全集》记载的毕罗做法是把"粉皮熟油抹过，切作四片，盏盛，装馅蒸熟，匙翻碟内，浇好汤供"。另外还有一款"摊薄煎饼"，做法是"以胡桃仁、松仁、桃仁、榛仁、嫩莲肉、干柿、熟藕、银杏、熟栗苗、揽仁，以上除栗黄片切，外皆细切。用蜜糖霜和，加碎羊肉姜末塩葱调和作馅，卷入煎饼油煤焦"。

另一说是油炸的盒子，因为"饆饠"在唐代传入日本后被当作神社贡品"神馔"，日本古籍记载的"饆饠"形状类似饺子而略大，有花边，油煎而成。

第三种说法是圆形的、油煎有馅小点心。日本至今把唐代传入日本的传统糕点称为"唐菓子"，如梅枝、桃枝、餲餬、桂心、黏脐、饆饠、镟子、团喜等名称的甜点至今还在一些地方可以看到，其中"饆饠"是用米粉或小麦粉、豆粉等做成的圆盒形有馅点心，经油煎而成。唐代卖毕罗以斤计，似乎比较小巧。宋代《太平广记》卷二三四中"御厨"引唐代文献《卢氏杂说》说，"翰林学士每遇赐食，有物若饆饠，形粗大，滋味香美，呼为诸王修事"。既然与这种"形粗大"的食物相比，可见毕罗应该是比较小巧的，或许第三种说法比较靠谱。

无论是卷饼还是半月形、圆盒形的点心，饆饠都可以算是一种有馅的馅饼，烙烤或者煎炸而成。后来就演变成煎炸的各种盒子。北宋时胡饼在民间依然流行，据《东京梦华录》记载，开封胡饼店颇多，出售"门油、菊花、宽焦、侧厚、油碢、髓饼、新样满麻"等几种饼食，因为生意好，店员都是五更起来就和面烤制，武成王庙前海州张家、皇建院前郑家每家拥有的烤炉都有五十余个，可见当时消费量很大。

春饼

还有一种特殊的馅饼是"春饼"，它的历史可以追溯到《后汉书·五行志》记载的汉灵帝爱吃的"胡饭"，后世《齐民要术》中记载"胡饭"的做法是"以酢瓜菹长切，脟（liè）炙肥肉，生杂菜，肉饼中急捲，捲用两卷，三截，还令相就，并六断，长不过二寸。别奠飘虀（jī）随之。细切胡芹、蓼下酢中为'飘虀'"（《飧饭第八十六》）"。等于是用饼夹着肉、菜吃的肉卷，至今西亚、南亚等地还有类似的吃法，估计也是从西域传入中原的吃法。

之前中原地区已经有在立春之日吃喝庆祝的习俗，春秋战国的时候出现了所谓的"五辛盘"，把五种应时又带辛味的葱、蒜、韭、蓼蒿、芥装成一盘，取迎春之意。汉崔寔《四民月令》曰："立春日食生菜，取迎新之意。"

到了唐宋时，"五辛盘"与"胡饭"结合，演变出"春饼生菜"构成的"春盘""春饼"，如唐代大诗人杜甫晚年漂泊江湖，一次立春吃春盘时，突然有了今昔对比的感叹，写下一首七言律诗：

春日春盘细生菜，忽忆两京梅发时。

盘出高门行白玉，菜传纤手送青丝。

巫峡寒江那对眼，杜陵远客不胜悲。

此身未知归定处，呼儿觅纸一题诗。

北宋陈元靓的《岁时广记》中记载："在春日，食春饼生菜，号春盘。"南宋时候皇帝还会在立春时给臣子赏赐春盘，周密《武林旧事·立春》："后苑办造春盘供进，及分赐贵邸、宰臣、巨珰，翠缕红丝、金鸡玉燕，备极精巧，每盘值万钱。"

明清时候，春饼流行于中国各地，江南等地尤盛，一般是用面粉加少许水和盐拌、揉、捏，放在平底锅中摊烙成圆形皮子，然后将制好的馅心摊放在皮子上，将两头折起，卷成长卷下油锅炸成金黄色即可。北京也有吃春饼的习俗，但做法并非如南方那样油炸，而是用烙熟的面饼裹着肉菜吃，如清代潘荣陛在《帝京岁时纪胜·正月·春盘》中记载："新春日献辛盘。虽士庶之家，亦必割鸡豚，炊面饼，而杂以生菜、青韭菜、羊角葱，冲和合菜皮，兼生食水红萝卜，名曰咬春。"

汤圆：

从印度到中国的本土化之路

　　我在印度旅行时吃过当地的传统甜点，叫"Laddoo"或"Laddu"，都是圆球形的，类似国内常见的麻团、元宵，让我颇感好奇。这是印度人在宗教节日敬神的常用糕点，在婚礼、生日等重要场合也常见，一般以面粉、绿豆粉、米粉或椰子粉调成糊，然后手工或者使用特制的开有多个圆孔的木勺放在一锅热油上方，一手均匀地倒面糊，一手轻轻摇晃勺子，一团团面糊掉入油中炸一会，然后起锅放入另一个锅中煮开的热糖浆或酥油中浸染混合，这时可以撒上香料、碎干果等调味，等稍微冷却后摇压成圆球状即可。

　　"Laddu"在印度已经有两千多年的历史，梵文中念作"ladduka"，最初其实是药物，传说约公元前4世纪的印度名医苏斯拉他（中国古代翻译为"妙闻"）曾把芝麻涂上棕榈油或蜂蜜，做成丸状的药给病人服用。后来人们发现这种药物便于携带、非常可口，就开始发明各种方法制作丸状的甜食，还用于供奉神灵。印度南北各地都可吃到各种"Laddu"，配

印度神话中的象神享用 Laddoo 棉布细密画 当代

料不同，做法略有差异，有数十种之多。

印度的这种食品让我想到了晋代突然出现在中原但到宋代人们已经不明所以的食品"牢丸"，两者的发音有近似的地方，我怀疑"牢丸"这个名称中的"牢"很可能是梵文"ladduka"的前半部分发音，与古印度的饮食文化有着密切的关系。

"牢丸"这个名称最早出现在西晋人束皙歌颂各种面食的《饼赋》中，他认为馒头（可能是烤或蒸的面食，类似今天的"馒头"或包子）、薄壮（某种新式烤饼）、起溲（可能指发面饼）、汤饼（可能指面条）这四种面食分别适合春、夏、秋、冬四个季节吃，只有"牢丸"这种面食可以"通冬达夏，终岁常施，四时从用，无所不宜"①。他详细描述了这种面食的做法，是先把备好的细面粉加水和成糊，把肥瘦相间的猪肉或羊肉剁碎，加入姜、葱、花椒、盐、豆豉等调料搅拌成馅料，然后一边烧水备好蒸笼，一边用手揉搓馅料裹上薄薄一层湿面粉糊，把这种圆形小球放入笼蒸熟就成了诱人的美食。

当时人把各种面食都称为"饼"，束皙在文中特别提及"饼之作也，其来近矣"，"或名生于里巷，或法出于殊俗"。"牢丸"应该就是新近从异域传入的新奇面食，所以在洛阳做官的束皙才会特别作赋称颂。这又与公元 263 年魏灭蜀有关，之后蜀地的许多食材、做法传入到中原地区，"牢丸"才被洛阳人所知。这种食品与蜀地有关的另一个证据是，《饼赋》中描述"牢丸"蒸熟以后"胧色外见"，就是肥美的馅料隐约透过面皮的意思，东汉的《说文解字》中已经说"胧"是四川人形容肥的俗语。

稍后西晋末学者卢谌在《祭法》中提到牢丸已经用于祭祀，可见颇受重视。到唐代，《酉阳杂俎》中记载了"笼上牢丸"和"汤中牢丸"两种食物，除蒸之外出现了在水中煮的圆球形食物，可谓汤圆的雏形。可到了宋代，博学如欧阳修

---

① 严可均. 全上古三代秦汉三国六朝文 [M]. 北京：中华书局，1958：3924.

日本民间传说《丢失汤圆的老妇人》 封面插画　铃木华邨　1902 年

在《归田录》中感叹，人们已经不清楚"牢丸"具体指什么，南宋人高似孙在《蟹略》中引用闻人封德之言，认为是包子，清代考据学家俞正燮在《癸巳存稿·牢丸》中猜是汤团。

按《饼赋》的描述，"牢丸"是人人垂涎的美食，有流行的可能，可是从西晋一直到欧阳修生活的北宋，仅有上述三篇文献提及牢丸，显得非常奇怪。现在看来，是好几个因素共同造成了这种情况。

首先，"牢丸"在魏晋时才传入洛阳，可能到唐代才变成比较常见的食品。可以推测油炸圆球状甜食"ladduka"的做法至少在汉末就从印度传入了四川，这种食物本就是印度人拿来敬神的，汉末佛教传入中国后，或许最早僧人制作这种食物是用于礼佛，后来外传到民间成了祭祀和食用之物。可是油、糖毕竟是高价食材，常人难以负担，于是出现了另一种本土化的做法，改油炸为蒸，馅料在糖以外也可以用羊肉、猪肉等。蜀人对这种或蒸或炸的圆球形食物的称呼似乎有两个，"牢丸"之外，据顾野王《玉篇》中记载"蜀人呼蒸饼为'䭔'"，"䭔"这个名字或许也是对梵语"ladduka"的音译。

其次，恰因为"牢丸"的"牢"是音译，与人们实际看到的食物形状、颜色、味道没有直接、形象的对应关系，不好记，不便于传播，所以南北朝以来人们就给这类圆球形食品另起了形象化的名称，如《北史》中记载，北周明帝是吃了被下毒的"糖䭔"而死。唐初僧人王梵志的诗句"贪他油煎䭔，我有菠萝蜜"中说的"油煎䭔"显然还是印度的传统做法。唐人最流行的叫法是"䭔子"，崔令钦的《教坊记》、僧人赵州从谂的《十二时歌》中都有提及。唐人卢言的《卢氏杂说》中记载唐宣宗时皇宫有"䭔子手"专门制作油炸圆球甜食，做法是用面粉、枣泥和面，双手团成圆球状，入热油锅中炸熟，用银笊篱捞出，放到新打的凉水中浸一会，再将䭔子投入油锅中炸三五沸取出，吃起来"其味脆美，不可言状"。宋人把这种油炸圆球食品称为"䭔子""焦䭔""油䭔""圆子䭔"等，其中外皮点缀芝麻的特别称为"脂麻团子"或"麻团"。"焦䭔"是开封人在上元节（元宵节）进献神灵和食用的节日食品。华南一些地方至今还把麻团等油炸食物称为"煎䭔"，颇具古风。

再次，费油、费糖的油炸圆球甜食一般人消费不起，蒸的圆球形含馅食品做起来也是两难，圆球太大则蒸时不易保持"圆"的形状；圆球太小则需要费时间费柴火才能满足所需食用量，不如直接蒸包子方便。所以简便的"汤中牢丸"出现以后就流行开来，到宋代成为了主流的甜食品类，也是上元节的节日食品。宋代人给它起了更为形象、简单的名称：圆子、浮圆子、汤圆等。北宋吕原明的《岁时杂记》中提到开封人在上元节已经开始食用水煮汤圆，"京人以绿豆粉为科斗羹，煮糯为丸，糖为臛，谓之圆子"。到南宋时，诗人周必大写了最早描绘水煮汤圆的《元宵煮浮圆子诗》：

今夕知何夕？团圆事事同。

汤官寻旧味，灶婢诧新功。

星灿乌云裹，珠浮浊水中。

岁时编杂咏，附此说家风。

南宋时，首都临安人过上元节吃的圆形甜食包括乳糖圆子、山药圆子、珍珠圆子、澄沙圆子、金橘水团、澄粉水团等多种，之后江南各地都流行这类水煮汤圆。而在北方，元代以后出现了与汤圆做法略有不同的"元宵"，外皮不是包的，而是在糯米粉中反复摇晃"滚"成的，要比江南的汤圆个大、皮厚、瓷实，得花更多时间才能煮熟。

后记

　　常年的旅行让我对"异同"有了深刻的体会。面对一块芝士、一盘牛排、一只烤火鸡，这人眼中的美食或许是别人经验中的噩梦。各种食物在多种文化中如何被认知、被利用、被赋予文化意义，这里面有一系列"翻译""误会""错位"，有商业、宗教、政治、科技等因素在背后的影响和互动，可以说，现在人们随手可得的某一种食物后面，都牵连着文明史的一个侧面。

　　每一种食物被利用、认知、传播以及相关的知识的形成，这一过程中权力、知识的互动关系非常有趣，比如古人最早记录某地的某种水果，但这并不一定意味着这种水果是在被记录的时间点才出现的，很可能的是很早以前当地就有这种植物了，但被掌握记录能力或权力的人较晚才记录下来，这点在中国历史上比较明显的是，先秦时期中原地区掌握文字记录权力的人最多最为发达，因此对黄河、淮河流域的水果记录较多，之后随着军事征服、经济交流、文教发展才逐渐"发现"江南、西南、华南的水果，对这些地方的植物的记录才多起来。

食品工业的进步也和军事、商业、政治等社会权力因素紧密相关，如 18 世纪末为了解决军需食品的保存法国政府发出有奖征集通告，巴黎糖果师阿佩尔因此发明了制作罐头的方法，让利用和保存食物的技术出现了一次飞跃，到 19 世纪末又出现了工业用的冰箱，先在啤酒厂、肉类加工厂应用，到 20 世纪中期进入美国的家庭中，然后逐渐扩展到世界各地，成为了普通人最为依赖的电器之一。当代人打开冰箱可以随时享用新鲜的蔬菜、冰冻的肉块、牛奶，这也是生鲜风味潮流兴起的最重要的条件，而在没有冰箱的古代，人们为了保存食物摸索出晒干、风干、熏制、盐腌、卤制等处理方法，那就决定了人们难以像今天这样每天都能吃到新鲜的、淡味的食物。

从文化史的角度来说，古今最大的变化是，原来分散在世界各地不同地区的"地方知识""地方文化""地方经济和技术"对食物有着各自的利用、命名、分类的认知和经济开发方式，比如对各种食物对人的"好处"，古埃及、古希腊、古印度和中国都有这方面的有趣知识。而近现代生物学、食品工业、销售体系则形成了新的知识并逐渐成为主导性的"全球性知识"，它们如何与各地的"地方知识"互动就显得非常有趣，比如动植物学家使用双名法拉丁学名等来归类、定义各种动植物的"学名"，给学者研究提供了方便，可世界各地的人们并不如此，依旧使用当地习惯的叫法称呼他们眼前的一条鱼、一种水果。

写作、修订、出版这本书，一方面像是在文字中反刍过去生活、旅行中有关植物的那些经历、场景和记忆，这是完全个人化的一些经验，有些甚至无法用文字表达出来；另一方面，则是像侦探一样追踪有关植物的知识和权力互动的形成过程和机制，后来的修订好像是不断打补丁一样让文章变得越拉越长，似乎少了些洒脱的趣味，多了些学究式的考证。而里面的故事和图像好像是中介，一边关联我的私人经验，一边关联社会性的知识建构。

最后，感谢曹雪萍、范春萍、王小山、李峥嵘等诸位师友鼓励我把这些文章整理出来发表和出版，感谢编辑余节弘先生、雒华女士的努力和细心，让这本书得以优美地呈现在大家面前。最后要感谢我的家人，是你们的爱和包容让我的旅行和这本书得以完成。

周文翰